网站首页
关于我们
新闻动态
产品展示
太和旅游
招商招聘
联系我们
在线留言
公司介绍
发展历程
企业文化
大枣
陇川
甘肃特产
维生素
ABOUT US 关于我们
太和旅游
TAIHE TOURISM
NEWS 新闻动态
MORE
CONTACT 联系我们
在线咨询热线
0943-6781737
13893000956
NEW PRODUCTS 新品推荐
MORE

图 2.3

HOME
SITEMAP
AsaPension
WWW.ASAPENSION.CO.KR
펜션소개
INTRODUCE
시설보기
PREVIEW
주변볼거리
FEATURES
예약가이드
RESERVATION
커뮤니티
COMMUNITY
인사말
소개글
건물소개
특별서비스
오시는 길
행복을 함께 만들어 갑니다
아름다운 자연속의 그림같은 아사펜션으로 여러분을 초대합니다.
CONTENTS
Asapension Story
more
KBS 1박 2일 촬영지 선정...
프리미엄객실 예약시 점심 ...
온라인 예약하고 축제 무료...
[08. 10. 30]
[08. 10. 30]
[08. 10. 30]
실시간 예약안내
펜션 오시는길
Rooms Preview
장미룸 (9평)
튤립룸 (11평)
백합룸 (14평)
입금계좌 안내
123-456-79711-2
고객콜센터
예약상담 및 문의전화
080)1500-1234

图 2.4

어린이의 꿈과 희망이 있는
아사어린이집
홈 | 로그인 | 회원가입 | 사이트맵
아이들의 꿈과 사랑을
키워가는 아사어린이집
어린이집소개
우리반소개
교육계획
갤러리
커뮤니티
원아입학안내
원장인사말 어린이집연혁 어린이집견학 오시는 길
로그인 MEMBER'S LOGIN
아 이 디
비밀번호
로그인
회원가입
아이디/비밀번호찾기
우리반소개
공지사항
[달님반] 박물관 견학 안내입니다. [09.08.07]
엄마랑 함께하는 소풍 안내문입니다. [09.08.07]
8월달 식단표가 등록되었습니다. [09.06.07]
여름철 감기 주의 안내입니다. [09.06.07]
이달의 행사안내
이달의 급식단표
SHUTTLE BUS
셔틀버스노선
GO
TEACHER INTROOUCE
선생님소개
GO
EDU MAP
찾아오시는 길
GO
교육계획안
동영상보기
학부모상담

图 2.6

AsaSchool
아사스쿨소개
인사말
학원연혁
오시는 길
공지사항
학원관련뉴스
수강등록
교육과정
커뮤니티
고객센터
재미있고 흥미로운 맞춤식교육! 이제 공부가 재미있다!
우리아이의 꿈과 미래!
아사스쿨이 함께합니다!

图 2.7

图 2.8

BUSINESS STORY
SERVICE CENTER
견적의뢰 질문과답변 카탈로그 FAQ

图 2.9

图 2.11

图 2.12

图 2.99

Web前端开发项目化教程

(HTML5+CSS3+JavaScript+Bootstrap)

微课视频版

◎ 张亚东 郑玉娟 胡恩泽 编著

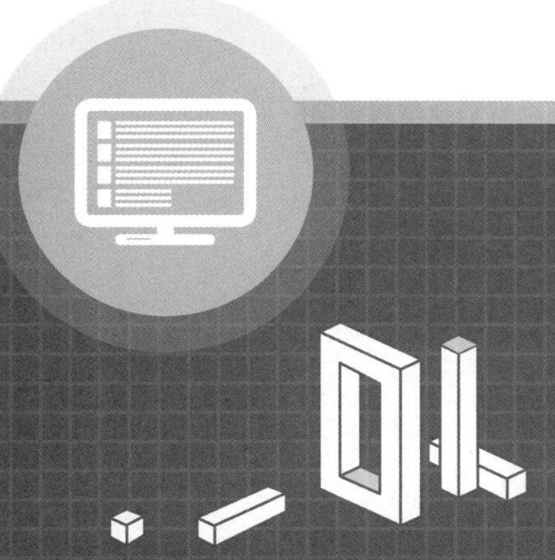

清華大学出版社
北京

内 容 简 介

HTML、CSS 和 JavaScript 是 Web 应用开发的基础；Bootstrap 是响应式开发必备的前端技术。本书以"采用网页新标准技术、突破传统知识体系结构、基于工作能力培养、置身真实工作情境"为标准，选取一个完整的网站项目，以工作任务为驱动，将知识点融入工作任务。按基础项目(案例)、典型项目、实践项目安排每个工作任务的内容，让学习者由浅入深、循序渐进地掌握前端开发技术。一是通过大量示例辅助学习者掌握基础知识点；二是将一个完整的网站拆解为多个任务渗透在每个章节，通过项目驱动的方式让学习者巩固并灵活运用基础知识，并能在此过程中逐步了解网站建设的思路和开发流程；三是在章节末尾设置了动手实践项目，涵盖了本章主要知识点及相关技巧并适当延伸，引导学习者进行深入探索，培养学习者的自学能力和应用能力。

本书既可以作为高等学校"网页设计与制作"课程的教材，也可以作为前端与移动开发的培训教材，还可以作为网页制作、网站开发、网页编程、美工设计等人员的参考书。

图书在版编目(CIP)数据

Web 前端开发项目化教程：HTML5＋CSS3＋JavaScript＋Bootstrap：微课视频版/张亚东，郑玉娟，胡恩泽编著. —北京：清华大学出版社，2022. 3(2022. 8重印)
(21 世纪新形态教·学·练一体化系列丛书)
ISBN 978-7-302-59895-4

Ⅰ. ①W… Ⅱ. ①张… ②郑… ③胡… Ⅲ. ①超文本标记语言－程序设计 ②网页制作工具－程序设计 ③JAVA 语言－程序设计 Ⅳ. ①TP312. 8 ②TP393. 092. 2

中国版本图书馆 CIP 数据核字(2022)第 010630 号

责任编辑：闫红梅　张爱华
封面设计：刘　键
责任校对：焦丽丽
责任印制：朱雨萌

出版发行：清华大学出版社
网　　址：http://www.tup.com.cn，http://www.wqbook.com
地　　址：北京清华大学学研大厦 A 座　　**邮　　编**：100084
社 总 机：010-83470000　　**邮　　购**：010-62786544
投稿与读者服务：010-62776969，c-service@tup.tsinghua.edu.cn
质量反馈：010-62772015，zhiliang@tup.tsinghua.edu.cn
课件下载：http://www.tup.com.cn，010-83470236
印 装 者：三河市君旺印务有限公司
经　　销：全国新华书店
开　　本：203mm×260mm　　**印　张**：18　　**插　页**：2　　**字　　数**：479 千字
版　　次：2022 年 4 月第 1 版　　**印　　次**：2022 年 8 月第 2 次印刷
印　　数：1501～3500
定　　价：59.00 元

产品编号：093644-01

随着互联网技术的飞速发展以及移动互联时代的强势到来，"互联网＋"已经深入各行各业的各个领域。网页作为信息的重要载体，其设计与制作技术在这个时代显得愈加重要。网页设计与制作类课程是工学类，特别是计算机类多个专业的专业核心课程，也是各高校非计算机类专业学生喜爱的公共选修课程之一，但是网页设计与制作类课程涉及的技术繁杂，技术更新快，综合性也很强。因此本书选取一个完整的网站项目，以工作任务为驱动，将知识点融入工作任务中。按基础项目(案例)、典型项目、实践项目安排每个工作任务的内容，让学习者由浅入深、循序渐进地掌握前端开发技术。

本书特色

符合社会需求的人才，才是学校培养人才的根本。因此，本书在编写中遵循这一原则，引入企业实际项目，按照工作过程编排书的内容和顺序。本书特色主要有以下三方面：

(1) 全书知识体系结构完整，脉络清晰，涵盖了网页设计与制作技术的入门必备基础知识与技能。重点阐述 HTML 元素、CSS 样式、网页布局技术、导航与超链接、表格与表单等基础知识与技能，包括 HTML5 的语义化标签结构和 CSS3 常用样式设置，以及 JavaScript 基础应用和响应式网页布局技术、相关媒体查询、Bootstrap 框架应用等实用技术。

(2) 全书采用任务驱动方式，将重要知识点及基本技能要求嵌入各个案例任务中，通过应用案例来诠释各知识点与必备技能。本书的项目实现采用当下流行的主流开发工具之一 HBuilder X 作为网页开发工具，力求教学内容贴近职场需求，充分调动学生的学习主动性。

(3) 本书配套的教学资源丰富、齐全，重点内容均有视频讲解、课程标准、PPT 课件、案例源代码等教学资源。

本书概览

全书共分为以下 5 章：

第 1 章主要介绍网页设计基础知识，从 Web 前端开发岗位出现、需求、要求讲起，对网页基本术语意义、网站开发基本流程、Web 标准进行了逐一介绍 。

第 2 章从企业项目"盛和景园"的需求讲起，介绍了网站需求分析的建立，并通过 Photoshop 实现网站的 UI 设计。

第 3 章首先介绍了网页的切图、准备网页必备的图片素材，然后介绍了利用 HBuilder X 工具创建网站站点，最后介绍了利用 HTML5 结构标签确定网页结构，再利用 HTML5 内容标签添加网页内容，接下来是网页的整体布局以及利用 CSS3 实现网页的最终效果。

第 4 章主要讲解 JavaScript 的变量、基本数据类型、对象、运算符、条件语句、函数以及 DOM

的相关知识，从而实现“盛和景园”网站的页面交互效果。

第 5 章先是从响应式网站的需求出发，介绍了实现响应式布局的技术 Flex 布局，然后介绍了流行的前端响应式框架——Bootstrap，最后用 Bootstrap 实现响应式的“盛和景园”网站。

本书由山东华宇工学院张亚东副教授、山东药品食品职业学院郑玉娟副教授和胡恩泽副教授编著，参与编写的还有张静、曹金静、刘秀丽、刘媛、陈晓。对于选用了本书作为教材的高校教师及其他读者，可以在清华大学出版社官方网站获取全书配套的教学视频、课程标准、PPT 课件及案例源代码等教学资源。

本书在编撰过程中得到了山东华宇工学院各级领导、同事和山东药品食品职业学院各级领导、同事的大力支持与帮助，在此表示诚挚的感谢，他们对本书的编排与撰写提出了许多宝贵的意见与建议，同时也感谢家人为我们忙碌于繁杂的工作提供了无私的帮助和轻松的环境。

由于作者水平有限，书中难免有疏漏之处，敬请各位专家和读者批评指正，不胜感激。感谢您使用本书，顺祝学习、工作愉快。

作　者

2021 年 6 月

CONTENTS

目录

第1章

Web前端开发职业前景与必要认知

【导读】

随着互联网时代的到来及我国“互联网+”的提出，Web迎来大发展时代，伴之而来的是Web开发专业人才的需求激增。“Web前端开发工程师”是近些年才兴起的一个新岗位，Web前端开发工程师的主要工作是构建一个界面友好、交互性良好的Web页面。该岗位需要掌握哪些知识，具备哪些技能呢？本章从职业发展现状及前景出发，立足岗位需求，向读者介绍网页、网站和网站标准的知识。

学习任务

本章主要让读者了解Web前端相关知识及Web前端开发职业，对Web前端开发技术有一个初步的认识，并掌握Web前端职业所需要掌握的基础知识。

学习目标

（1）了解Web前端开发岗位的现状及发展前景；

（2）掌握网页的组成、网站的开发过程及Web标准的相关知识等。

1.1 Web前端开发岗位现状

1.1.1 职业现状

随着互联网的不断发展，IT行业内又新增了数以百计的岗位，其中“Web前端开发工程师”是近些年才兴起的一个新岗位，Web前端开发的主要工作是构建一个界面友好、交互性良好的Web页面。那么该职位在IT行业内的需求量、薪酬待遇如何呢？我们在“智联招聘”网站上进行检索，以北京地区为参考，检索信息以当前日期为准，如图1.1所示。

通过观察、对比图1.1中检索到的信息不难发现，Web前端开发工程师是确实存在的一个岗位，且需求量大、薪酬待遇高。

Web前端开发工程师的技术难度如何呢？同样，也分别在各主流网站上进行了检索，如图1.2所示。

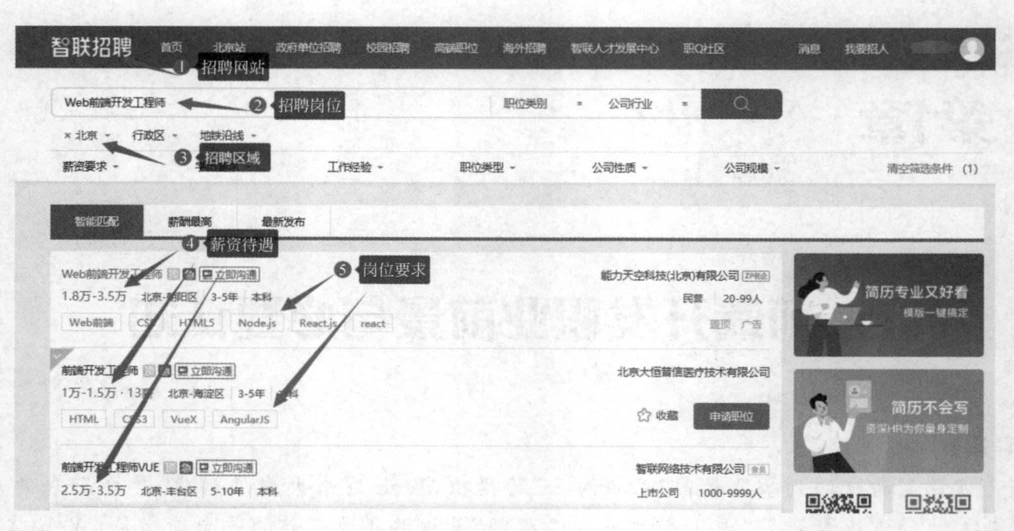

图 1.1

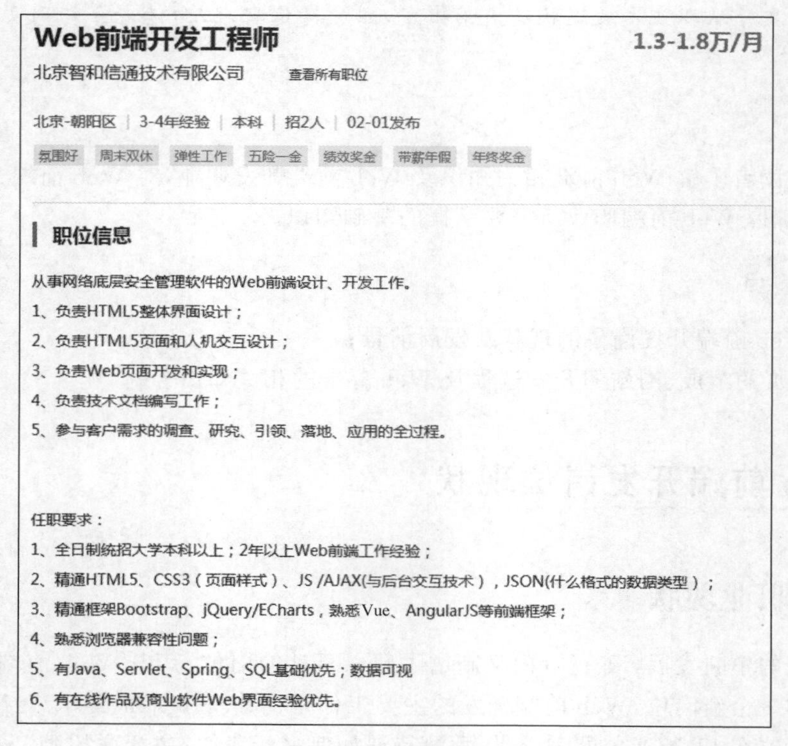

Web前端开发工程师 **1.3-1.8万/月**

北京智和信通技术有限公司 查看所有职位

北京-朝阳区 | 3-4年经验 | 本科 | 招2人 | 02-01发布

氛围好 周末双休 弹性工作 五险一金 绩效奖金 带薪年假 年终奖金

职位信息

从事网络底层安全管理软件的Web前端设计、开发工作。

1、负责HTML5整体界面设计；

2、负责HTML5页面和人机交互设计；

3、负责Web页面开发和实现；

4、负责技术文档编写工作；

5、参与客户需求的调查、研究、引领、落地、应用的全过程。

任职要求：

1、全日制统招大学本科以上；2年以上Web前端工作经验；

2、精通HTML5、CSS3（页面样式）、JS /AJAX(与后台交互技术），JSON(什么格式的数据类型）；

3、精通框架Bootstrap、jQuery/ECharts，熟悉Vue、AngularJS等前端框架；

4、熟悉浏览器兼容性问题；

5、有Java、Servlet、Spring、SQL基础优先；数据可视

6、有在线作品及商业软件Web界面经验优先。

图 1.2

通过观察、对比检索到的信息可以得出，Web 前端开发工程师的主要专业技术指标有以下几点：

- 熟练掌握 HTML5 和 CSS3。
- 熟练掌握 JavaScript 及 JavaScript 框架(JQuery、Vue、Angular、React 等)中的一种。

- 熟练掌握流行的前端响应式框架 Bootstrap。
- 熟悉各种前端调试工具、解决浏览器的兼容性问题。

1.1.2　职业前景

当前中国互联网行业需求量最高的八大职位（不包括职能岗位和销售类岗位）分别是软件开发、新媒体运营、产品经理、软件测试、运维工程师、Web 前端开发、UI 设计和移动开发工程师。热门岗位中，无论从岗位席位数还是人才需求量来说，技术类岗位的占比都达到了 70%。需求量位于前列的为软件开发、运维工师、Web 前端开发、UI 设计师。

从供需关系来看，人才供给最充足的是软件测试，最紧张的是 Web 前端开发，运维工程师次之。

1.2　Web 概述

Web（World Wide Web）即全球广域网，也称为万维网，它是一种基于超文本和 HTTP 的、全球性的、动态交互的、跨平台的分布式图形信息系统，是建立在 Internet 上的一种网络服务，为浏览者在 Internet 上查找和浏览信息提供了图形化的、易于访问的直观界面，其中的文档及超链接将 Internet 上的信息节点组织成一个互为关联的网状结构。

1.2.1　网页概述

1. 什么是网页

网页是一个文件，它存放在服务器（可以理解为一台计算机）上，而这台计算机必须与互联网相连才能够访问。网页经由网址（URL）来识别与存取，是万维网（WWW）中的一“页”，网页文件扩展名为.html 或.htm。例如，打开浏览器，在地址栏中输入网址 www.huayu.edu.cn，显示在浏览器中的就是“山东华宇工学院”的首页，如图 1.3 所示。

图　1.3

知识分享

(1) internet。internet 就是通常所说的互联网,是由一些使用公用标准语言互相通信的计算机连接而成的网络。互联网就是将世界范围内不同国家、不同地区的众多计算机连接起来形成的网络平台。

互联网实现了全球信息资源的共享,形成了一个能够共同参与、相互交流的互动平台。因此,可以说互联网的出现在人类通信技术史上具有里程碑的意义。

(2) WWW(World Wide Web,环球信息网的缩写,也可简称为 Web,中文名叫万维网)是一个基于超文本(Hypertext)方式的信息检索服务工具。这种把全球范围内的信息组织在一起的超文本方法,采用的是由指针链接的超网状结构。Web 系统允许超文本指针所指向的目标信息源不仅可以是文本,也可以是其他媒体,如图形、图像、声音、动画等信息,更重要的是可以把分散在不同主机上的资源有机地组织在一起,这种超文本结构与多媒体的结合体,被称为"超媒体"(Hypermedia,现在已变为 UltraMedia)。

Web 系统已在教育、科学技术、商业广告、公共关系、大众媒体和娱乐等多方面起着愈来愈重要的作用。WWW 的应用已远超原有的设想,成为 Internet 上最受欢迎的应用之一,它的出现极大地推动了 Internet 的推广。WWW 获得成功的秘诀在于它制定了一套标准的、易于人们掌握的超文本开发语言、信息资源的统一定位格式和超文本传输通信协议,用户掌握后可以很容易地建立自己的网站。

(3) 超链接(Hyper Link)指向 WWW 中的资源,如一个网页、声音、文件、网页的一个段落或 WWW 中的其他资源等,这些资源可放在任何一个服务器上。一个超链接可以是一些文字,也可以是一张图片。

(4) 统一资源定位器(Uniform Resource Locator,URL)用于描述 Internet 上资源的位置和访问方式,也可以把 URL 称为网址,它的功能相当于在实际生活中写信的通信地址。如 www. huayu. edu. cn 就是山东华宇工学院网站的官方网址。

(5) W3C(World Wide Web Consortium,万维网联盟)是国际著名的标准化组织。W3C 最重要的工作是发展 Web 规范,自 1994 年成立以来,已经发布了 200 多项影响深远的 Web 技术标准和实施指南,例如超文本标签(标记)语言(HTML)、可扩展标签(标记)语言(XML)等。这些规范有效促进了 Web 技术的兼容,对互联网的发展和应用起到了支撑作用。

2. 网页的构成

在 Internet 早期,网页只能保存纯文本。经过几十年的发展,图像、声音、动画、视频等技术已经在网页中得到广泛应用,网页也发展成为集视听为一体的媒体,并且通过动态网页技术,使用户之间、用户与网站管理者之间进行互动。

从浏览者的角度看,网页中常见的构成元素有文本、图像、音频、视频、动画等。但从专业的角度来讲,这些元素都有自己的名字,可以将它们分为站标、导航条、广告条、标题栏、按钮等。

1) 站标

站标也称为 logo,是网站的标志,其作用是使人看到它就能联想到企业。因此,网站的 logo 通常采用企业的 logo。

logo 一般采用带有企业特色和思想的图案,或是与企业相关的字符或符号及其变形,当然也

可以是图文组合，如图 1.4 和图 1.5 所示。

图　1.4

图　1.5

在网页设计中，通常把 logo 放在页面的左上角，大小没有严格要求。不过，考虑网页显示空间的限制，要求 logo 的尺寸不能太大。

如果要自己设计网站的 logo，应掌握以下设计技巧：

- 保持视觉平衡，讲究线条的流畅，使整体形状美观。
- 用反差、对比或边框等强调主题。
- 选择恰当的字体。
- 注意留白，给人以想象空间。
- 运用色彩。

2）导航条

导航条是网站设计中不可缺少的基础元素之一，它是网站信息结构的基础分类，也是浏览者进行信息浏览的路标。导航条的设计应该引人注目。浏览者进入网站，首先会寻找导航条，通过导航条可以直接地了解网站的内容及信息的分类方式，以判断这个网站上是否有自己需要的资料和感兴趣的内容。

在网页的上端或左侧设置主导航要素的情况是比较普遍的方式，这样能给用户带来很多便利，如图 1.6 所示。

图　1.6

但为了使自己的网站与其他网站区分开，并让人富有创造力，有些网站在导航的构成或设计方面打破了传统的普遍使用的方式，独辟蹊径，自由地发挥自己的想象力，追求导航的个性化，如图 1.7 所示的个性化导航。

导航条是网页界面中非常重要的要素，导航条设计的好坏决定着用户能否方便地浏览网站。一般来说，导航要素应该设计得直观而明确，并最大限度地方便用户。网页设计师在设计网站时应该尽可能地使网站页面间的切换更容易，查找信息更快捷，操作更方便。

网站导航条常见的分类如下。

图 1.7

(1) 横向导航条。横向导航一般用作网站的主导航,门户类的网站更是如此。由于门户类网站的分类导航较多,且每个频道均有不同的样式,因此在网站的顶部固定一个区域设计统一样式且不占用过多空间的导航是最理想的选择,如图 1.8 所示的山东华宇工学院首页导航。

图 1.8

(2) 纵向导航条。在门户网站中很少用到纵向导航。纵向导航更倾向于表达产品分类。例如,很多购物网站和电子商务网站都提供了对全部商品进行分类的导航菜单,以方便浏览者快速找到想要的内容,图 1.9 所示的"京东商城"导航。

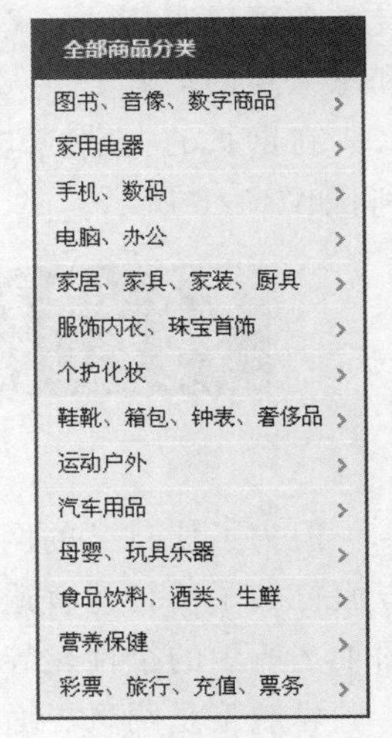

图 1.9

(3) 下拉式导航条。下拉式导航可以节省大量的版面空间,对于内容多而分类比较复杂的网站来说,下拉式导航是最适合不过的了。下拉式导航在电子商务类网站的应用较多,它可以帮助浏览者寻找更详细的分类,如图 1.10 所示。

3) 广告条

广告条又称 banner,其功能是宣传网站或替其他企业做广告,以赚取广告费。banner 的尺寸可以根据页面需要来安排。图 1.11 所示为山东华宇工学院首页 banner。

在 banner 的制作过程中需要注意以下几点:

- banner 可以是静态的也可以是动态的。现在使用动态的居多,容易引起浏览者的注意。
- banner 的体积不宜过大,尽量使用 GIF 格式的图片与动画或 Flash 动画,因为这两种格式

山東華宇工學院
SHANDONG HUAYU UNIVERSITY OF TECHNOLOGY
华宇首页
学校概况
教学单位
教务教学
质量监控
人才引进
教师发展
科学研究
办学条件
学生工作
招生就业
党群工作
学校简介
现任领导
上级关怀
对外交流
学校荣誉
学校文化
办学定位

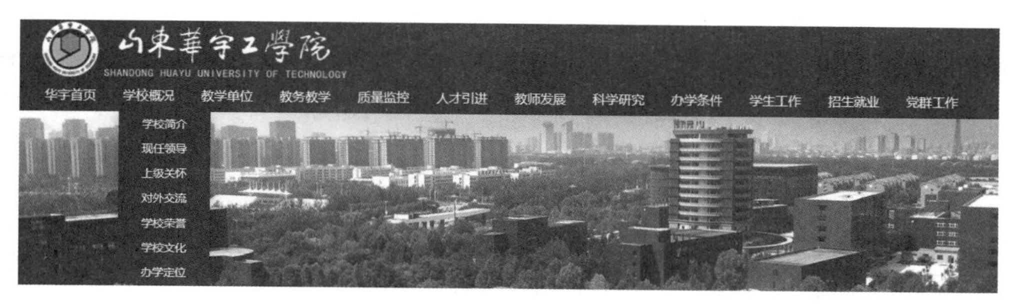

图　1.10

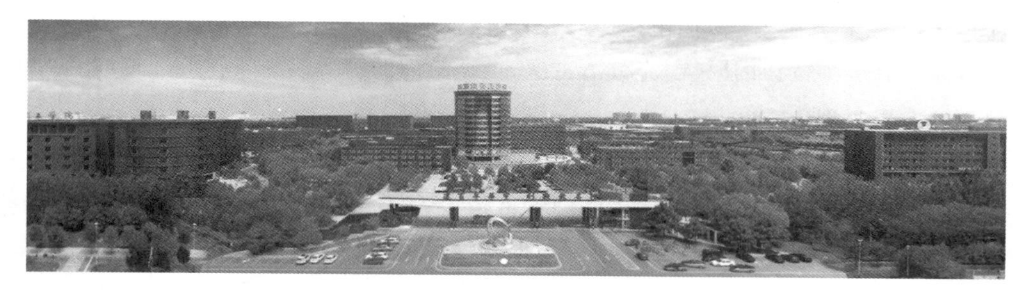

图　1.11

的动画文件体积小,载入时间短。

- banner 的文字不要太多,只要达到一定的提醒效果就可以,通常一两句企业广告语即可。
- banner 中的图片颜色不要太多,尤其是 GIF 格式的图片或动画,要避免出现颜色的渐变和光晕效果,因为 GIF 格式文件仅支持 256 种颜色,颜色的连续变换会出现明显的断层甚至光斑,影响效果。

4）标题栏

这里的标题栏不是指整个网页的标题栏,而是网页内部各版块的标题,是各版块内容的概括。它使得网页内容的分类更清晰明了,大大地方便了浏览。

标题栏可以是文字加不同颜色背景,也可以是图片。一般的大型网站都采用前者,一些内容少的小网站采用后者,如图 1.12 所示。

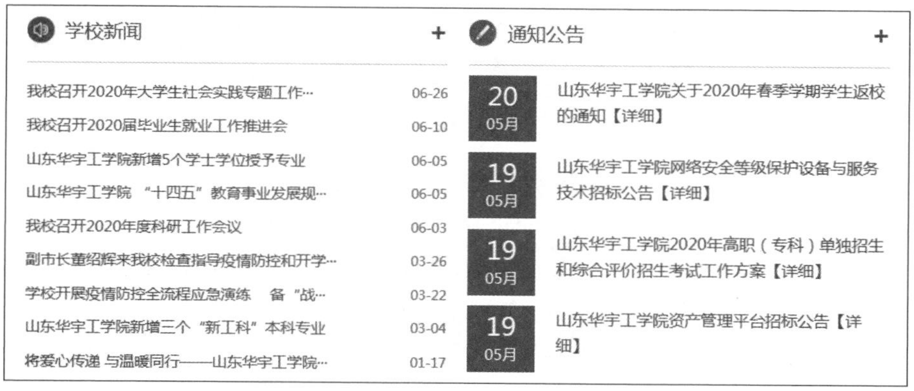

学校新闻
+
我校召开2020年大学生社会实践专题工作…
06-26
我校召开2020届毕业生就业工作推进会
06-10
山东华宇工学院新增5个学士学位授予专业
06-05
山东华宇工学院 “十四五” 教育事业发展规…
06-05
我校召开2020年度科研工作会议
06-03
副市长董绍辉来我校检查指导疫情防控和开学…
03-26
学校开展疫情防控全流程应急演练　备 “战…
03-22
山东华宇工学院新增三个 “新工科” 本科专业
03-04
将爱心传递 与温暖同行——山东华宇工学院…
01-17
通知公告
+
20
05月
山东华宇工学院关于2020年春季学期学生返校的通知【详细】
19
05月
山东华宇工学院网络安全等级保护设备与服务技术招标公告【详细】
19
05月
山东华宇工学院2020年高职（专科）单独招生和综合评价招生考试工作方案【详细】
19
05月
山东华宇工学院资产管理平台招标公告【详细】

图　1.12

5）按钮

在现实生活中，按钮通常是启动某些装置或机关的开关。网页中的按钮也沿用了这个概念。网页的按钮被单击之后，网页会实现相应的操作，比如页面跳转，或者信息搜索等，如图 1.13 所示。

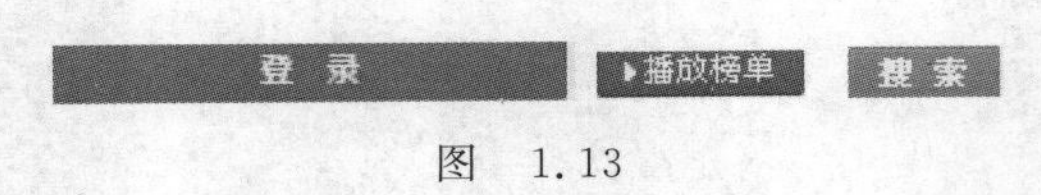

图 1.13

设计按钮时，要注意以下几点：

- 要保证按钮与页面的协调，不能太抢眼，也不宜使用过多的颜色。
- 如果按钮上有字则尽量使用单色或渐变背景，保证字迹的清晰。
- 当页面上有多个按钮的时候，应分清主次，根据版面的需要改变按钮的颜色或者大小。

3. 网页的布局类型

网页的基本元素有了，如何让这些元素合理、有序地排列起来，形成优美的网页呢？这就是网页布局。常见的网页布局类型主要包括国字形、匡字形、三字形、川字形、封面型等。合理的页面布局，不仅会给浏览者赏心悦目的感觉，还能增加网站的吸引力。

(1) 国字形。也称同字形，即最上面是网站的标题以及横幅广告条，接下来是网站的主要内容，最左侧和最右侧分列一些小条目内容，中间是主要部分，最下面是网站的一些基本信息、联系方式、版权声明等。这是使用最多的一种结构类型，如图 1.14 所示。

图 1.14

(2) 匡字形。也称拐角形，这种结构与国字形结构很相近，上面是标题及广告横幅，下面左侧是一窄列的链接等，右侧是很宽的正文，下面也是一些网站的辅助信息，如图 1.15 所示。

(3) 三字形。这是一种比较简洁的布局类型，其页面在横向上被分隔为三部分，上部和下部放置一些标志、导航条、广告条和版权信息等，中间是正文内容，如图 1.16 所示。

(4) 川字形。整个页面在垂直方向上被分为 3 列，内容按栏目分布在这 3 列中，最大限度地突出栏目的索引功能，如图 1.17 所示。

联系我们
站点地图
北大招生网
首页
招生信息
网上报名
学科专业
走进北大
奖助学金
来访信息
医学部
PEKING UNIVERSITY
ENROLLMENT
INFORMATION
WELCOME
TO
PEKING
UNIVERSITY
首页 > 招生信息 > 招生时间表
招生信息
通知公告
招生新闻
招生时间表
历年招生计划
历年录取分数线
报考必读
港澳台侨
留学生
高水平艺术团
高水平运动队
自主招生
博雅计划
筑梦计划
保送生
保送生时间表
2017.12.28
公布2018外语类保送
生招生简章
2018.01.13
笔试
2018.01.08
公布初审结果
北大
学科
图　1.15

南京大學
NANJING UNIVERSITY
南大概况
院系部门
招生就业
人才招聘
人才培养
科学研究
合作交流
文化生活
校园服务
南京大學
2020年学生毕业典礼暨学位授予仪式
2020年6月22日
玉成青春，放歌时代——我校举行2020届学生毕业典礼暨学位授予仪式
南大新闻
【毕业季·我的2020】胡金波书记、吕建校长寄语南京大学2020届基层工作毕业生
2020-07-01
公告通知
20
2020-06
关于举行南京大学2020年学生毕业典礼暨学位授予仪式的通知
09
关于召开中共南京大学第十五届
图　1.16

图　1.17

常见的网页布局类型还包括标题文本型、封面型、Flash 型等。

标题文本型即页面内容以文本为主，最上面一般是标题，下面是正文的格式。

封面型基本出现在一些网站的首页，大部分由一些精美的平面设计和动画组合而成，在页面中放几个简单的链接或者仅是一个"进入"的链接，甚至直接在首页的图片上做链接而没有任何提示。这种类型的网页布局大多用于企业网站或个人网站。

Flash 型是指整个网页就是一个 Flash 动画，这是一种比较新潮的布局方式。其实，这种布局与封面型在结构上是类似的，无非使用了 Flash 技术。

1.2.2　网站概述

1. 网站

因特网起源于美国国防部高级研究计划管理局建立的阿帕网。网站（website）开始是指在因特网上，根据一定的规则，使用 HTML（标准通用标记语言下的一个应用）等工具制作的用于展示特定内容的相关网页的集合。网站是一种沟通工具，人们可以通过网站来发布自己想要公开的资讯，或者利用网站来提供相关的网络服务。人们可以通过网页浏览器来访问网站，获取自己需要的资讯或者享受网络服务。国内比较知名的门户网站有新浪、搜狐、网易；电子商务网站有京东、苏宁、当当等。

2. 网站前端开发

1）网站设计

（1）确定网站主题的原则。

- 主题要小而精。
- 题材应结合本身的特点和优势。
- 题材不要太滥，目标不要太高。

（2）网站整体规划。

整体规划主要包括网站的目标、网站的名称、网站的功能、网站的内容、网站的风格、网站的结构以及网站的技术实现等。

① 网站的目标。

建设一个网站从一开始就应该有一个明确的目标，可以从以下几点来考虑：

- 明确网站将来的访问对象，即明确网站的服务对象。
- 明确网站提供的服务项目。
- 明确网站的发展定位，确定网站的发展方向。

网站的目标定位要冷静、认真地去思考，不要好高骛远，这样才能够实实在在确定网站的目标。

② 网站的名称。

确定网站的主题之后，就可以确定网站的名称。名称至关重要，它对网站的形象和宣传推广具有重大的影响。因此，网站的名称应该正气、易记、有特色。

③ 网站的功能。

网站的功能设计在网站的建设当中起着相当重要的作用，是整个网站规划中最为核心的一步。设计出新颖强大的功能，对于网站的建设、推广和营销来说是非常重要的一环。设计网站功能时，设计者应以网站的目标、内容为基础，从考虑如何实现网站目标，体现网站内容出发。

④ 网站的内容。

网站的内容设计是网站规划的一项重点工作，它直接影响到一个网站的受欢迎程度。因此，网站的内容结构必须清晰，注意突出网站的形象和特色。网站内的网页应由多种成分组成，但图像和多媒体信息的使用要适中。网站的内容结构应以用户方便浏览为原则，尽量选择突出网站特色的内容。

⑤ 网站的风格。

网站的风格是一个抽象的概念，是指网站的整体形象给浏览者的综合感觉。它是通过网页元素来体现的，网页色彩、平面构成、文字、图像等元素都会直接影响网站的风格。

⑥ 网站的结构。

网站的结构就是对网站的内容、功能进行一个层次化的组织，包括网站的目录结构和链接结构。清晰的目录结构有利于站点的维护，而优秀的链接结构有利于使用最少的链接，达到最大的链接效果。

（3）收集素材。

在制作网页之前，应首先收集好制作网页时要使用的素材，包括文字资料、图片、动画、声音、视频等。收集的素材要保证其真实性和合法性。对于一些原始的素材还可以使用 Photoshop、

Fireworks、Flash 等软件进行处理，使其可以更好地应用于网页。

提供网页素材下载的网站有素材网、网页制作大宝库、中国站长站和素材中国等。图 1.18 所示为素材中国的网站。

图 1.18

2）网站前端制作

网站前端制作是将 Web 页面或 App 等前端界面呈现给用户的过程，通过 HTML、CSS 及 JavaScript 以及衍生出来的各种技术、框架、解决方案，来实现互联网产品的用户界面交互。

1.3 Web 标准

Web 前端开发作为计算机行业中的一个岗位，它也应该符合一定的行业标准，让从业者有据可循。

1.3.1 Web 标准概念

Web 标准，即网站标准。实际上，Web 标准并不是某一个标准，而是一系列标准的集合。由于

Web设计越来越趋向于整体与结构化，对于网页设计者来说，理解Web标准首先要理解结构（内容）和表现分离的意义，结构（内容）和表现的分离是Web标准中最重要的标准之一，所谓的结构（内容）和表现分离就是结构（内容）在单独的一个文件中，表现样式在另一个单独的文件中，通过在两者之间建立起的链接关系，将表现样式中的样式效果应用到结构（内容），从而使结构（内容）呈现出所需要的样式效果。在Web标准中构成网页的三个主要内容是结构（内容）、表现（CSS样式）、行为。

1. 结构（内容）

结构（内容）就是网页页面实际要向客户传递的信息，它可能包含文字信息、图片信息、视频信息等，而一个页面结构（内容）是由标题、段落、列表等组成的，如图1.19所示。

图　1.19

2. 表现（CSS样式）

如何让上述结构（内容）看起来更加美观、大方，给用户更好的体验呢？这就需要通过表现样式来实现，如图1.20所示。

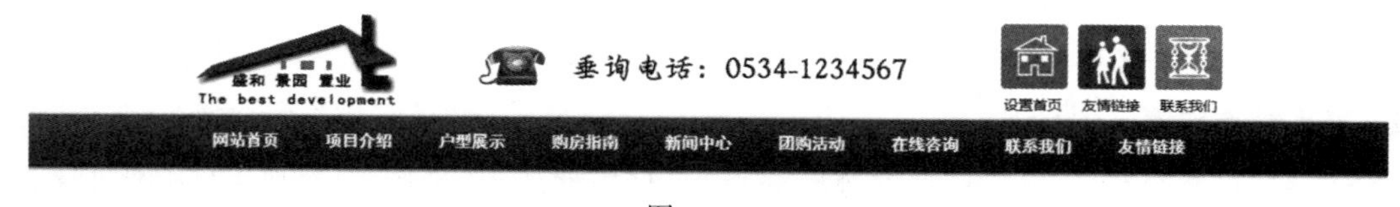

图　1.20

这就好比内容就是我们人本身，而表现就是各种各样漂亮的衣服和装饰品，穿戴上漂亮衣服和装饰品的我们看起来更加漂亮，更加有气质。

3. 行为

对于现代网页来说，我们更强调用户的体验和与用户的友好交互。行为就是对内容的交互及操作。也就是说,设计网页不仅仅考虑向用户传递内容,还需要考虑用户的感受,要与用户进行交流互动。例如,在网上购物,首先需要注册成为会员,才能实现在网上购物、查看订单和物流信息等,这就是最为常见的交互行为,如图 1.21 所示。

图 1.21

1.3.2 Web 标准语言

应用 Web 标准语言是实现 Web 标准的第一步,下面来介绍 Web 标准语言。

1. 结构化标准语言——HTML

网页上的文字、图形、图像、动画、视频、音频等多媒体信息是如何呈现出来的呢?答案就是通过 HTML,HTML 作为一种描述性的标记语言,用于描述超文本中的内容和结构。当浏览器接收到 HTML 文件后,就会解释执行里面的标记,然后把标记相对应的功能或内容表现出来。

HTML 最早源于 SGML(Standard General Markup Language,标准通用化标记语言)。2000 年,W3C 公布发行了 XHTML 1.0 版本。不过 XHTML 并没有成功,而 HTML5 便因此孕育而生。

2012 年 12 月 17 日,W3C 宣布凝结了大量网络工作者心血的 HTML5 规范正式定稿,确定了 HTML5 在 Web 网络平台奠基石的地位。

2014 年 10 月底,W3C 宣布 HTML5 正式定稿,网页进入了 HTML5 开发的时代。

2. 表现标准语言——CSS

CSS(Cascading Style Sheets,层叠样式表单)简称为样式表,是用于(增强)控制网页样式并允许将样式信息与网页内容分离的一种标记性语言。

CSS 能将样式的定义与 HTML 文件内容分离,只要建立定义样式的 CSS 文件,并且让所有的 HTML 文件都调用这个 CSS 文件所定义的样式即可。

早在 2001 年 5 月,W3C 就着手开发 CSS 第 3 版规范——CSS3 规范,它被分为若干个相互独立的模块。CSS3 的产生大大简化了编程模型,它不是仅对已有功能的扩展和延伸,更多的是对 Web UI 设计理念和方法的革新。CSS3 配合 HTML5 标准,将引起一场 Web 应用的变革,甚至是整个 Internet 产业的变革。

3. 行为标准语言——JavaScript

JavaScript 是一种属于网络的脚本语言，已经被广泛用于 Web 应用开发，常用来为网页添加各式各样的动态功能，为用户提供更流畅美观的浏览效果。JavaScript 是一种解释型脚本语言，是一种动态类型、弱类型、基于原型的语言。它的解释器被称为 JavaScript 引擎，为浏览器的一部分，是广泛用于客户端的脚本语言。

ECMAScript 是 ECMA（European Computer Manufacturers Association，欧洲计算机制造商协会）国际以 JavaScript 为基础制定的标准脚本语言。这种语言在万维网上应用广泛，它往往被称为 JavaScript 或 JScript，所以它可以理解为是 JavaScript 的一个标准，但实际上 JavaScript 和 JScript 是 ECMA-262 标准的实现和扩展。

1.3.3 如何制作网站才符合 Web 标准

要想制作出符合 Web 标准的网站，光理解概念还是不够的，必须要在不断的实践中掌握技巧，在不断学习中提高网站架构设计方面的经验。下面简单介绍制作 Web 标准网站的准则。

1. 使用 Web 标准语言

制作的网站只有使用了 Web 标准语言，才是实现 Web 标准的第一步。

2. 结构和表现分离

1）结构语义化

HTML5 提供了相当丰富的语义化标签，要充分利用好这些标签，一方面使网页的内容结构更加清晰，另一方面便于搜索引擎的抓取和收录。如标题应该包含在 h1～h6 中，段落文字应该包含在<p>中，列表项应放在<ul>、<ol>、<dl>中，头部内容包含在<header>中。

2）CSS 控制表现

网页的外观样式应由 CSS 文件统一控制，在控制样式及给选择器命名时，建议做到以下规范：

- 多个单词组成的长名称使用短横线(-)来命名。
- .id 标识是唯一的，一般用在 JavaScript 中，class 可以重复使用，一般用来给样式选择器命名。

3. W3C

一个符合 Web 标准的网站，首先得要实现结构和表现分离，并且使得结构页面和样式文档都能通过 W3C 的代码校验。

W3C 提供了一个校验网站脚本各方面语法的程序，地址可以到 W3C 的官方网站（https://www.w3.org）查询。

1.3.4 Web 标准的优势

- 文件下载与页面显示速度更快。
- 内容能被更多的用户（包括失明、视弱、色盲等残障人士）所访问。
- 内容能被更广泛的设备（包括屏幕阅读机、手持设备、搜索机器人、打印机、电冰箱等）所访问。

- 用户能够通过样式选择定制自己的表现界面。
- 所有页面都能提供适于打印的版本。
- 更少的代码和组件,容易维护。
- 带宽要求降低(代码更简洁),成本降低。举个例子,当 ESPN. com 使用 CSS 改版后,每天节约超过 2MB 带宽。
- 更容易被搜寻引擎搜索到。
- 保持整个站点的视觉一致性变得非常简单,修改样式表就可以轻松改版。
- 提供打印版本而不需要复制内容。
- 提高网站易用性。在美国,有严格的法律条款(Section 508)来约束政府网站必须达到一定的易用性,其他国家也有类似的要求。
- 由于结构清晰,数据的集成、更新和处理更加方便灵活。

第2章

设计“盛和景园”网站

【导读】

网站设计是网站开发的第一步,网站的设计效果直接决定了网页的效果和网站开发的成败。因此在进行页面设计之前,需要进行充分而必要的准备。首先是网站需求分析的建立,分析网站的功能及建站的目的,确定用户群和网站内容等网站主题;在确定了主题之后,接下来进行网站的整体规划,包括网站的目标定位、网站的风格设计、网站的页面创意设计;在网站规划好后,就是搜集建站所需的相关资料和素材了。其次是页面设计的具体实现,使用 Photoshop 等图像处理软件进行页面效果图设计。页面效果图主要包括网站的首页效果图和子页效果图。将效果图设计好后交给客户查看,客户查看后提出修改意见,设计人员根据客户意见进行修改,并确定最终网站的页面效果。

2.1 任务一:“盛和景园”房产网站需求分析的建立

任务目标

通过本任务的学习,掌握网站需求分析的建立。

任务解析

在进行网站开发之前,首先要对网站进行需求分析,包括网站的主题、网站的整体规划及素材准备等。

支撑知识

网页的色彩是树立网站形象的关键之一。网页的背景、文字、图标、边框、超链接等,应该采用什么样的色彩,应该搭配什么色彩才能最好地表达出预想的内涵呢?这就需要对色彩知识有一个了解。下面从色彩的基本知识、色彩的三要素、色彩分析以及网页中的色彩搭配等几方面分别进行介绍,为网页中色彩的准确应用奠定基础。

1. 色彩的基本知识

显示器的颜色属于光源色,所以颜色以光学颜色 RGB 为主。在显示器屏幕内侧均匀分布着

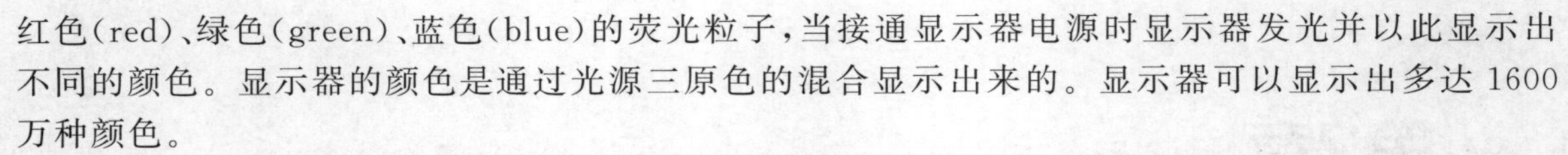

红色(red)、绿色(green)、蓝色(blue)的荧光粒子,当接通显示器电源时显示器发光并以此显示出不同的颜色。显示器的颜色是通过光源三原色的混合显示出来的。显示器可以显示出多达1600万种颜色。

网页颜色主要是由3种基本颜色组成的,它们是红、绿、蓝,其他的颜色是由这3种颜色调和而成的。例如,黄=红+绿,紫色=红+蓝,白色=红+绿+蓝。

用6个十六进制数来表示红、绿、蓝3种颜色的含量,组成一个6位的十六进制数,就是RGB颜色。例如,红色为#FF0000,绿色为#00FF00,蓝色为#0000FF,白色为#FFFFFF。

通常情况下,RGB各有256级亮度,一共可以组合出256×256×256=16 777 216,简称1600万色,也称为24位色。

企业指导

(1) 网页的颜色是由三基色构成的,所以颜色值可以采用rgb代码的背景颜色,如红色(rgb(255,0,0))。如果设置的颜色包含透明度的设置,采用rgba代码的背景颜色,如rgba(255,0,0,0.8),即不透明度为80%红色背景。

(2) 在网页表现样式中,当采用十六进制代码表示颜色时,如果有些颜色代码是可以缩写的,那就尽量缩写,其规则是:当前两位一样,中间两位一样,最后两位也一样(当然包括6个值都一样),此时就可以缩写成3位的形式。如#003366可以缩写为#036;#ffffff可以缩写为#fff。

(3) 在网页表现样式中,还可以采用颜色名称。如red(红色)、seagreen(海绿)。建议采用十六进制代码来表示颜色,因为对于颜色名称不可能记住那么多。

2. 色彩的三要素

1) 色相

色相也叫色泽,是色彩最基本的特征,反映颜色的基本面貌。色相是一种色彩区别于另一种色彩的最主要因素。

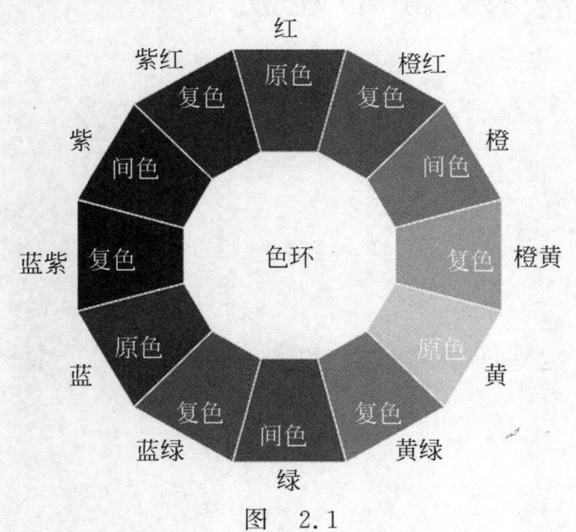

图 2.1

色相最基本的代表色是红、黄、绿、青、紫5种。这5种颜色在人们的心理方面有明确的特征,色相的心理反应特征是暖色或冷色。色相之间的关系可以用色环表示,如图2.1所示,除了主要的5种色相外,橙、黄绿、蓝绿、蓝紫和紫红成为中间色相。人的眼睛可以分辨出约180种不同色相的颜色。

2) 明度

明度是指色彩的深浅、明暗,取决于反射光的强度。任何色彩都存在明暗变化。其中,黄色明度最高;紫色明度最低;绿、红、蓝、橙的明度相近,为中间明度。另外,在同一色相的明度中还存在深浅的变化。如绿色中由浅到深有粉绿、淡绿、翠绿等明度变化。有明度差的色彩更容易调和。如紫色(#993399)与黄色(#ffff00)、暗红(#cc3300)与草绿(#99cc00)、暗蓝(#0066cc)与橙色(#ff9933)等。

3) 纯度

纯度是指色彩的鲜艳程度,也称色彩的饱和度。其取决于该颜色中含色成分和消色成分(灰色)的比例。含色成分越大,饱和度越大;消色成分越大,饱和度越小,如图2.2所示。

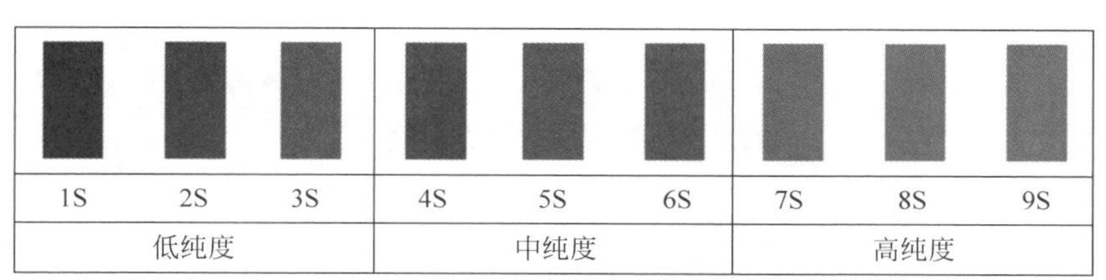

1S	2S	3S	4S	5S	6S	7S	8S	9S
低纯度			中纯度			高纯度		

纯度的色阶变化表

图　2.2

一种颜色的纯度越高，色彩就越鲜艳，如果纯度逐渐降低，就会越来越暗淡。以蓝色为例，向纯蓝色中加入一点白色，纯度下降而明度上升，变为淡蓝色。继续加入白色的量，颜色会越来越淡，纯度下降，而明度持续上升。反之，加入黑色或灰色，则相应的纯度和明度同时下降。

所有色彩都由三原色组成，因此原色的纯度最高。

3. 色彩分析

不同的颜色会给浏览者不同的心理感受。

1）红色

红色是一种激奋的色彩；有刺激效果，能使人产生冲动、愤怒、热情、活力的感觉；被用来传达有活力、积极、热诚、温暖、前进等含义的形象与精神，如图 2.3 所示。

图　2.3

2）绿色

绿色介于冷暖两种色彩的中间，给人和睦、宁静、健康、安全的感觉，如图 2.4 所示。

图 2.4

3）紫色

紫色色彩心理象征着女性化，代表着高贵和奢华、优雅和魅力，也象征着神秘与庄重、神圣和浪漫，如图 2.5 所示。

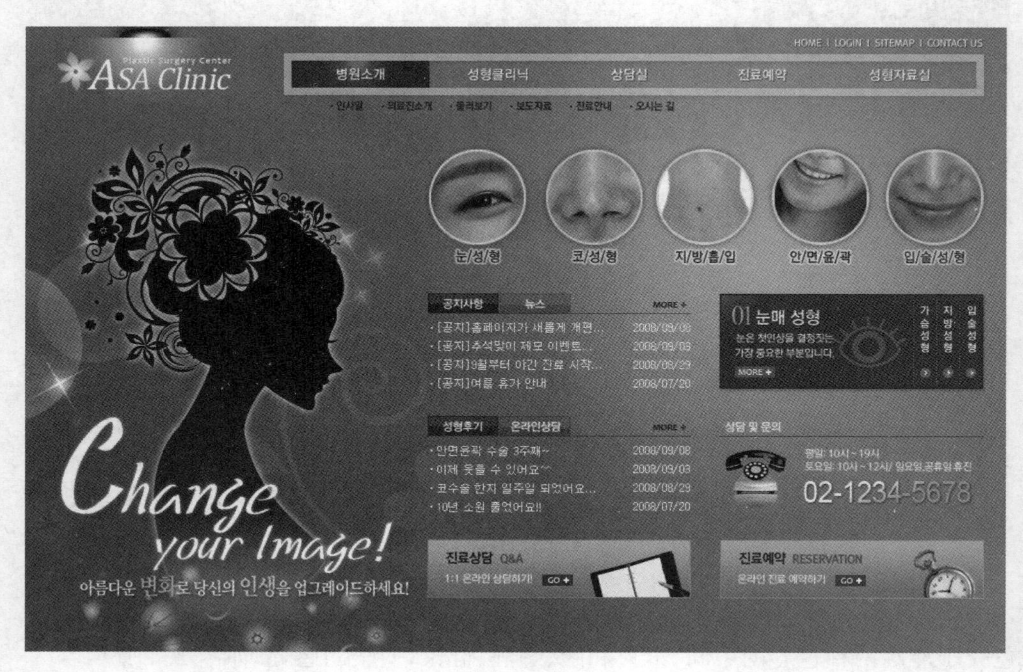

图 2.5

4）橙色

橙色也是一种激奋的色彩，具有轻快、欢欣、热烈、温馨、时尚的效果，如图 2.6 所示。

图　2.6

5）黄色

黄色会给人带来快乐、聪慧和轻快的感觉，它的明度最高，如图 2.7 所示。

图　2.7

6）蓝色

蓝色是最凉爽、清新、专业的色彩。由于蓝色沉稳的特性，具有理智、准确的意象，在商业设计中，强调科技、效率的商品或企业形象大多选用蓝色作为标准色、企业色。它和白色混合，能展现柔顺、淡雅、浪漫的气氛，如图 2.8 所示。

图　2.8

7）白色

在商业设计中，白色具有高级、科技的意象，通常需要和其他色彩搭配使用并且可以和任何颜色进行搭配，如图 2.9 所示。

8）黑色

在商业设计中，黑色具有高贵、稳重、科技的意象，许多科技产品的用色，如电视、跑车、摄影机、音响、仪器等的色彩大多采用黑色；在其他方面，黑色庄严的意象也常用在一些特殊场合的空间设计中，如图 2.10 所示。

9）灰色

在商业设计中，灰色具有柔和、高雅的意象，而且属于“中间性格”，男女皆能接受，所以灰色也

HOME
LOGIN
JOIN
SITEMAP
ASAWeb
YOUR BEST PARTNER
회사소개
제품안내
고객센터
채용정보
커뮤니티
Global Business And Company
고객의 꿈과 희망을 함께 만들어갑니다!
Global
Society
success
Community
Promise
Business
NOTICE&NEWS
그룹웨어 서비스
BUSINESS STORY
SERVICE CENTER
FAQ

图　2.9

中文版
English
CAG
1914
首页
品牌序言
电子杂志
店面形象
品牌推广
会员俱乐部
联系我们
留言

图　2.10

是永远流行的主要颜色,在许多高科技产品中,尤其是和金属材料有关的,几乎都用灰色来传达高级、科技的形象。使用灰色时,利用不同的层次变化组合或搭配其他色彩,才不会过于沉闷,才不会有呆板、僵硬的感觉,如图 2.11 所示。

图 2.11

4. 网页中的色彩搭配

网页配色很重要,网页色彩搭配是否合理会直接影响访问者的情绪。好的色彩搭配会带给访问者很强的视觉冲击力,不恰当的色彩搭配则会让访问者浮躁不安。

1) 同种色彩搭配

同种色彩搭配是指首先选定一种色彩,然后调整其透明度和饱和度,将色彩变淡或加深,从而产生新的色彩,这样的页面看起来色彩统一,具有层次感。

2) 邻近色彩搭配

邻近色是指在色环上相邻的颜色,如绿色和蓝色、红色和黄色即互为邻近色。采用邻近色搭配可以避免网页色彩杂乱,易于达到页面和谐统一的效果。

3) 对比色彩搭配

一般来说,色彩的三原色(红、绿、蓝)最能体现色彩间的差异。对比色可以突出重点,产生强烈的视觉效果。通过合理使用对比色,能够使网站特色鲜明、重点突出。在设计时,通常以一种颜色为主色调,用其对比色作为点缀,以起到画龙点睛的作用。

4) 暖色色彩搭配

暖色色彩搭配是指使用红色、橙色、黄色等色彩的搭配。这种色调的运用可为网页营造出和谐和热情的氛围。

5）冷色色彩搭配

冷色色彩搭配是指使用绿色、蓝色及紫色等色彩的搭配。这种色彩搭配可为网页营造出宁静、清凉和高雅的氛围。冷色色彩与白色搭配一般会获得较好的视觉效果。

6）有主色的混合色彩搭配

有主色的混合色彩搭配是指以一种颜色作为主要颜色，同时辅以其他色彩混合搭配，形成缤纷而不杂乱的搭配效果。

7）文字与网页的背景色对比要突出

文字内容的颜色与网页的背景色对比要突出。底色深，文字的颜色就应浅，以深色的背景衬托浅色的内容（文字或图片）；反之，底色淡，文字的颜色就要深些，以浅色的背景衬托深色的内容（文字或图片）。

任务实现

2.1.1　确定网站主题

1. 网站的提出

“盛和景园”房产项目是由德州天元房产公司开发的一个楼盘项目，为了让客户更好地通过网络了解该房产项目，同客户进行更好的交流，公司决定为该房产项目开发一个网站。

2. 网站的要求

（1）网站类型：企业网站。

（2）网站名称：盛和景园。

（3）网站客户群：潜在的购房客户。

（4）网站要求：“盛和景园”网站作为该房产项目与客户的沟通、交流平台，含有项目介绍、户型展示、购房指南、团购活动、在线咨询、联系我们等栏目。

3. 网站的主题

房产项目网站。

2.1.2　网站整体规划

1. 网站的目标定位

根据公司领导层提出的建立高规格、专业房产网站的定位，力争把该房产项目打造成行业知名的网站。

2. 网站的风格设计

（1）总体印象：立足于本行业领头羊形象的设计，以展示“盛和景园”的品质建设，主题突出、内容精练、形式简洁。

（2）版式布局：栏目集中，分栏目检索明确，导航清晰。

（3）色彩运用：以红色、白色、灰色为主色调，突出体现该房产项目整洁的居住环境、企业蒸蒸日上的发展和客户红红火火的生活，突出专业、大气、温馨、自然等特征。

(4) 图片运用：紧扣主题，突出房产项目的展示。

(5) 结构：使网站始终保持一种方便快捷、清晰明确的浏览路线。

3. 网站的页面创意设计

网站页面是公司对外宣传的关键部分，是树立企业形象、宣扬企业文化、展示企业实力的必要途径。

(1) 首页设计。

首页是公司整体形象的浓缩，要进行创意设计，不仅要简洁、美观、大气、国际化，还要体现项目的形象、实力。在体现公司品牌效应的基础上，实现整体和个体的有机结合。

① 设置一个房产样式的 logo，体现公司的性质。

② 通过大的横幅切换广告条，展示项目特色、项目理念和质量方针，总体大气、新颖，充分展示企业形象。

③ 主体内容部分分别呈现项目介绍、公告、联系我们、项目动态等，多方位展示该房产项目信息。

④ 通过“实景展示”的无缝滚动实现多角度展示该房产实景，从而让客户真实了解该房产项目。

(2) 内页设计。

内页设计追求在风格上与首页统一，但又要因内容不同而各有特色，不同的功能页面又将体现出和功能内容相符的个性风格。

内页主要包括以下几个：

① 项目介绍：项目的地理位置、项目的建筑规模、项目的环境等。

② 户型展示：展示项目中房子的户型信息。

③ 购房指南：提供选购房子的一些参考信息及相应的政策信息。

④ 新闻中心：介绍企业内部动态信息、房产行业信息等。

⑤ 团购活动：展示该项目推出的团购活动信息。

⑥ 联系我们：联系人、电话、网址及地图路线等。

2.1.3 收集资料和素材

“盛和景园”房产项目部为本网站的制作提供相应的资料和素材，包括项目的简介、项目的最新信息、项目参与的活动、项目的实景展示图片等。

2.2 任务二：网站首页 UI 设计

任务目标

根据确定的网站主题、整体规划以及利用收集到的素材，使用 Photoshop CS6 软件完成如图 2.12 所示的“盛和景园”房产网站网页 UI 设计。页面尺寸为 1400px×1345px。

任务解析

网页设计师与客户沟通，并了解客户的需求后，依据确定的主题、整体规划以及收集的素材进行网页效果图的设计，并且要将设计好的效果图交给客户查看，客户查看后提出修改意见，设计师根据客户意见进行修改，如此多次后，最终确定网页效果图。

网页效果图就是网页最终的表现效果，因而网页效果设计的成败决定着网站的成败，依据前期需求分析的建立，“盛和景园”房产网站网页 UI 设计如图 2.12 所示。

图　2.12

企业指导

对于网页的页面尺寸设计，页面的高度一般没有固定值，但是一般不超过 3 屏（注：一屏的高度为 600px）。而对于宽度的设计，则需要根据不同的浏览器和显示器的分辨率来选择不同的尺寸。截至 2021 年，全球范围内最主流的 PC 屏幕的分辨率是 1920px×1080px 和 1366px×768px，市场占有率分别为 21.04%和 20.48%，在该分辨率下，页面中心区域为 1000～1200px。

视频讲解

2.2.1 首页整体结构设计

要进行网站首页效果图 UI 的设计，首先要进行网页结构的设计，网页的结构是网页的骨骼，是为了能让浏览者更清晰、更便捷地了解网站所要传达的信息内容，将网页元素按照一定的布局样式进行排列。“盛和景园”首页采用“国”字形布局，不仅让网页内容丰富，而且还把客户最关心的主要信息置于页面中间，如图 2.13 所示。

<table>
<tr><td>网站logo</td><td>垂询电话</td><td>次导航</td></tr>
<tr><td colspan="3">主导航栏</td></tr>
<tr><td colspan="3">banner</td></tr>
<tr><td>盛和景园展示</td><td>项目介绍</td><td>通知公告</td></tr>
<tr><td>联系我们</td><td>项目动态</td><td>登录</td></tr>
<tr><td colspan="3">实景展示</td></tr>
<tr><td colspan="3">页脚</td></tr>
</table>

图 2.13

支撑知识

1. Photoshop CS6 简介

Photoshop 主要处理以像素所构成的数字图像。使用其众多的编修与绘图工具，可以有效地进行图片编辑工作。Photoshop 有很多功能，在图像、图形、文字、视频、出版等各方面都有涉及。在网页 UI 设计中 Photoshop 是必不可少的一个工具，在本书中主要使用的是 Photoshop CS6 版本。下面主要介绍 Photoshop CS6 界面区域及使用到的工具。

(1) 界面组成，如图 2.14 所示。

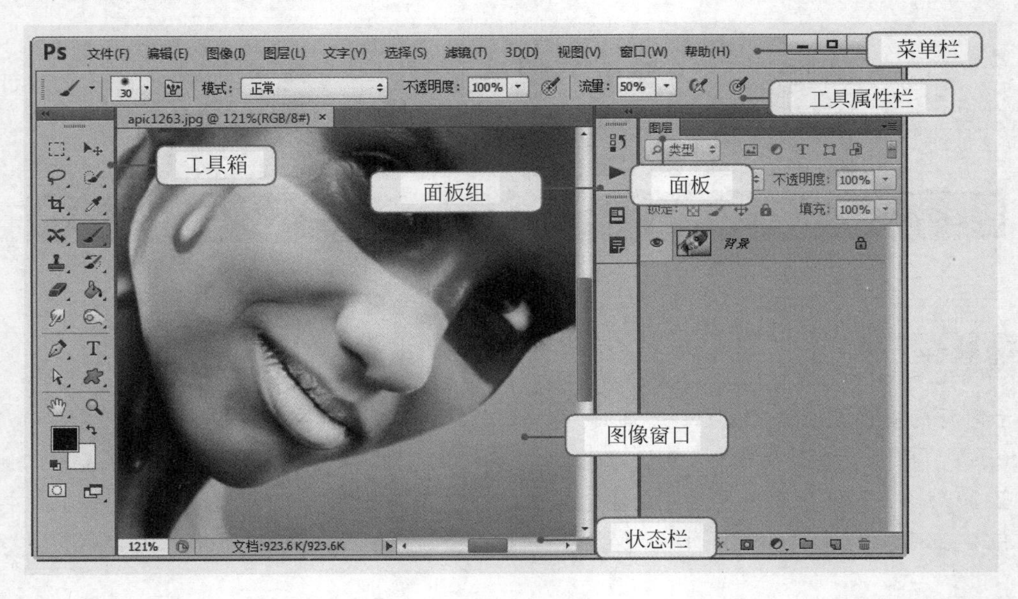

图 2.14

（2）菜单栏。菜单栏中包含了图像处理中用到的所有命令，从左至右依次为文件、编辑、图像、图层、文字、选择、滤镜、3D、视图、窗口和帮助共 11 个菜单项。每个菜单项下包含了多个命令，可以直接通过相应的菜单选择要执行的命令，若菜单命令右侧标有 ▸ 符号，表示该菜单命令下还包含子菜单命令；若某些命令呈灰色显示，表示没有激活，或当前不可用。

（3）工具箱。工具箱中各种工具如图 2.15 所示。

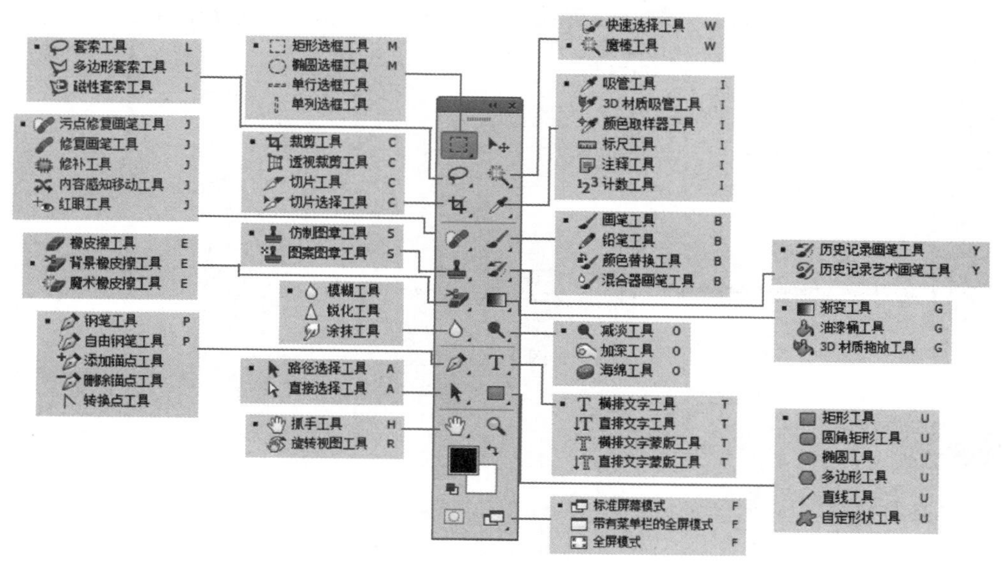

图　2.15

（4）工具属性栏。工具属性栏用于显示当前使用工具箱中的工具的属性，还可以对其参数进行进一步的调整，如图 2.16 所示。选择不同的工具后，工具属性栏就会随着当前工具的改变而发生相应的变化。

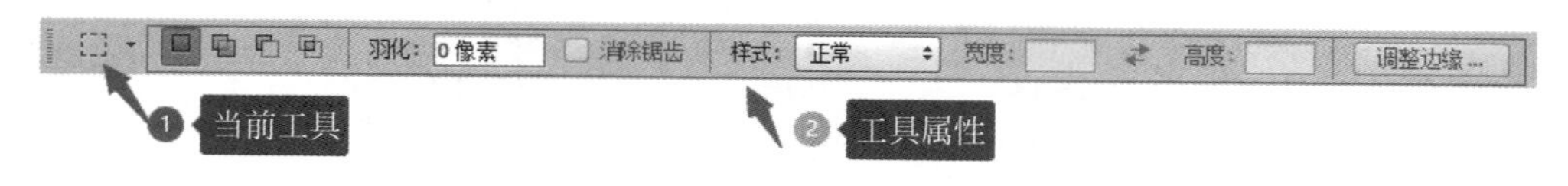

图　2.16

（5）面板组和面板。单击面板区左上角的“扩展”按钮，可打开隐藏的面板组；再次单击可还原为最简洁的方式显示。单击面板组中对应的按钮可展开相应面板。图 2.17 为单击“图层”按钮展开的“图层”面板，再次单击按钮或者单击面板右上角的“折叠”按钮可折叠面板到面板组中。

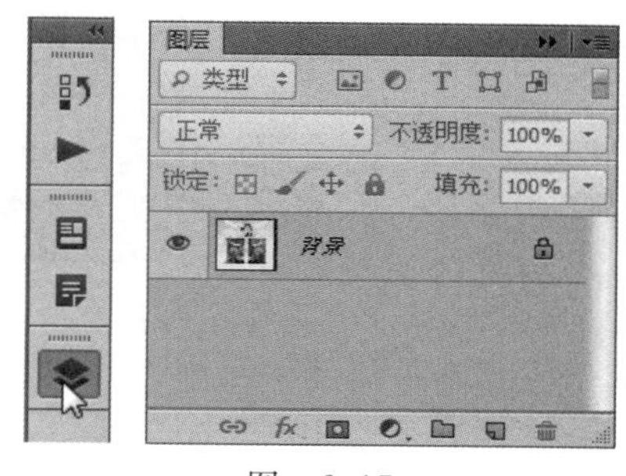

图　2.17

2. 参考线的绘制

首先，开启“标尺”功能，选择“视图”→“标尺”命令（或者按快捷键 Ctrl+R）。打开标尺后就能够设置参考线了，设置参考线的方法非常简单，只需用鼠标在标尺上单击并保持按住状态，再拖移到工作区即可绘制一条参考线，如图 2.18 所示。

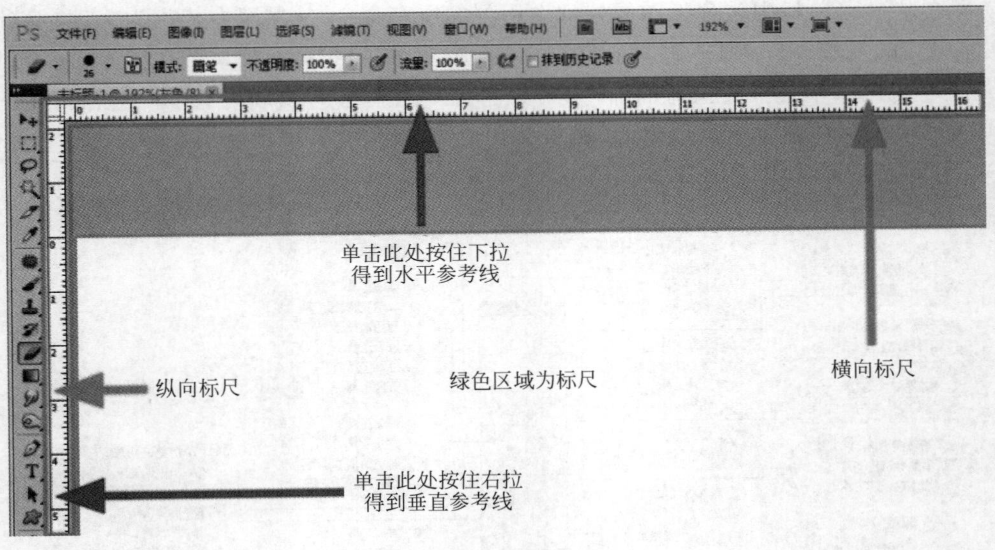

图 2.18

任务实现

1. 新建空白文档

启动 Photoshop CS6，选择“文件”→“新建”命令（快捷键为 Ctrl＋N），新建空白文档，文档名称为“盛和景园”，画布大小为 1400 像素（px）×1345 像素（px），分辨率为 72 像素/英寸，背景内容为白色，如图 2.19 所示。

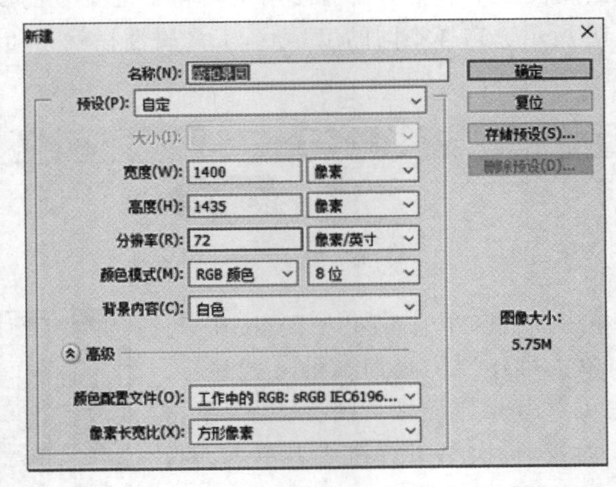

图 2.19

2. 结构设计

打开“视图”菜单，勾选“标尺”复选框（快捷键为 Ctrl＋R），从“标尺”中拖出“参考线”，绘制出“盛和景园”首页的页面结构，如图 2.20 所示。

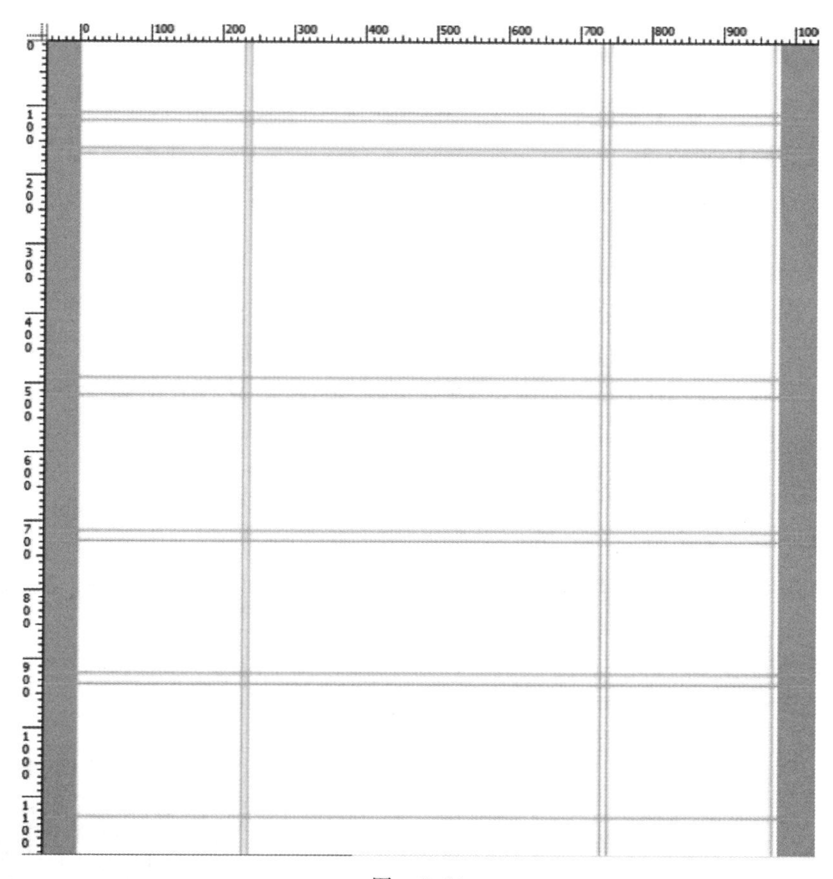

图　2.20

2.2.2　首页头部区域的设计

页面顶端区域效果如图 2.21 所示。

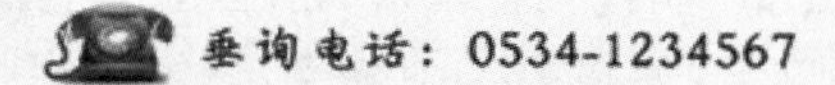

图　2.21

可以看到，头部区域由三部分组成，分别是 logo、联系电话、小导航。其中 logo 是一个房屋的形状，由不规则形状、矩形和文字组成，绘制不规则形状需要使用“钢笔工具”，绘制矩形可以使用“矩形选框工具”或“矩形工具”，文字使用“文本工具”；联系电话由电话图形和文字组成，电话可从网络中选取合适的图片，文字使用“文本工具”；小导航由圆角矩形、三个不同的图形和文字组成，圆角矩形使用“圆角矩形工具”，三个不同的图形使用“自定义形状工具”，文字使用“文本工具”。通过以上分析可以看出，要实现首页头部(header)区域的设计，需要以下知识的支撑。

支撑知识

1. 钢笔工具

1) 钢笔工具和路径的概念

(1) 钢笔工具属于矢量绘图工具,其优点是可以勾画平滑的曲线(在缩放或者变形之后仍能保持平滑效果)。

(2) 钢笔工具画出来的矢量图形称为路径,路径是矢量的。

(3) 路径允许是不封闭的开放状,如果把起点与终点重合绘制就可以得到封闭的路径。路径有关的概念——锚点、直线锚点、曲线锚点、直线段、曲线段、端点,如图2.22所示。

- 锚点:由钢笔工具创建,是一个路径中两条线段的交点,路径是由锚点组成的。
- 直线锚点:按住Alt键并单击刚建立的锚点,可以将锚点转换为带有一个独立调节手柄的直线锚点。直线锚点是一条直线段与一条曲线段的连接点。
- 曲线锚点:带有两个独立调节手柄的锚点。曲线锚点是两条曲线段之间的连接点,调节手柄可以改变曲线的弧度。
- 直线段:用钢笔工具在图像中单击两个不同的位置,将在两点之间创建一条直线段。
- 曲线段:拖曳曲线锚点可以创建一条曲线段。
- 端点:路径的结束点。

在工具栏选择"钢笔工具"(快捷键为P),如图2.23所示。

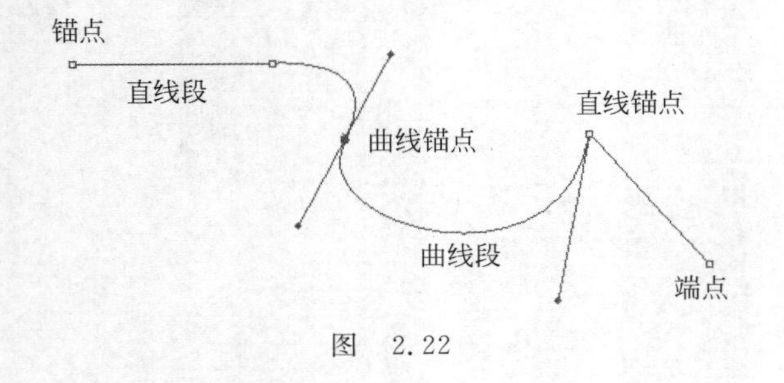

图 2.22

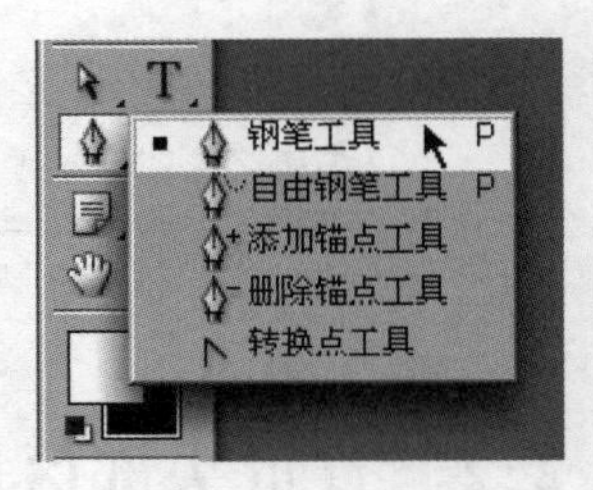

图 2.23

2) 绘制直线段

选择"钢笔工具"![],在"钢笔工具"属性栏中单击"路径"按钮,在图像中任意位置单击,创建一个锚点,将鼠标移动到其他位置再单击,创建第二个锚点,两个锚点之间自动以直线进行连接,再将鼠标移动到其他位置单击,创建第三个锚点,而系统将在第二个锚点和第三个锚点之间生成一条新的直线路径,如图2.24所示。

3) 绘制曲线段

用"钢笔工具"![],单击建立新的锚点并按住鼠标不放,拖曳鼠标,建立曲线段和曲线锚点。松开鼠标,按住Alt键的同时,用"钢笔工具"单击刚建立的曲线锚点,将其转换为直线锚点,在其他位置再次单击建立下一个新的锚点,可在曲线段后绘制出直线段,如图2.25所示。

4) 编辑路径

(1) 添加锚点工具。

将"钢笔工具"![]移动到建立好的路径上,若当前此处没有锚点,则"钢笔工具"![]转换为"添加锚点工具"![],在路径上单击可以添加一个锚点。

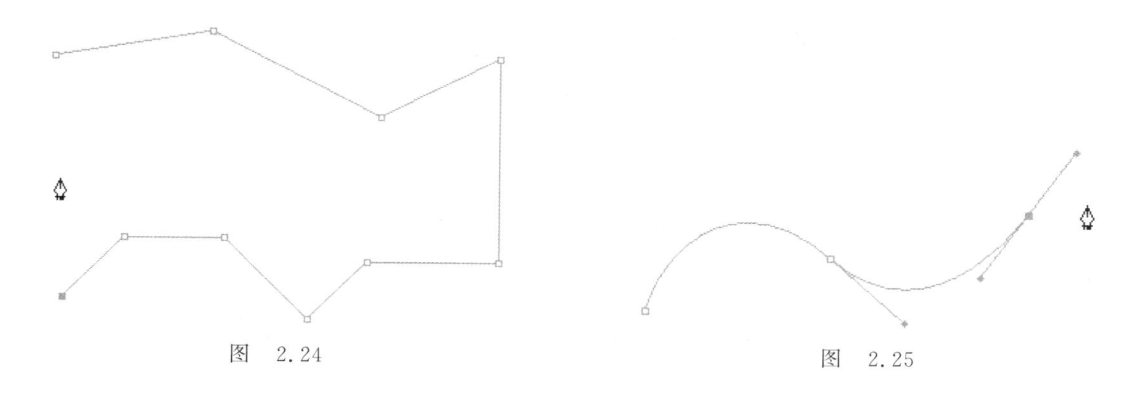

图　2.24　　　　图　2.25

(2) 删除锚点工具。

将“钢笔工具”放到路径的锚点上,则“钢笔工具”转换为“删除锚点”工具,单击锚点将其删除。

(3) 转换点工具。

使用“转换点工具”,单击或拖曳锚点可将其转换为直线锚点或曲线锚点,拖曳锚点上的调节手柄可以改变线段的弧度。

5) 路径选择工具和直接选择工具

(1) 路径选择工具。

“路径选择工具”用于选择一个或几个路径并对其进行移动、组合、对齐、分布和变形,如图 2.26 所示。

图　2.26

(2) 直接选择工具。

“直接选择工具”用于移动路径中的锚点或线段,还可以调整手柄和控制点,如图 2.27 和图 2.28 所示。

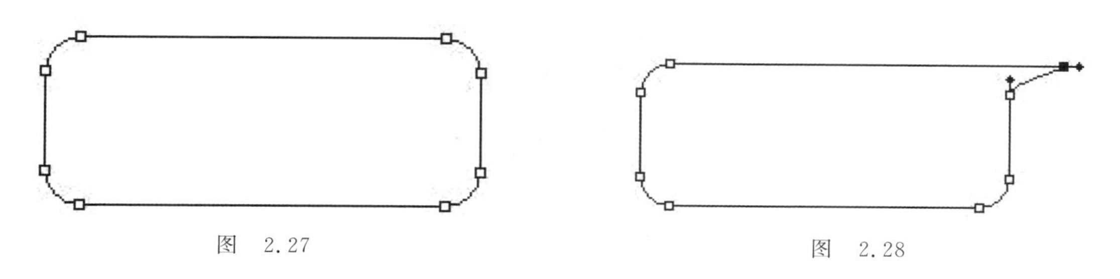

图　2.27　　　　图　2.28

2. 设置前景色和背景色

在创建选区或选择图层后,按 Alt+Delete 快捷键可以填充前景色,按 Ctrl+Delete 快捷键可以填充背景色。系统默认背景色为白色,前景色为黑色,在图像处理过程中通常要对前景色和背景色进行设置,通过工具箱中提供的相关色块和按钮即可实现前景色和背景色的设置操作,如图 2.29 所示。

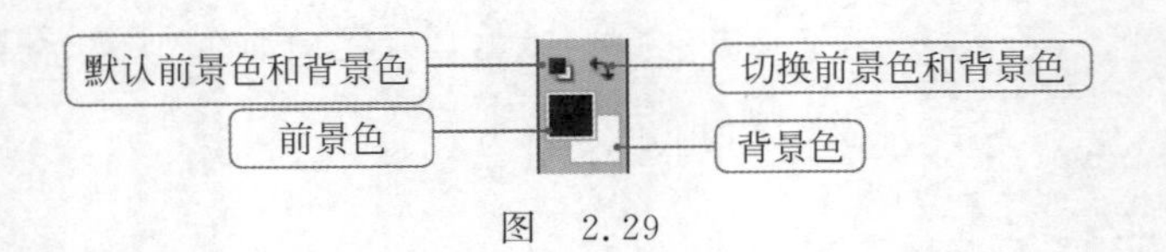

图 2.29

(1) 使用“油漆桶工具”填充颜色。

使用“油漆桶工具”不仅能在图像中填充前景色,还能填充一些图案样式。如果创建了选区,填充区域为该选区;如果没有创建选区,则填充与鼠标单击处颜色相近的封闭区域,如图 2.30 所示。

图 2.30

(2) 使用“渐变工具”填充颜色。

“渐变工具”可以创建出各种渐变填充效果。单击“工具箱”中的“渐变工具”,其工具属性栏如图 2.31 所示。

图 2.31

3. 绘制图形工具

1) 矩形工具

“矩形工具”用于绘制矩形或正方形,在“工具箱”中选择“矩形工具”或按 U 键,如图 2.32 所示。

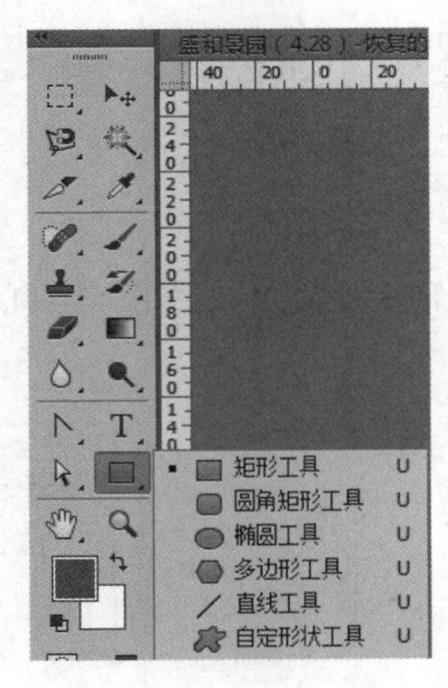

图 2.32

“矩形工具”属性栏如图 2.33 所示。

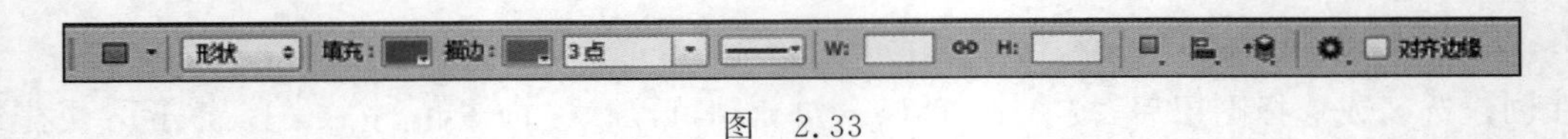

图 2.33

在使用 Photoshop 中的“形状工具”和“钢笔工具”创建、绘制图形时,首先可在工具属性栏中选择绘图模式。绘图模式是指绘制图形后,图像形状所呈现的状态,包括形状、路径和像素三种模

式。图 2.34 所示为在“矩形工具”属性栏中选择绘图模式。

形状是指绘制的图形将位于一个单独的形状图层中。它由形状和填充区域两部分组成，是一个矢量的图形，同时出现在“路径”面板中，如图 2.34 所示。

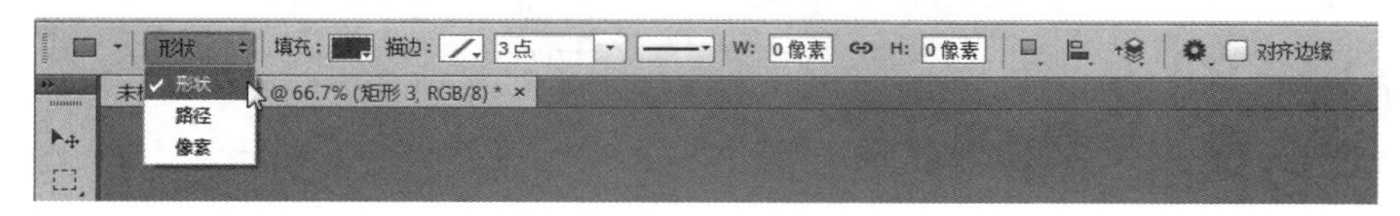

图　2.34

路径是指一段封闭或开放的线段。在“路径”绘图模式绘制的路径将出现在“路径”面板中。

“像素”模式下，将使用前景色填充绘制的形状，并且绘制的形状不会单独形成图层，将直接融入背景中。

三种图形的绘制效果如图 2.35 所示。

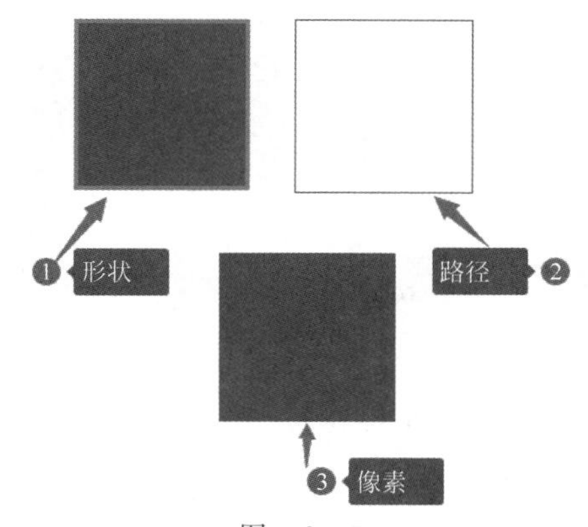

图　2.35

选择“矩形工具”“圆角矩形工具”“椭圆工具”后，在图像中单击并拖动鼠标即可绘制对应的图形，按住 Shift 键不放单击并绘制，可得到正方形、正圆角矩形和圆。除了通过拖动鼠标来绘制外，在 Photoshop 中还可以绘制固定尺寸、固定比例的形状，如图 2.36 所示。

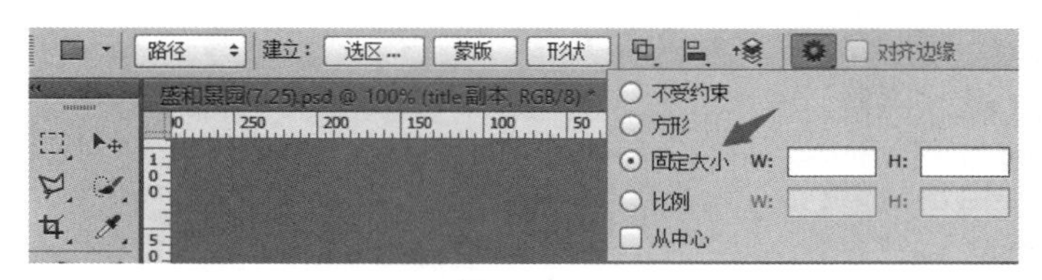

图　2.36

2）自定形状工具

通过“自定形状工具”可以使用 Photoshop 预设的形状或外部载入的形状来快速绘制一些特殊的形状，如箭头、心形、邮件图标等，如图 2.37 所示。选择“自定形状工具”后，在工具属性栏的“形状”下拉列表中选择预设的形状，在图像中单击并拖动鼠标即可绘制所选形状，按住 Shift 键不放并绘制，可得到长宽等比的形状。

3）使用“选框工具”创建选区

选框工具包括矩形选框工具、椭圆选框工具、单行选框工具、单列选框工具，主要用于创建矩

图 2.37

形选区、椭圆选区、单行选区、单列选区。将鼠标指针移动到"工具箱"的"矩形选框工具"按钮上，右击或按住鼠标左键不放，此时将打开该工具组，在其中选择需要的工具，先在工具属性栏中设置好参数并将鼠标指针移动到图像窗口中，按住鼠标左键拖动即可创建对应的选区，如图 2.38 所示。

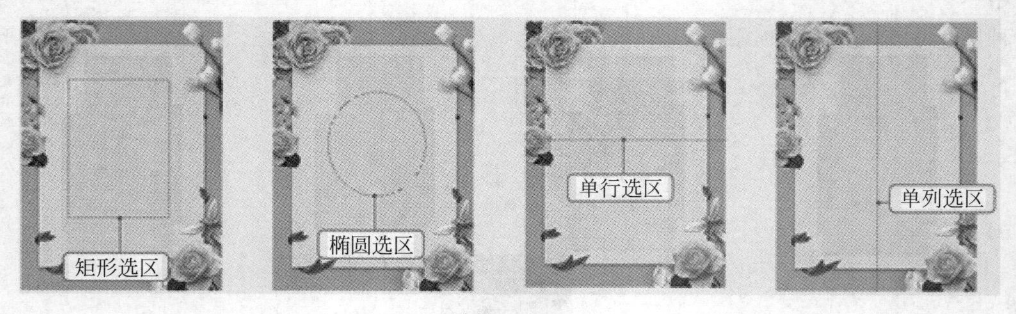

图 2.38

要对选区进行色彩填充或描边，应首先新建图层来存放填充或描边，如果进行色彩填充可以在设置完前景颜色后使用快捷键 Alt+Delete 进行，或在选区内右击，在弹出的快捷菜单中选择"填充"命令，如图 2.39 所示。如果描边，则选择"描边"命令，最后在相应的对话框中设置参数，如图 2.40 所示。

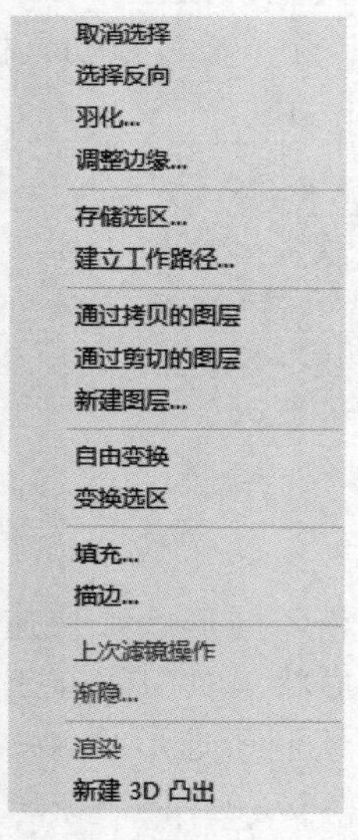

图 2.39

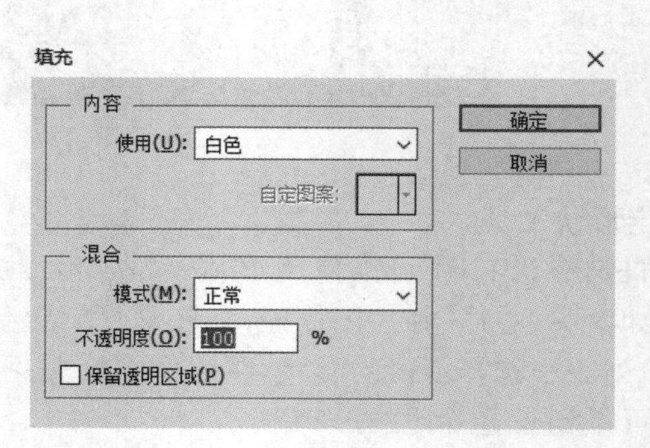

图 2.40

4. 文本工具

文本工具主要用于输入文本信息，在“工具箱”中选择“文本工具”或按字母键 T 即可打开“文本工具”，如图 2.41 所示。

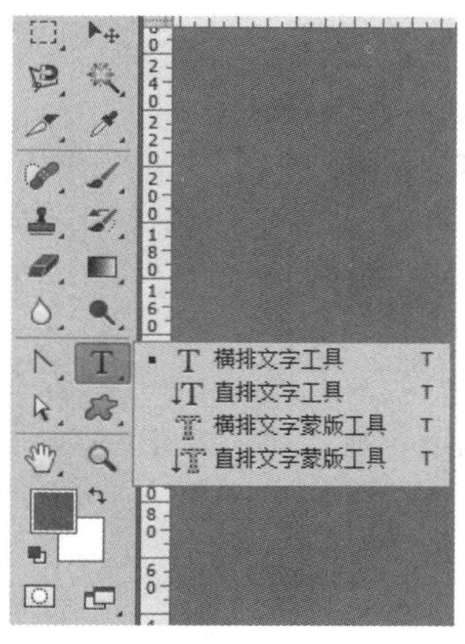

图　2.41

无论创建什么类型的文字，为了得到更好的文字效果，都可在“文字工具”的属性栏中设置文字的字体、字形、字号、颜色、对齐方式等参数，如图 2.42 所示。

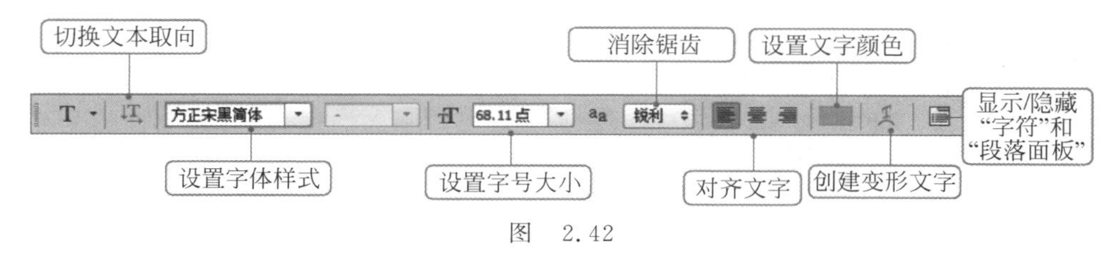

图　2.42

5. 变换图像

当需要对图像进行调整时，可以通过“变换”命令来实现。选择“编辑”→“变换”命令，在打开的子菜单中可选择多种变换命令，如图 2.43 所示。选择“变换”命令后，在图像周围会出现一个变换框，变换框中央有一个中心点，拖动它可调整其位置，用于确定变换时图像的中心位置；拖动变换框四周的 8 个控制点可进行变换操作，如图 2.44 所示。

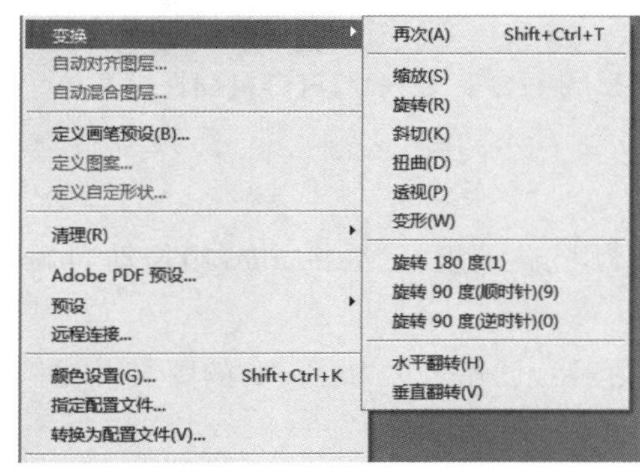

图　2.43

图　2.44

还可按 Ctrl＋T 快捷键，进入自由变换状态，在图像上显示出 8 个控制点，通过拖动控制点、控制点外部的区域可缩放与旋转图像，配合快捷键可实现扭曲与斜切操作，具体介绍如下：

- 将鼠标指针移到控制点上并拖动鼠标可调整图像大小，进行缩放。
- 将鼠标指针移到图像四周外部，当鼠标指针变为双箭头形状 ↷ 时，可旋转图像。
- 按住 Ctrl 键，拖动控制点可进行扭曲操作。
- 按 Ctrl＋Shift 快捷键，拖动控制点可进行斜切操作。

任务实现

为了更好地区分不同区域的内容，把每个区域的内容分别放到对应的组中。在“图层”面板单击“创建新组”按钮 ，分别创建 header 组、nav 组、banner 组、content 组和 footer 组，如图 2.45 所示。

视频讲解

1. logo 的设计

“盛和景园”网站的主题是为客户全方位展示该房产项目，为客户的选房、购房提供便捷的服务。因此，网站 logo 设计为房子图案和“盛和景园”文字的组合，色彩上使用网站的主色调红色和黑色，绿色作为点睛色，效果如图 2.46 所示。

图　2.45

图　2.46

(1) 在“图层”面板单击“创建新组”按钮，创建名称为 logo 的组，然后将 logo 组拖动到 header 组中，即让 logo 组属于 header 组，如图 2.47 所示。

(2) 选中 logo 组，在“图层”面板单击“创建新图层”按钮，创建名称为“屋顶”的图层，如图 2.48 所示。

(3) 在“工具箱”中选择“钢笔工具” ，在工具属性栏中单击如图 2.49 所示的“路径”按钮，在“屋顶”层绘制如图 2.50 所示的不规则形状路径。

图　2.47

图　2.48

图　2.49

(4) 按 Ctrl＋Enter 快捷键，将不规则路径转换为选区，如图 2.51 所示。在“工具箱”中单击“设置前景色”色块■，弹出如图 2.52 所示的“拾色器”对话框，设置前景色为“红色”(RGB 的参考值分别为 222,29,26)，按 Alt＋Delete 快捷键进行选区填充，然后按 Ctrl＋D 快捷键取消选区，效果如图 2.53 所示。

图　2.50

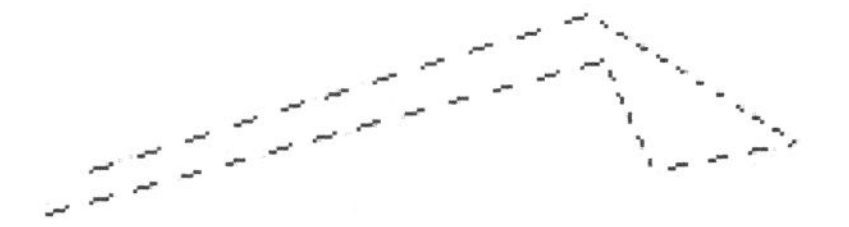

图　2.51

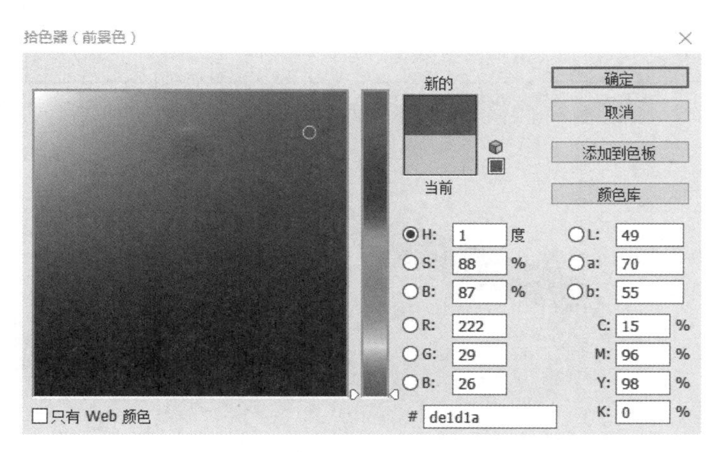

图　2.52

(5) 单击“图层”面板底部的“添加图层样式”按钮 fx，如图 2.54 所示，在打开的菜单列表中选择“投影”选项，在弹出的“图层样式”对话框中设置“投影”图层样式的参数，参数设置如图 2.55 所示，效果如图 2.56 所示。

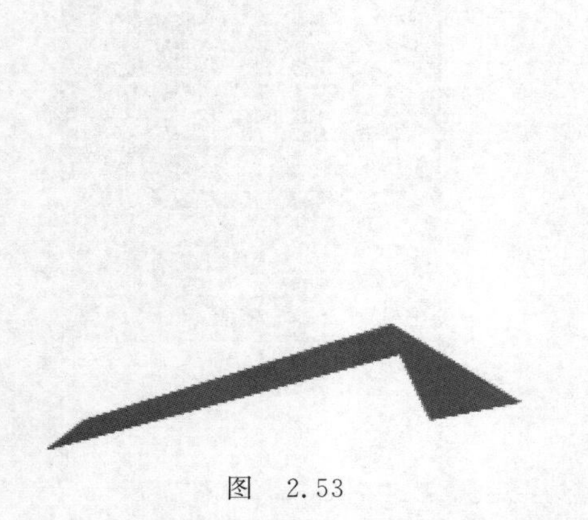

图 2.53

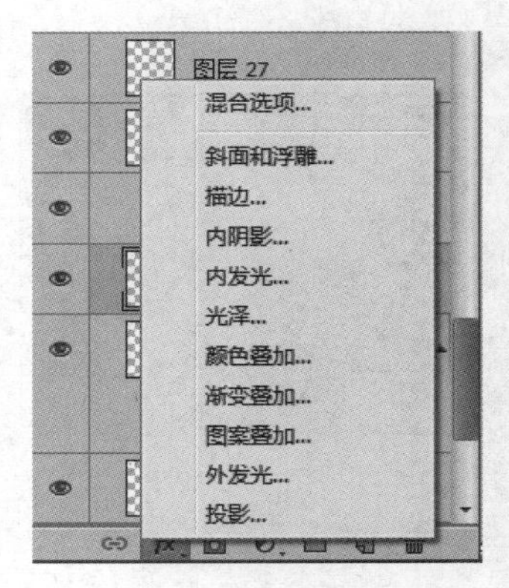

图 2.54

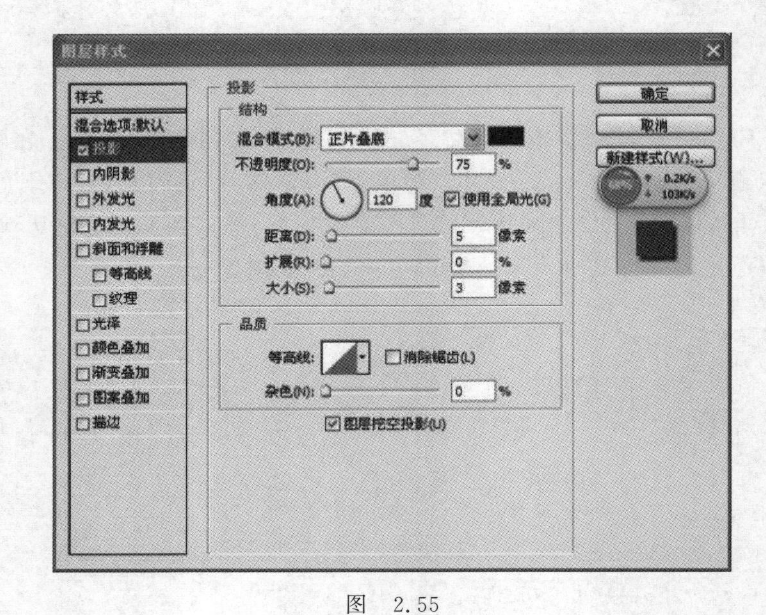

图 2.55

图 2.56

知识分享

也可直接在“图层”面板的灰色底板区域双击弹出“图层样式”对话框，但不要在“图层”名字上双击，因为那是对“图层”的重命名。

(6) 新建“烟囱”图层，在“工具箱”中选择“矩形选框工具”，在工具属性栏中单击“新选区”按钮，绘制如图 2.57 所示的矩形选区，并为其填充“黑色”(RGB 的参考值分别为 0,0,0)，并添

加“投影”效果，效果如图 2.58 所示。在“工具箱”中选择“套索工具”中的“多边形套索工具”，选择需要截去的部分，如图 2.59 所示，按 Delete 键删除即可。新建“墙体”图层，再次在“工具箱”中选择“矩形选框工具”，在工具属性栏中单击“添加到选区”按钮，绘制如图 2.60 所示的选区，并为其填充“黑色”(RGB 的参考值分别为 0,0,0)，并添加“投影”效果，并将“墙体”图层拖动到“屋顶”图层下面，形成如图 2.61 所示效果。

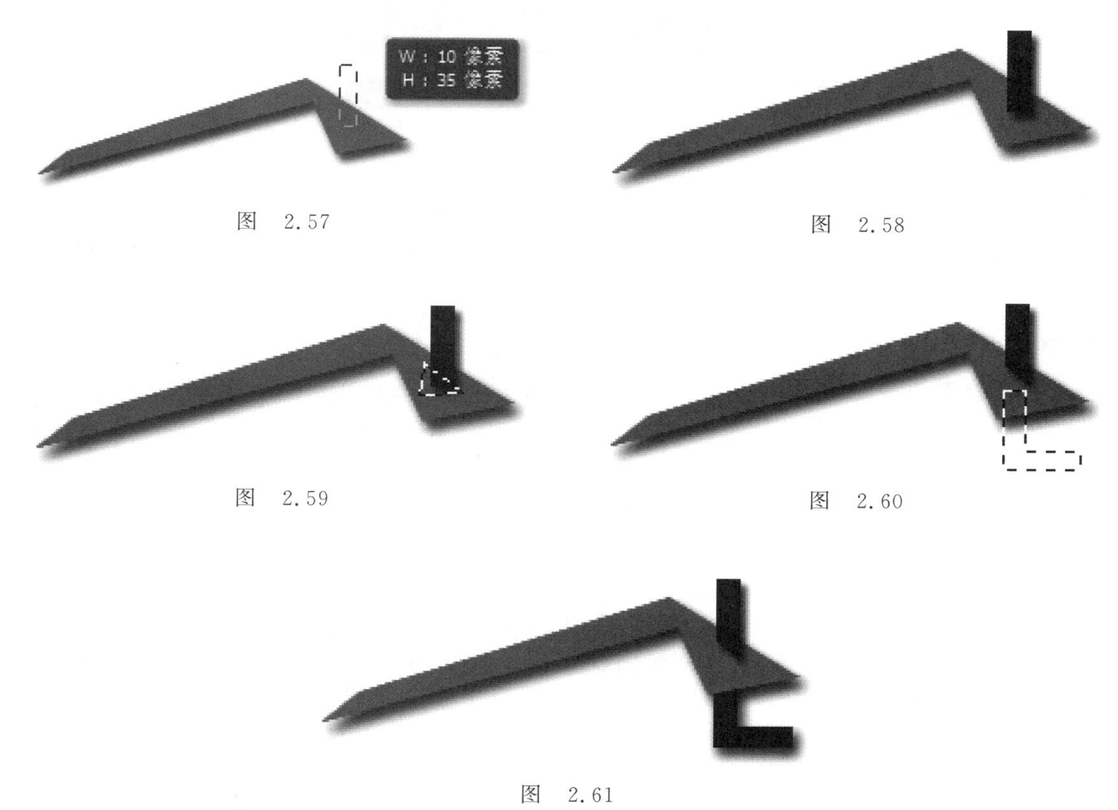

图　2.57

图　2.58

图　2.59

图　2.60

图　2.61

企业指导

Photoshop 中的选区运算主要包括新选区、添加到选区、从选区减去、与选区交叉，如图 2.62 所示。有了选区后可以进行布尔运算：第一，从现有选区中减去或加上某一部分——进行加减运算；第二，进行共集运算，求交集。

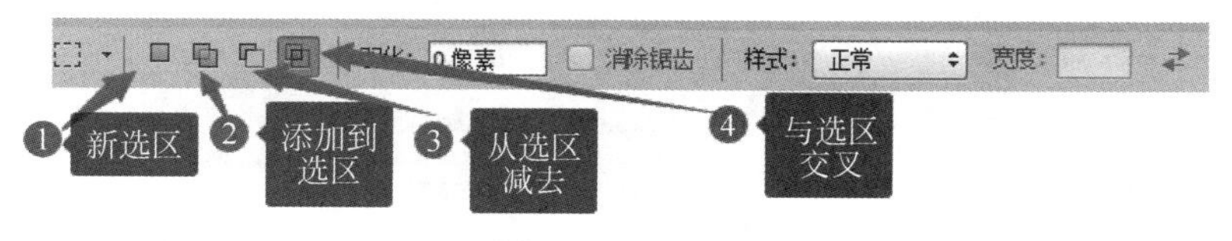

图　2.62

(7) 在“工具箱”中选择“矩形选框工具”，在工具属性栏中单击“添加到选区”按钮，如图 2.63 所示，绘制三个矩形选区，并为其填充“绿色”(RGB 的参考值分别为 60,180,8)，效果如图 2.64 所示。

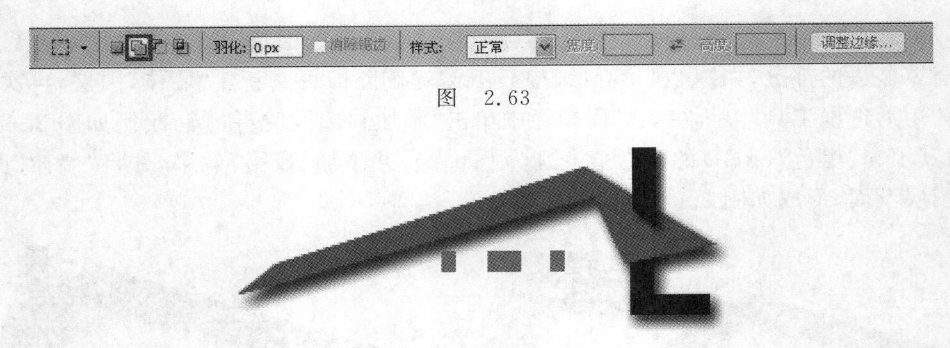

图　2.63

图　2.64

(8) 在“工具箱”中选择“文本工具”T，在工具属性栏中分别设置字体为“黑体”，字号为“14点”，消除锯齿的方法为“浑厚”，输入文字“盛和 景园 置业”。用同样的方式输入文字“THE BEST ENVIRONMENT”。最终效果如图 2.46 所示。

2. 垂询电话的设计

为了让客户方便地看到“盛和景园”房产项目的联系方式，故将联系电话置于 header 区域的中间位置，并且选用“电话”图形作为进一步的提示，效果如图 2.65 所示。

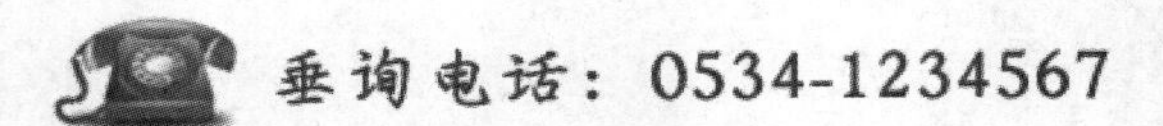

图　2.65

(1) 选中 logo 组，在 “图层”面板中单击“创建新组”按钮，创建 Tel 组。

(2) 选择“文件”→“打开”命令，在弹出的对话框中选择 tel. png 图片文件，如图 2.66 所示。

图　2.66

（3）在打开的 tel. png 图片中，在“工具箱”中选择“移动工具”，选择 tel. png 图片并直接拖动到相应位置，然后按 Ctrl＋T 快捷键，调整图片大小，如图 2.67 所示。

（4）在“工具箱”中选择“横排文字工具”，输入文字：“垂询电话：0534-2551651/52”，字体为“华康瘦金体”，字号为“25 点”，仿粗体，消除锯齿的方法为“浑厚”，效果如图 2.65 所示。

3. 快捷功能导航设计

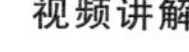

快捷功能导航主要为黏住客户，提供了“收藏本站”“友情链接”和“联系我们”等网站常用小功能，最终效果如图 2.68 所示。

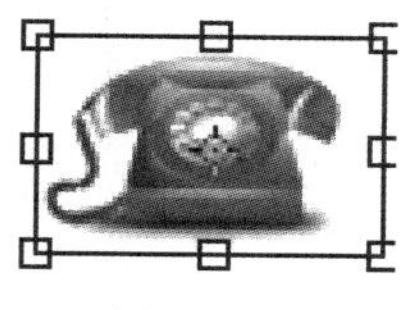

图　2.67

图　2.68

（1）选中 Tel 组，在“图层”面板单击“创建新组”按钮，创建 smalll-nav 组。

（2）在 smalll-nav 组中，按照上述步骤再创建 home 组。

（3）在“工具箱”中选择“矩形工具”→“圆角矩形工具”，在工具属性栏中单击“路径”按钮，“半径”设置为 6px，在“次导航区域”绘制如图 2.69 所示的圆角矩形。

（4）新建图层 home_bg，按快捷键 Ctrl＋Enter 将“圆角矩形”路径转换为选区，设置前景颜色为“橙色”（RGB 的参考值分别为 243，98，27），按 Alt＋Delete 快捷键进行填充，效果如图 2.70 所示。

图　2.69

图　2.70

（5）新建“高光”图层，在“工具箱”中选择“矩形选框工具”，在工具属性栏中单击“从选区减去”按钮，如图 2.71 所示，在“圆角矩形”选区中减去下半部分，如图 2.72 所示，效果如图 2.73 所示。

图　2.71

（6）设置前景颜色为“白色”（RGB 的参考值分别为 255，255，255），按 Alt＋Delete 快捷键进行填充，并调整图层的“不透明度”值为 20%，然后按 Ctrl＋D 快捷键取消选区，效果如图 2.74 所示。

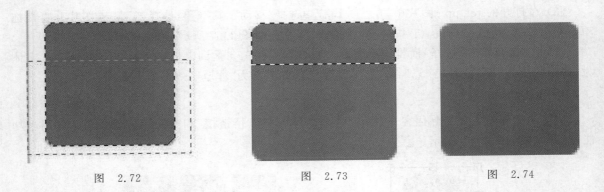

图 2.72　　图 2.73　　图 2.74

(7) 新建"主页"图层，在"工具箱"中选择"直线工具"→"自定义形状"工具，在工具属性栏中单击如图 2.75 所示的"形状图层"按钮，然后再单击"形状"按钮，在打开的"形状"面板中双击图形"主页"，如图 2.76 所示，然后在相应位置按 Shift 键绘制一个正"主页"图形，效果如图 2.77 所示。

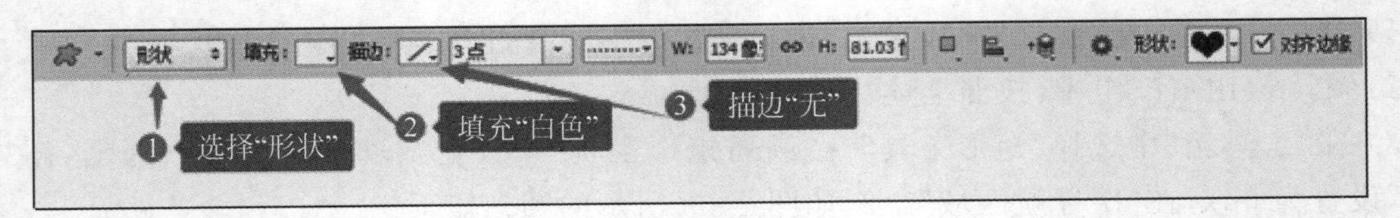

图 2.75

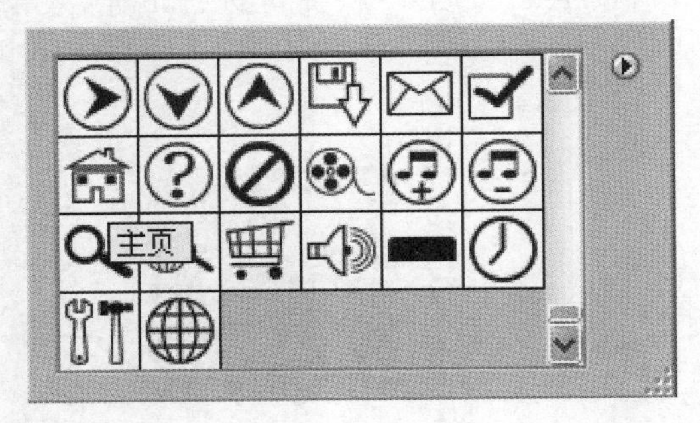

图 2.76

图 2.77

(8) 在"工具箱"中选择"横排文字工具"，在工具属性栏中分别设置字体为"宋体"，字号为"14 点"，消除锯齿的方法为"锐利"，输入文字：收藏本站。

(9) 选中 home 组，在"图像编辑"窗口中按下 Alt＋Shift 快捷键向右拖曳鼠标，水平复制 home 组，如图 2.78 所示，将组名修改为 friend，如图 2.79 所示。

图 2.78

图 2.79

说明：先按住 Alt 键拖动复制，再按 Shift 键，保证复制内容水平或垂直移动。

(10) 在 friend 组中，按 Ctrl 键，单击“home_bg 副本”图层的“图层缩览图”，将“圆角矩形”区域重新载入选区，如图 2.80 所示。

(11) 设置前景颜色为“蓝色”(RGB 的参考值分别为 17，129，194)，按 Alt＋Delete 快捷键进行填充，然后按 Ctrl＋D 快捷键取消选区，效果如图 2.81 所示。

(12) 选择“主页副本”图层，单击“图层”面板中“删除图层”按钮，删除“主页”图层。新建“收藏”图层，在“工具箱”中选择“直线工具”→“自定形状工具”，按照操作步骤(7)的方法绘制“学校”图形，如图 2.82 所示。

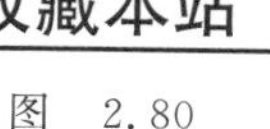

图　2.80

图　2.81

图　2.82

(13) 在“工具箱”中选择“横排文字工具”T 或直接按快捷键 T，在“设为首页”文本位置单击，将文本内容改为“友情链接”，效果如图 2.83 所示。

(14) 按照操作步骤(9)～(13)的方法，制作“联系我们”导航，效果如图 2.84 所示。

图　2.83

图　2.84

2.2.3　首页导航区域的设计

在网站中要对“盛和景园”房产项目网站进行全方位、多角度的展示，因而网站导航包括网站首页、项目介绍、户型展示、购房指南、新闻中心、团购活动、在线咨询、联系我们、友情链接等。为了让页面高端大气，导航选用贯通全屏的矩形；颜色为从上到下的红色渐变；添加投影效果增强立体感。页面 banner 主体内容区域效果如图 2.85 所示。

网站首页　项目介绍　户型展示　购房指南　新闻中心　团购活动　在线咨询　联系我们　友情链接

图　2.85

各个导航之间用分隔线分隔，分隔线的宽度为 1px，高度为 25px，需要设置“固定大小”的矩形选框才能绘制，如图 2.86 所示。

图　2.86

支撑知识

对齐与分布图层。

选择“移动工具”，其属性栏如图 2.87 所示。

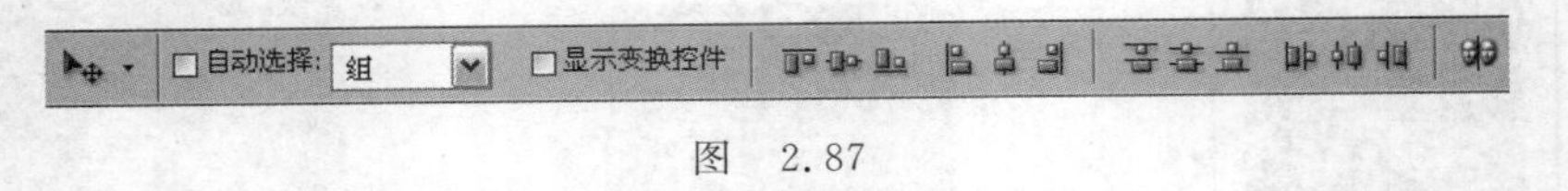

图　2.87

对齐图层：若要对齐多个图层中的图像内容，可以按 Shift 键在“图层”面板中选择多个图层，然后使用对齐按钮即可。

对齐按钮：包括“顶对齐”按钮、“垂直居中对齐”按钮、“底对齐”按钮、“左对齐”按钮、“水平居中对齐”按钮、“右对齐”按钮，可在图像中对齐选区或图层。

分布图层：若要让三个或更多的图层采用一定的规律均匀分布，可选择这些图层，然后使用分布按钮即可。

分布按钮：包括“按顶分布”按钮、“垂直居中分布”按钮、“按底分布”按钮、“按左分布”按钮、“水平居中分布”按钮、“按右分布”按钮，可以在图像中分布图层。

任务实现

（1）在“图层”面板中单击“创建新组”按钮，创建名称为 nav 的导航组。

（2）在 nav 组内新建 nav-bg 图层，在“工具箱”中选择“矩形选框工具”，在“样式”属性中设置“固定大小”，宽度为 1400px，高度为 45px，如图 2.88 所示，在“导航区域”单击即可绘制固定大小的矩形。

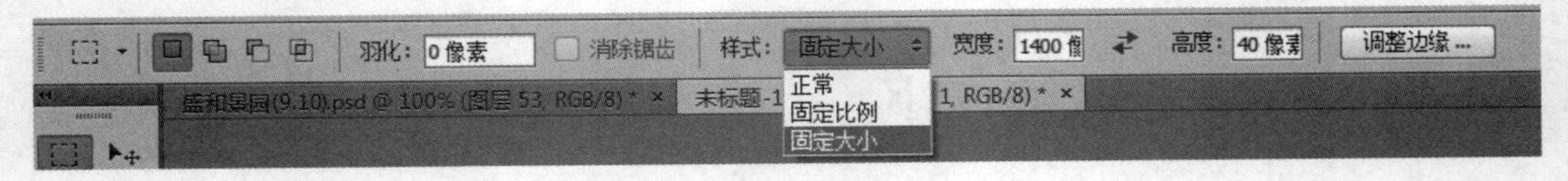

图　2.88

（3）在“工具箱”中选择“渐变工具”，在工具属性栏中单击“点按可编辑渐变”按钮，如图 2.89 所示，在打开的“渐变编辑器”窗口中，设置渐变矩形条下方的两个色标的 RGB 参数值，从左到右依次为 RGB(243,40,35)、RGB(185,8,8)，如图 2.90 所示。

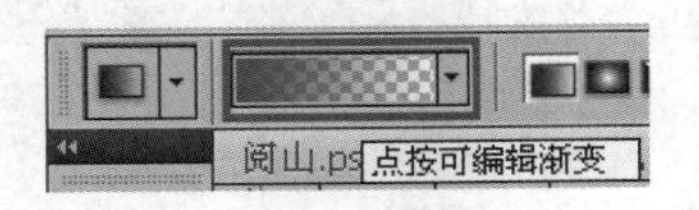

图　2.89

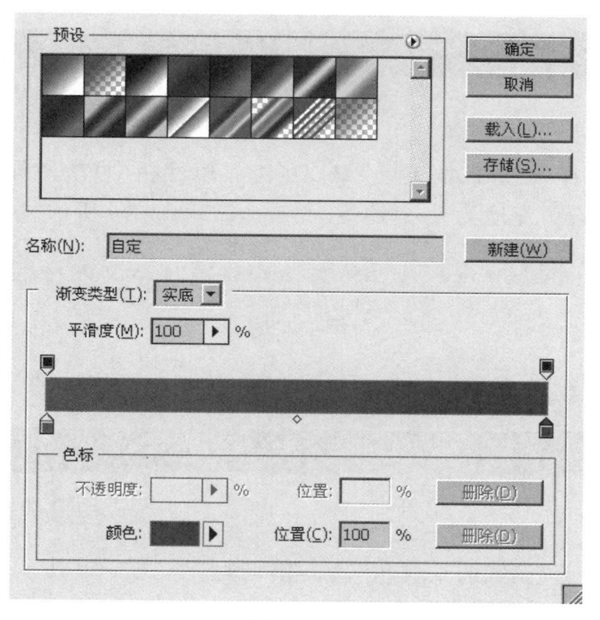

图　2.90

(4) 单击“确定”按钮。按 Shift 键，在“矩形”选区内从上往下拖曳鼠标，填充渐变色，然后按 Ctrl+D 快捷键取消选区，效果如图 2.91 所示。

图　2.91

(5) 双击 nav-bg 图层的灰色底板区，在弹出的“图层样式”对话框中，启用“投影”图层样式，参数、效果分别如图 2.92 和图 2.93 所示。

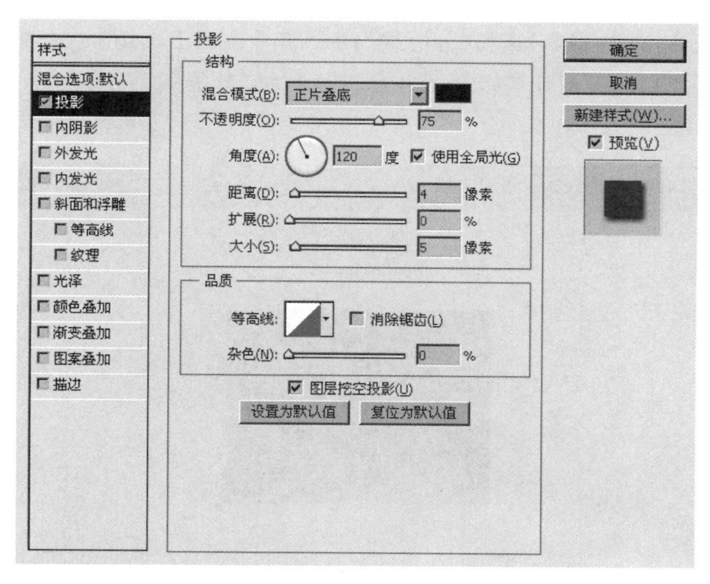

图　2.92

图　2.93

(6) 在“工具箱”中选择“矩形选框工具”，在工具属性栏中单击“样式”列表，在打开的列表中选择“固定大小”，分别设置宽度为1px，高度为25px，如图2.94所示。

图　2.94

(7) 新建“分隔线1”图层，在“导航”区域位置单击，如图2.95所示。

图　2.95

(8) 在“工具箱”中单击“设置前景颜色”色块，弹出如图2.52所示的“拾色器”对话框，将鼠标移动到“导航”区域的顶端，吸取顶端的颜色，单击“拾色器”对话框的“确定”按钮，完成前景颜色设置。

(9) 按Alt+Delete快捷键进行填充，然后按Ctrl+D快捷键取消选区。

(10) 新建“分隔线2”图层，按照操作步骤(8)～(9)的方法，制作一个导航底端深红色的分隔线。

(11) 使用方向键将两条分隔线排列在一起，效果如图2.96所示。

图　2.96

(12) 按Ctrl键分别选中两条分隔线所在的图层，按Ctrl+E快捷键进行合并，将两个对象合并为一个对象，合并后的图层重命名为“分隔线”。

(13) 按Ctrl键分别选中nav_bg和“分隔线”两个图层，在“工具箱”中选择“移动工具”，在工具属性栏中单击“垂直居中对齐”按钮，如图2.97所示，将“分隔线”对象在“导航”区域垂直居中对齐，效果如图2.98所示。

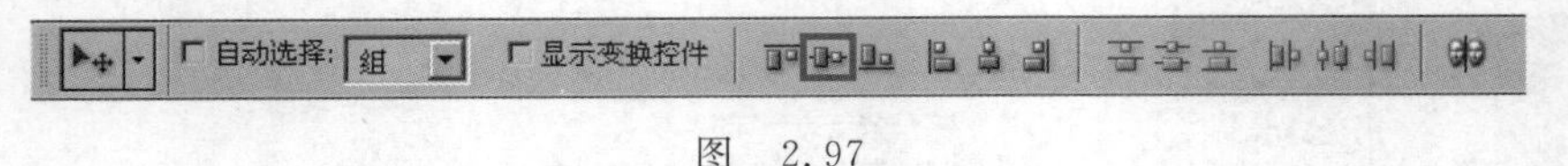

图　2.97

图　2.98

（14）选中“分隔线”对象，在“导航”区域中按 Alt＋Shift 快捷键向右拖曳鼠标，水平复制 8 条分隔线，将第 1 条分隔线和第 8 条分隔线调整到如图 2.99 所示的位置。

图　2.99

（15）选中左边第 1 条分隔线所在图层，按 Shift 键，选中最后一条分隔线所在图层，即可选中 8 条分隔线。

（16）在“工具箱”中选择“移动工具”，在工具属性栏中单击“水平居中分布”按钮，如图 2.100 所示，将 8 条分隔线水平均匀分布。

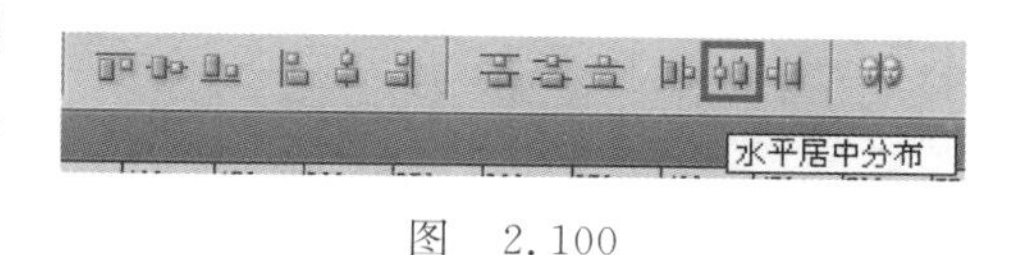

图　2.100

说明：*必须首先选择要排列的对象，然后选择“移动工具”，才能使用对齐按钮排列对象。*

（17）在“工具箱”中选择“横排文字工具”，在工具属性栏中分别设置字体为“黑体”，字号为“16 点”，消除锯齿的方法为“锐利”，依次输入文字：网站首页、项目介绍、户型展示、购房指南、新闻中心、团购活动、在线咨询、客户评价、联系我们。按排列“分隔线”的方法分别设置在导航区域“垂直居中”对齐和“水平居中”分布，效果如图 2.85 所示。

2.2.4　首页宣传区域设计

宣传区域通过多张大图轮播直观展示房产项目的理念、环境等内容，直接使用公司提供的宣传图片即可。

2.2.5　首页主体内容区域的设计

首页主体内容区域包括上（content-top）、下（content-bottom）两部分，其中上又包括左（content-top-left）、中（content-top-mid）、右（content-top-right）三部分，左侧分别是“盛和景园展示”和“联系我们”，中间分别是“项目介绍”“动态新闻”和“优惠活动”，右侧分别是“通知公告”和“登录/注册”。左侧与右侧采用对称设计，背景形状为圆角矩形，标题为红色，内容为灰色。

任务实现

视频讲解

1. 左侧区域设计

1）“盛和景园展示”区域设计

“盛和景园展示”区域主要是方便客户查看“盛和景园”房产项目的户型图、效果图、配套设施、交通图、实景图等内容，最终效果如图 2.101 所示。

（1）分别新建 content 组、content-top 组和 content-bottom 组，并将 content-top 组和 content-bottom 组拖动到 content 组中，再依次分别新建 content-top-left 组、show 组、us 组、content-top-mid 组、controduce 组、news 组、content-top-right 组、notice 组、login 组，它们之间的关系如图 2.102 所示。

图 2.101

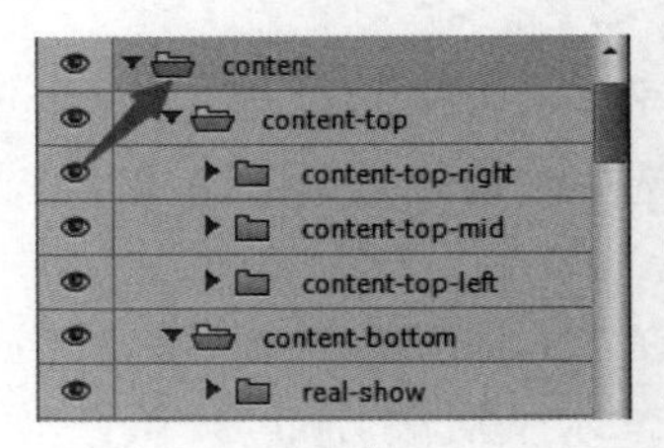

图 2.102

(2) 在 show 组中新建 content-bg 图层,在"工具箱"中选择"圆角矩形工具",在工具属性栏中单击"路径"按钮,"半径"设置为 5px,在"导航区域"绘制如图 2.103 所示的圆角矩形,大小为宽 245px,高 215px。

(3) 按 Ctrl+Enter 快捷键,将"圆角矩形"路径转换为选区,选择"矩形选框工具",在选区内右击,在弹出的快捷菜单中选择"描边"命令,如图 2.104 所示,在弹出的"描边"对话框中,设置"描边"宽度为 1px,颜色为"灰色"(RGB 的参考值分别为 216,216,216),位置为"居中",其他保持默认。

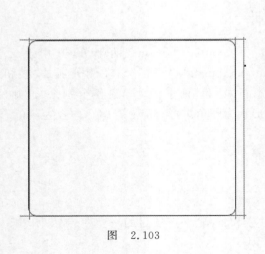

图 2.103

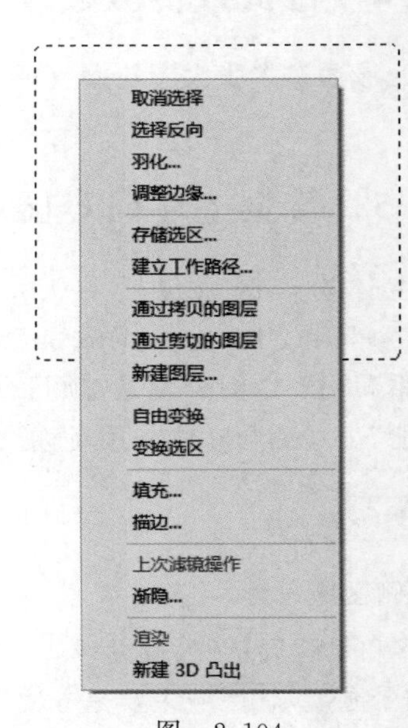

图 2.104

(4) 新建 title 图层,在"工具箱"中选择"矩形选框工具",在工具属性栏中单击"从选区减去"按钮,在"圆角矩形"选区中减去下半部分,效果如图 2.105 所示。

(5) 设置前景颜色为"红色"(RGB 的参考值分别为 177,8,8),按 Alt+Delete 快捷键进行填充,如图 2.106 所示,然后按 Ctrl+D 快捷键取消选区。

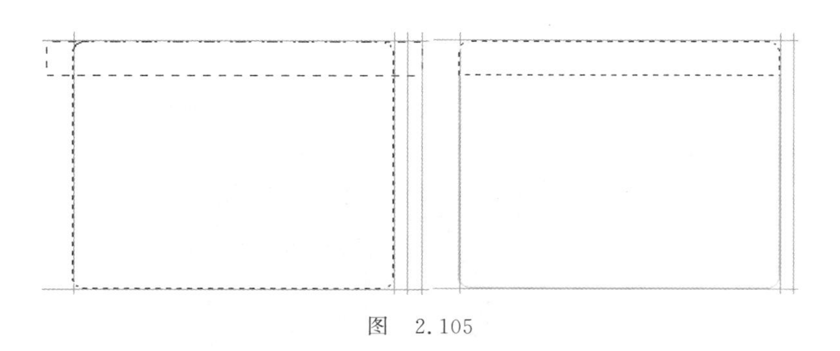

图　2.105

(6) 在“工具箱”中选择“横排文字工具”，在工具属性栏中分别设置字体为“黑体”，字号为“16点”，消除锯齿的方法为“锐利”，输入文字“盛和景园展示”，按住Ctrl单击title图层，选择title图层，选择“移动工具”，在工具属性栏中设置文字标题水平垂直且都居中，如图2.107所示。

图　2.106

图　2.107

(7) 新建“圆角矩形1”图层，在“工具箱”中选择“圆角矩形工具”，在工具属性栏中单击“路径”按钮，“半径”设置为15px，在“导航区域”绘制如图2.108所示的圆角矩形。

(8) 按Ctrl+Enter快捷键，将“圆角矩形”路径转换为选区，在“工具箱”中选择“矩形选框工具”，在选区内右击，在弹出的快捷菜单中选择“描边”命令，如图2.109所示。

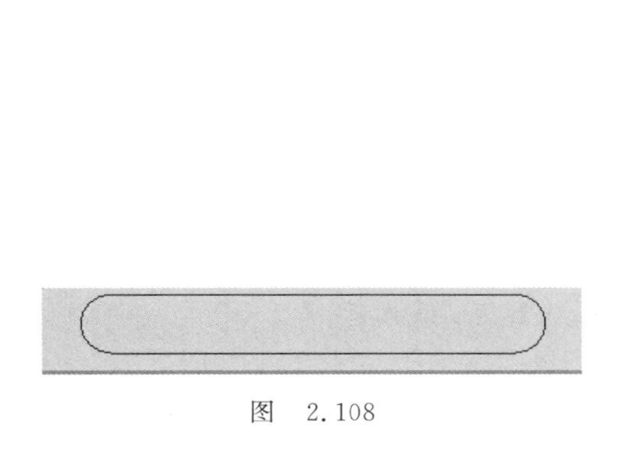

图　2.108

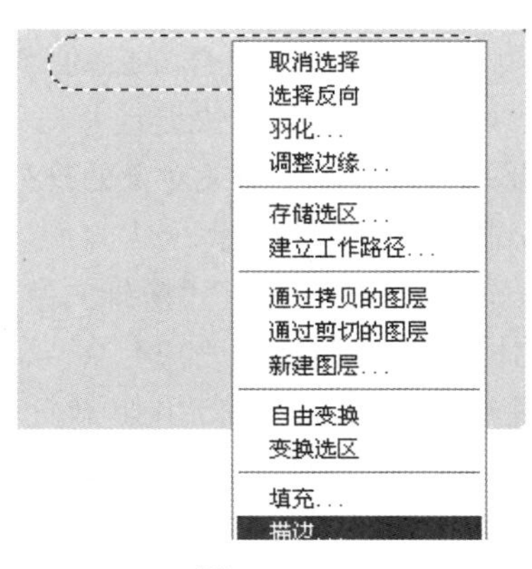

图　2.109

在弹出的“描边”对话框中设置参数，如图 2.110 所示。

图　2.110

(9) 新建“原子核图标”图层，设置前景颜色为“红色”(RGB 的参考值分别为 177,8,8)，在“工具箱”中选择“直线工具”→“自定义形状工具”，在工具属性栏中单击“形状图层”按钮，然后再单击“形状”按钮，在打开的“形状”面板中双击图形“原子核”，如图 2.111 所示，然后在相应位置按 Shift 键绘制一正“原子核”图形，效果如图 2.112 所示。

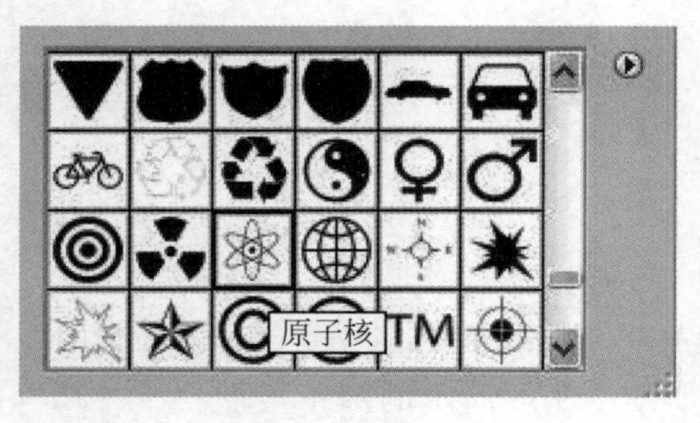

图　2.111

图　2.112

(10) 选择“圆角矩形 1”图层和“原子核图标”图层，按 Ctrl＋E 快捷键合并两个图层，选中合并后的“圆角矩形 1”图层，在“项目展示”区域中按下 Alt＋Shift 快捷键并向下拖曳鼠标，水平复制 4 个“圆角矩形 1”图层，然后按照前述对象的排列对齐方法对 5 个圆角矩形进行设置，效果如图 2.113 所示。

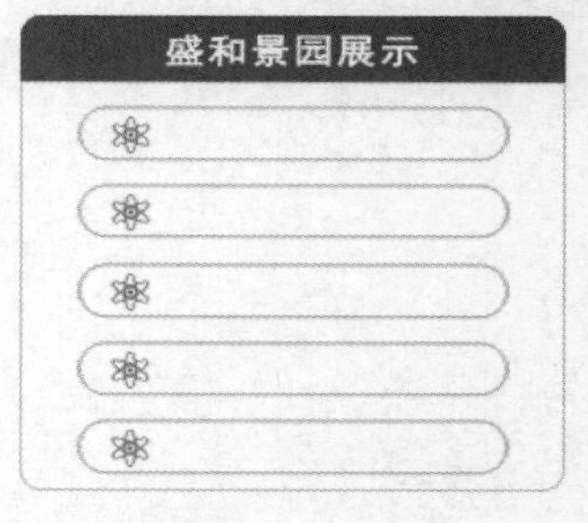

图　2.113

(11) 在“工具箱”中选择“横排文字工具”，在工具属性栏中分别设置字体为“黑体”，字号为“14 点”，消除锯齿的方法为“锐利”，输入文字“盛和景园户型图”，效果如图 2.114 所示。

(12) 按照操作步骤(11)的方法，依次输入文本，内容为：盛和景园效果图、盛和景园配套设施、盛和景园交通图、盛和景园实景图，最终效果如图 2.101 所示。

2)“联系我们”区域设计

为了让客户方便地同房产项目客服人员进行交流，故将客服的联系方式放在“联系我们”区

域，最终效果如图 2.115 所示。

图　2.114

图　2.115

(1) 选择 show 图层组中的 content-bg、“盛和景园展示”、title 图层，按下 Alt+Shift 快捷键并向下拖曳鼠标，复制 3 个图层，将复制的 3 个图层移动到 us 图层组，并调整 content-bg 副本的高度为 215px，将“盛和景园展示”文本信息修改为“联系我们”，如图 2.116 所示。

(2) 选择“文件”→“打开”命令，在弹出的对话框中选择“客服.png”图片，将打开的“客服.png”拖动到“联系我们”区域，将其放置到合适的位置。在“联系我们”区域再依次输入联系方式等信息，如图 2.117 所示。

图　2.116

图　2.117

(3) 新建“按钮”图层，在“工具箱”中选择“圆角矩形工具”，在工具属性栏中单击“路径”按钮，“半径”设置为 15px，在“导航区域”绘制圆角矩形。

(4) 按 Ctrl+Enter 快捷键，将“圆角矩形”路径转换为选区，在“工具箱”中选择“矩形选框工具”，在选区内右击，在弹出的快捷菜单中选择“填充”命令，设置填充颜色为“白色”(RGB 的参考值分别为 255,255,255)，再次在选区内右击，在弹出的快捷菜单中选择“描边”命令，设置描边颜色为“灰色”(RGB 的参考值分别为 226,225,225)。

(5) 双击“按钮”图层的灰色底板区，在弹出的“图层样式”对话框中启用“投影”图层样式，参数设置如图 2.118 所示，效果如图 2.119 所示。

(6) 复制制作好的按钮，在“工具箱”中选择“横排文字工具”T，在工具属性栏中分别设置字

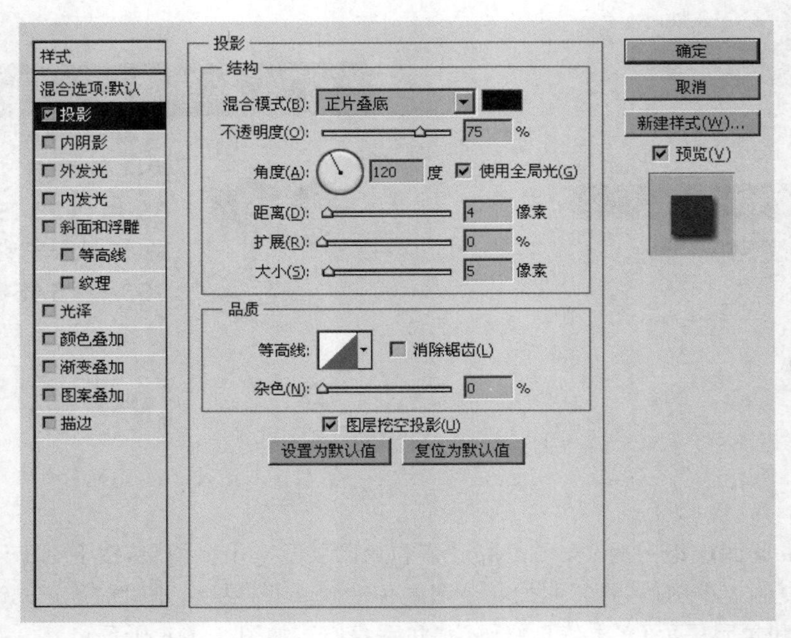

图 2.118

图 2.119

体、字号、字体颜色等，分别输入“电子地图>>”和“联系方式>>”，如图 2.115 所示。

2. 中间区域设计

1）“项目介绍”区域设计

“项目介绍”区域主要包括该房产项目的地理位置、项目构成等内容，让客户对该房产项目有一个全面的了解。最终效果如图 2.120 所示。

(1) 在“工具箱”中选择“横排文字工具”，在工具属性栏中分别设置字体为“新宋体”，在标题区域输入文字“项目介绍”，其中“项目”字号为“24 点”，字体颜色为“红色”(RGB 的参考值分别为 177,8,8)，“介绍”字号为“16 点”，字体颜色为“黑色”(RGB 的参考值分别为 2,2,2)，消除锯齿的方法为“锐利”，再按同样的方法输入“+”。在“工具箱”中选择“直线工具”，工具模式为“形状”，形状描边类型为第一条实线，设置线的粗细为 2px，颜色为“红色”(RGB 的参考值分别为 177,8,8)，绘制一条实线，将图层命名为 title-line1，用同样的方法在该区域底端绘制一条点画线，将图层命名为 title-line2，效果如图 2.121 所示。

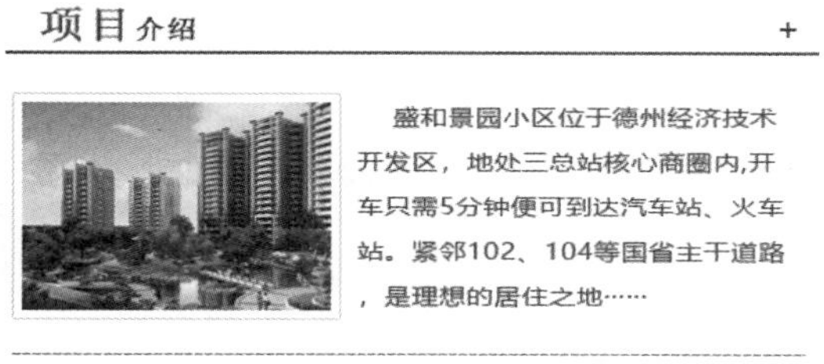

项目介绍　+

图　2.120

项目介绍　+

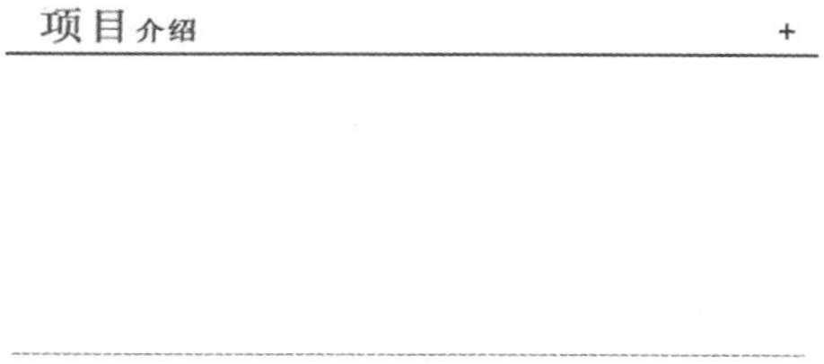

图　2.121

（2）按 Ctrl＋O 快捷键，打开“房产 1”图片，在“工具箱”中选择“移动工具”，将“房产 1”图片直接拖动到“项目介绍”区域，如图 2.122 所示。

（3）在“工具箱”中选择“横排文字工具”，在工具属性栏中分别设置字体为“微软雅黑”，字号为“14 点”，消除锯齿的方法为“锐利”，输入文字“盛和景园小区位于德州经济技术开发区，地处核心商圈内，开车只需 5 分钟便可到达汽车站、火车站。紧邻 102、104 等国省主干道路，是理想的居住之地……”，并在“字符”面板中调整“行间距”“字符间距”等内容，效果如图 2.120 所示。

2）“动态新闻”区域设计

“动态新闻”区域包括“动态新闻”和“优惠活动”两个内容，其中“动态新闻”是有关盛和景园房产项目的新闻信息展示，“优惠活动”是有关盛和景园房产项目搞的促销活动信息，通过这两个内容让客户及时了解有关该房产项目的动态信息。最终效果如图 2.123 所示。

项目介绍　+

图　2.122

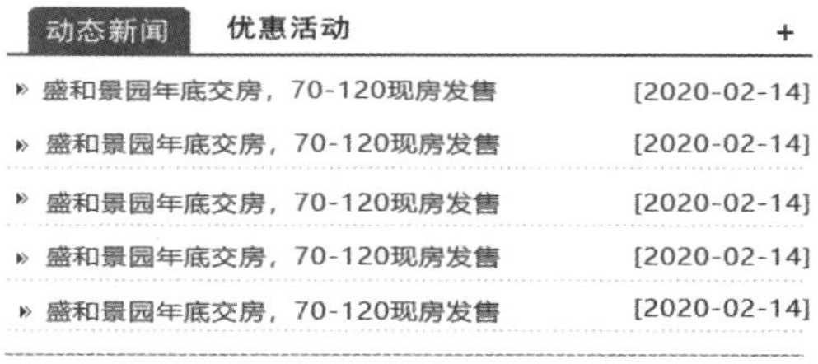

动态新闻　优惠活动　+

盛和景园年底交房，70-120现房发售　[2020-02-14]

盛和景园年底交房，70-120现房发售　[2020-02-14]

盛和景园年底交房，70-120现房发售　[2020-02-14]

盛和景园年底交房，70-120现房发售　[2020-02-14]

盛和景园年底交房，70-120现房发售　[2020-02-14]

图　2.123

（1）选择“项目介绍”图层组中的“项目介绍”、title-line1、＋、title-line2 这 4 个图层，按 Alt＋Shift 快捷键并向下拖曳鼠标，复制 4 个图层，将复制的 4 个图层移动到 news 图层组，并将 title-line2 向上移动，保证该区域的高度为 215px。然后在“工具箱”中选择“横排文字工具”，在标题文字位置单击，在呈现文字编辑状态下，将文本信息修改为“动态新闻”和“优惠活动”，效果如图 2.124 所示。

（2）在“工具箱”中选择“圆角矩形工具”，在工具属性栏中选择“路径”，在“动态新闻”上绘制圆角矩形，如图 2.125 所示，选择“钢笔工具”中的“转换点工具”，按住 Alt 键，向上滚动滚轮放大图像，单击“圆角矩形”路径，如图 2.126 所示，然后分别单击左下侧和右下侧的锚点进行转换，接下来选择“路径选择工具”中的“直接选择工具”，向下拖动锚点的同时按住 Shift 键，如图 2.127 所示，按 Ctrl＋Enter 快捷键将路径转换为选区，设置前景颜色为红色（RGB 的参考值分别为 177，8，8），并将“动态新闻”文字颜色变为白色（RGB 的参考值分别为 255，255，255），效果如图 2.128 所示。

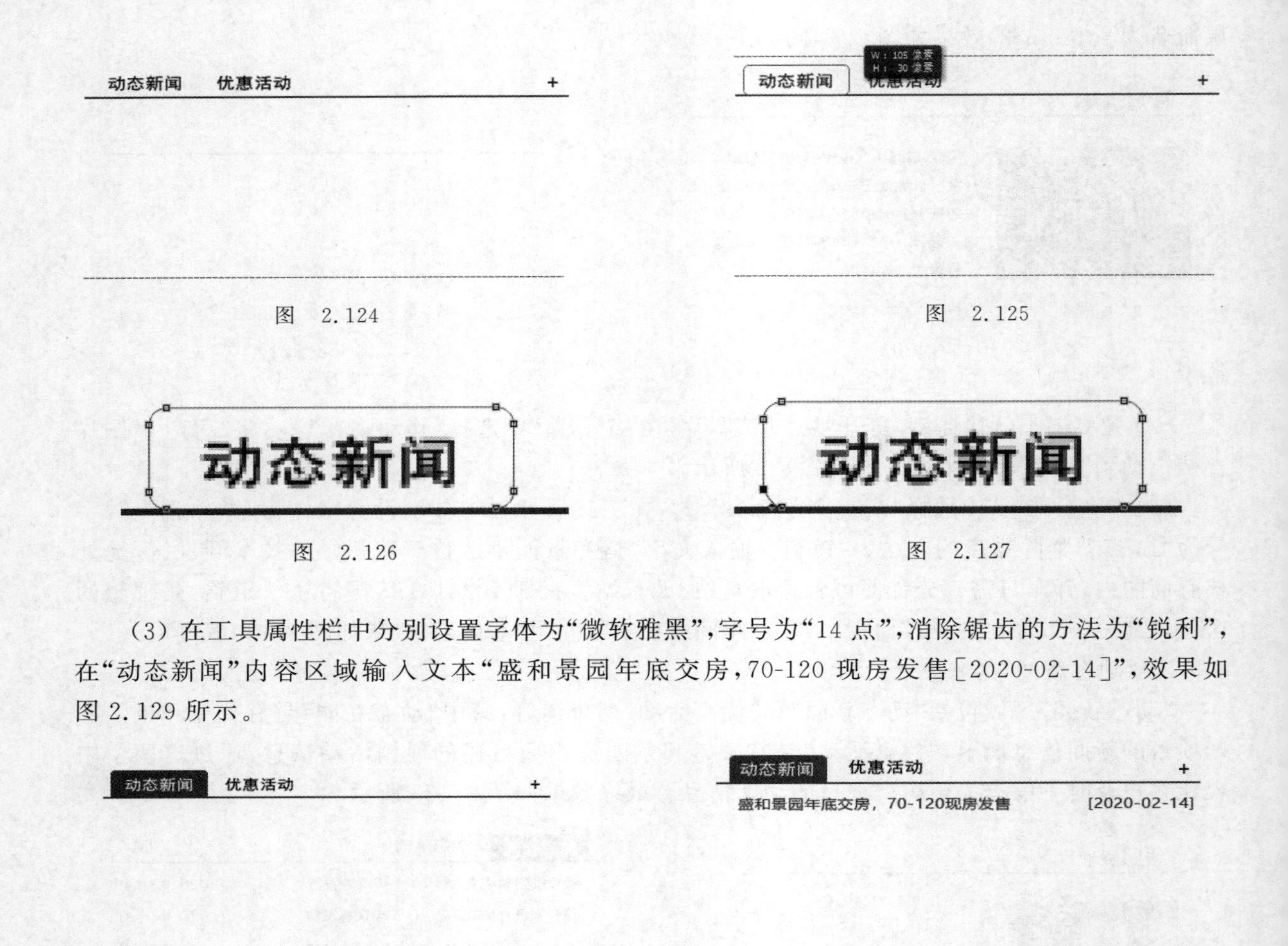

图 2.124

图 2.125

图 2.126

图 2.127

(3) 在工具属性栏中分别设置字体为“微软雅黑”,字号为“14 点”,消除锯齿的方法为“锐利”,在“动态新闻”内容区域输入文本“盛和景园年底交房,70-120 现房发售[2020-02-14]”,效果如图 2.129 所示。

图 2.128

图 2.129

(4) 按 Ctrl+O 快捷键,打开 li_icon.gif 图片,在“工具箱”中选择“移动工具”,将 li_icon.gif 图片直接拖动到“动态新闻”区域,如图 2.130 所示。

(5) 在“工具箱”中选择“直线工具”,按照“项目介绍”区域设计步骤(1)的方法绘制粗细为 1px,颜色为“灰色”(RGB 的参考值分别为 216,216,216)的点画线,将图层命名为 title-line3,如图 2.131 所示。

动态新闻 优惠活动 +

» 盛和景园年底交房，70-120现房发售 [2020-02-14]

图 2.130

动态新闻 优惠活动 +

» 盛和景园年底交房，70-120现房发售 [2020-02-14]

图 2.131

(6) 使用前述的复制方法，复制其他几条新闻信息，效果如图 2.123 所示。

3. 右边区域设计

右侧区域包括通知公告和登录两个版块内容，右侧区域的整体外观样式同左侧是一样的，所以只需要把左侧的组复制放到右侧，然后替换为右侧的内容即可。

按照前述复制方法，将左侧组(content-top-left)复制到右侧(content-top-right)，效果如图 2.132 所示。

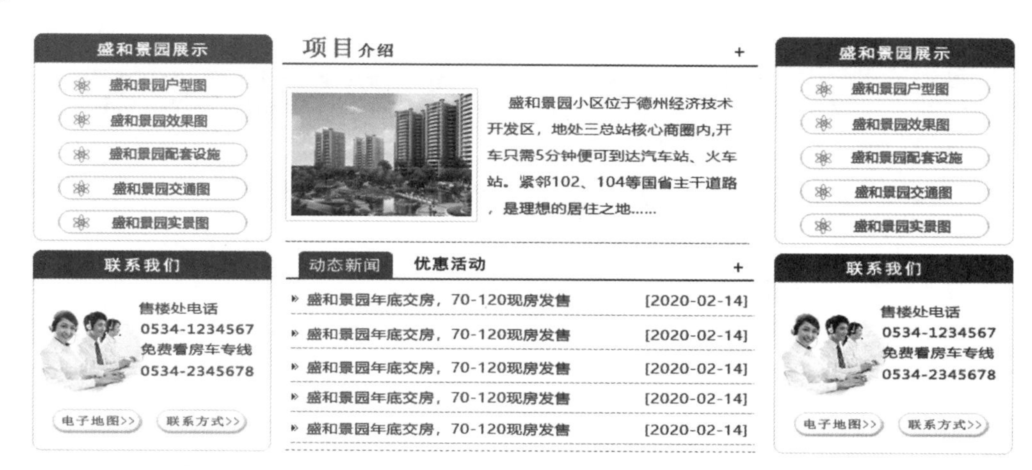

图　2.132

接下来，将标题进行替换，删除不需要的内容，效果如图 2.133 所示。

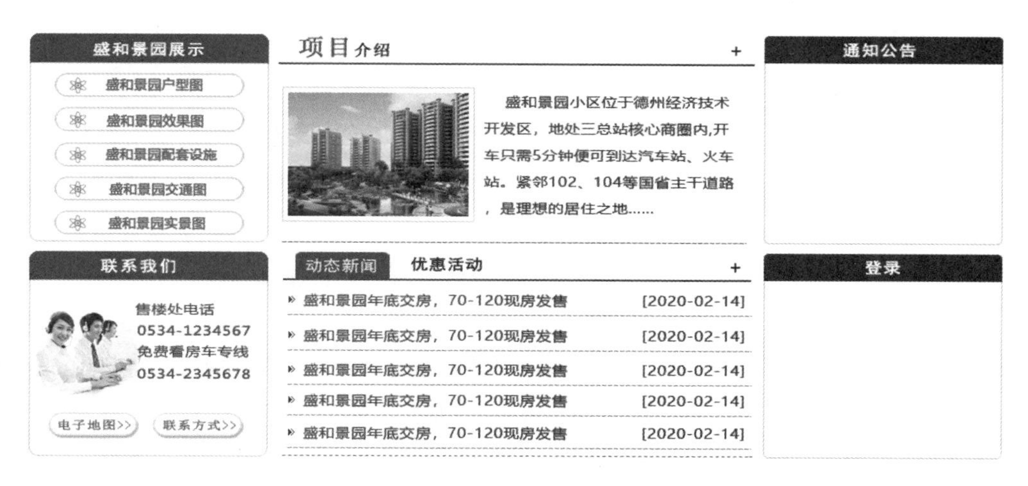

图　2.133

1) “通知公告”区域设计

通知公告主要是公司最新、最重要的公告通知信息，从而让客户了解必要的一些信息。最终效果如图 2.134 所示。

该区域的样式主要是圆角矩形和文字，内容比较简单，运用前述的方法完全可以实现，在此不再赘述。

2）登录区域设计

登录区域是会员登录的版块，主要需要客户准确输入用户名和密码，然后登录即可。

（1）在“工具箱”中选择“横排文字工具”，字体为“微软雅黑”，字号为“16 点”，输入“用户名：”；接下来在“工具箱”中选择“矩形选框工具”，新建 username 图层，在工具属性栏中选择“新选区”，绘制矩形选区，如图 2.135 所示，然后按前述方法给该选区描边，颜色为橙色（RGB 的参考值分别为 250，100，70），如图 2.136 所示。复制“用户名”和 username 两个图层，制作“密码”内容，如图 2.137 所示。

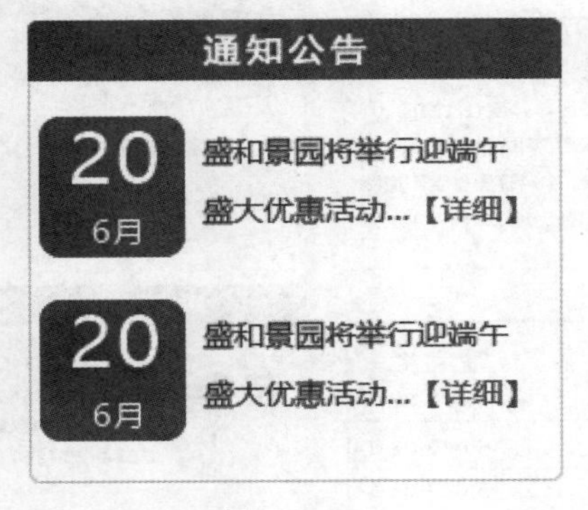

图　2.134

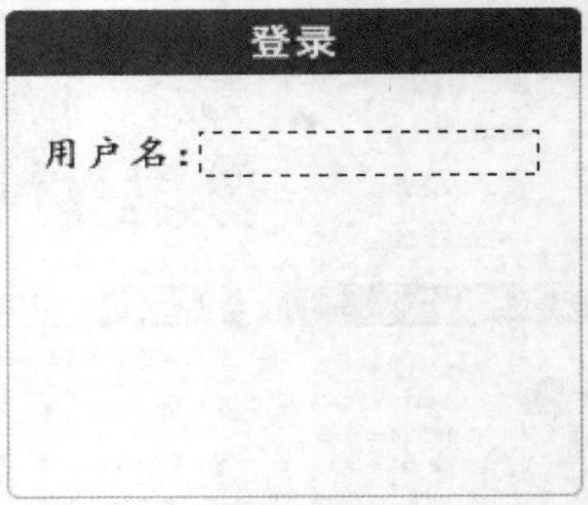

图　2.135

图　2.136

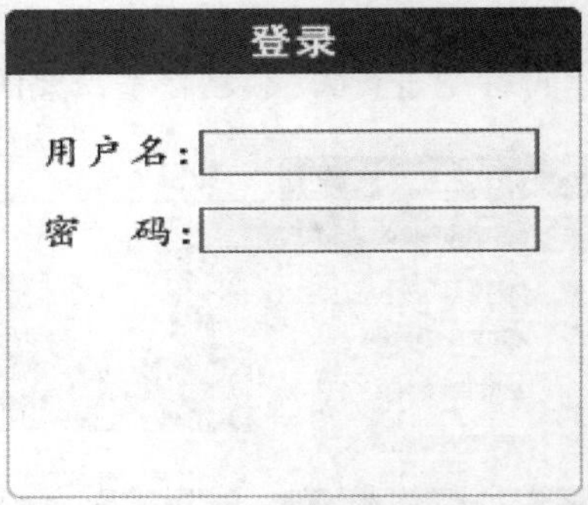

图　2.137

（2）新建“登录按钮”图层，在“工具箱”中选择“圆角矩形工具”，绘制一个圆角矩形，并填充蓝色（RGB 的参考值分别为 20，150，220），如图 2.138 所示；新建“高光”图层，在“工具箱”中选择“钢笔工具”，绘制一个选区，按 Ctrl＋Enter 快捷键将路径转换为选区，填充颜色为白色到透明的渐变，并设置不透明度为“50％”，再按 Ctrl＋D 快捷键取消选区，如图 2.139 所示。在“工具箱”中选择“横排文字工具”，设置字体为“楷体”，字号为“16 点”，输入文本 “登录”；将“登录按钮”“高光”“登录”选中并复制，然后修改其填充颜色和文本信息，效果如图 2.140 所示。

（3）新建“注册图标”图层，在“工具箱”中选择“矩形选框工具”中的“椭圆选框工具”，然后按住 Shift 绘制一个正圆选区，填充颜色为绿色（RGB 的参考值分别为 80，190，10），在“工具箱”中选择“横排文字工具”，输入>，再在右侧输入文本“立即注册”，并添加下画线，字体为“华康瘦金体”，字号为“16 点”，字体颜色为红色（RGB 的参考值分别为 240，26，26），效果如图 2.141 所示。

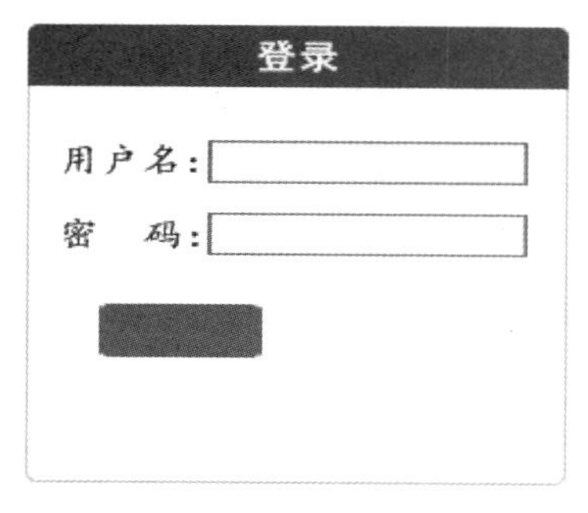

图　2.138

图　2.139

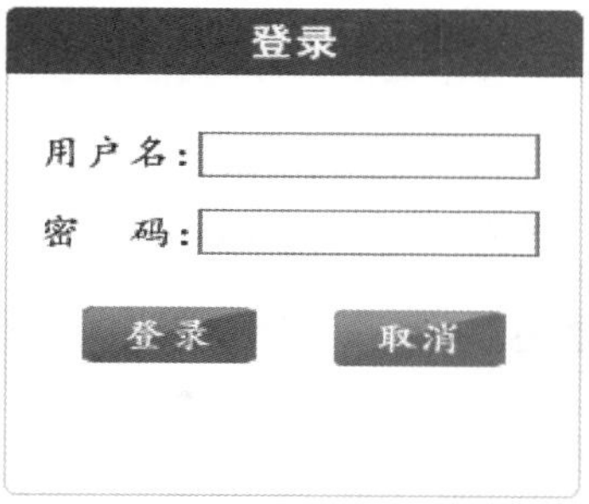

图　2.140

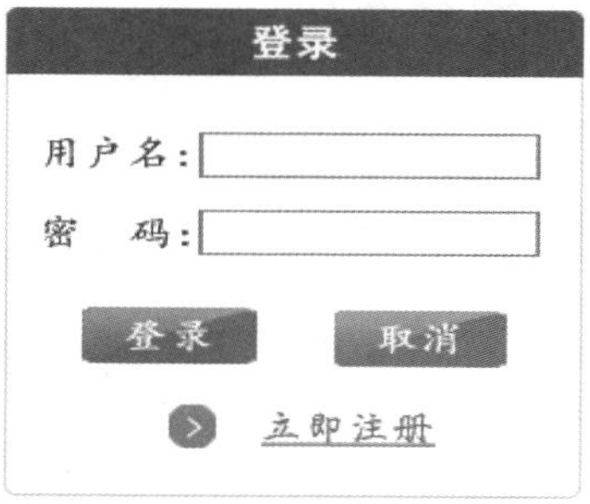

图　2.141

4. 实景展示区域设计

“实景展示”区域的样式设计与“项目介绍”区域的设计基本相同，故其制作参考“项目介绍”区域，最终效果如图 2.142 所示。

图　2.142

2.2.6　首页页脚区域的设计

首页页脚主要包含的是网站的版权信息、联系方式、开发商、项目地址等文本信息，颜色为从上到下的红色渐变填充，全屏大小，样式设计十分简单，参照前述的内容即可完成。最终效果如图 2.143 所示。

图　2.143

2.3 课后实践

1. 万豪装饰首页设计

1）实践任务

使用 Photoshop CS6 软件，完成如图 2.144 所示“万豪装饰有限公司”企业网站首页平面效果图设计。

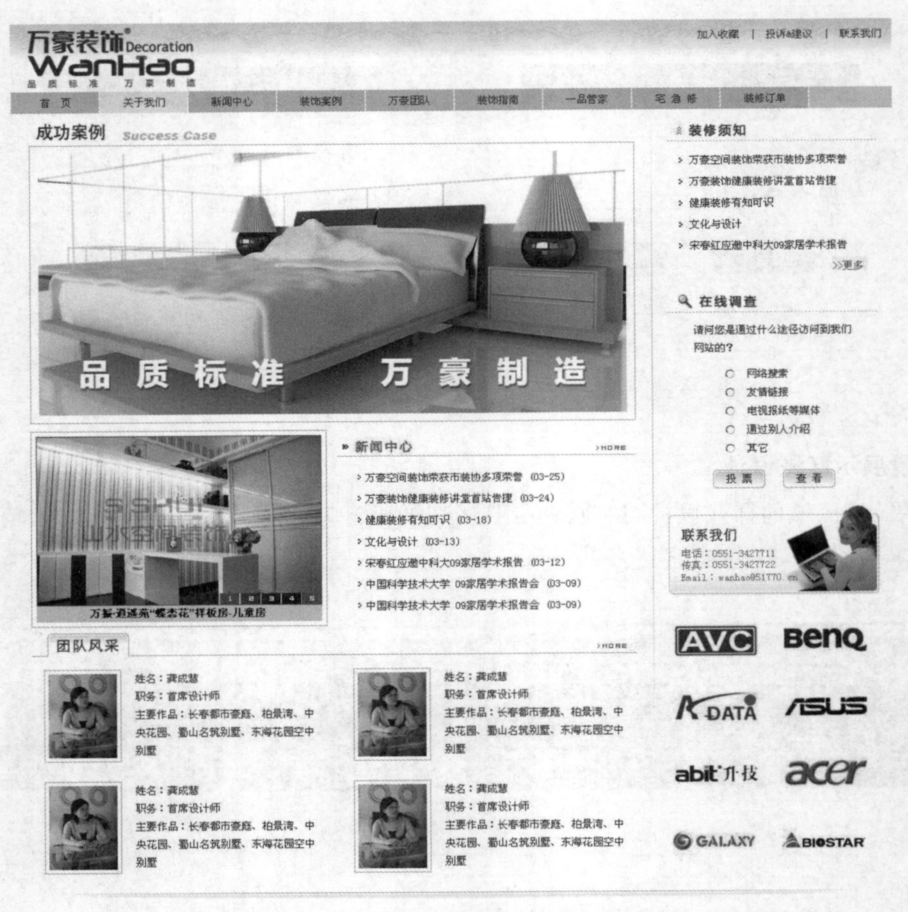

图 2.144

2）实践目的

(1) 熟练掌握 Photoshop CS6 工具软件基本操作。

(2) 熟悉 Photoshop CS6 常见快捷键。

(3) 完成“万豪装饰有限公司”企业网站首页平面效果图设计与制作。

3）实践要求

(1) 按照网页设计流程，通过网站规划和网站风格设计，对“万豪装饰有限公司”企业网站首页平面效果图进行设计。

（2）能使用 Photoshop CS6 工具软件设计企业网站首页平面效果图。

（3）能使用 Photoshop CS6 工具软件制作网页图形元素、网页按钮、网站 logo、导航栏等。

2. “山东华宇工学院”网站首页设计

1）实践任务

使用 Photoshop CS6 软件，完成图 2.145 所示“山东华宇工学院”网站首页平面效果图设计。

图　2.145

2）实践目的

（1）熟练掌握 Photoshop CS6 工具软件基本操作。

（2）熟悉 Photoshop CS6 常见快捷键。

（3）完成“山东华宇工学院”网站首页平面效果图设计与制作。

3）实践要求

（1）按照网页设计流程，通过网站规划和网站风格设计，对“山东华宇工学院”网站首页平面效果图进行设计。

（2）能使用 Photoshop CS6 工具软件设计企业网站首页平面效果图。

（3）能使用 Photoshop CS6 工具软件制作网页图形元素、网页按钮、网站 logo、导航栏等。

3. “汇烁有限公司”企业网站设计

1）实践任务

使用 Photoshop CS6 软件，完成图 2.146 所示“汇烁有限公司”企业网站首页平面效果图的设计。

图 2.146

2）实践目的

（1）熟练掌握 Photoshop CS6 工具软件基本操作。

（2）熟悉 Photoshop CS6 常见快捷键。

（3）完成“汇烁有限公司”企业网站首页平面效果图的设计。

3）实践要求

（1）按照网页设计流程，通过网站规划和网站风格设计，对“汇烁有限公司”企业网站首页平面效果图进行设计与制作。

（2）能使用 Photoshop CS6 工具软件设计企业网站首页平面效果图。

（3）能使用 Photoshop CS6 工具软件制作网页图形元素、网页按钮、网站 logo、导航栏等。

第3章

制作“盛和景园”网站

【导读】

制作网站是网站开发的第二阶段，在此阶段需要把前一阶段设计师所设计的精美网站效果图转换为真正可以供用户使用的网页，而要达到这样的目标，我们第一步就是对效果图进行切割，切割出在网站制作中所需要的图像素材；第二步是进行网页的制作，在制作过程中，我们主要使用HBuilderX软件创建站点和制作页面。首页是整个网站的入口，同时也是涵盖内容最丰富的页面，因此我们先进行首页的制作，然后再进行内页的制作。

通过本项目的完成，我们可以知道，一个网页的页面结构和外观表现效果是由结构(HTML)、表现样式(CSS)达成的。

视频讲解

3.1 任务一：网站效果图的切割与导出

任务目标

完成“盛和景园”首页设计页面的切割，准备好网站开发中所使用的图像素材。

任务解析

在第2章中完成了“盛和景园”网站页面效果图的设计，接下来就要把效果图转换为具体的网页，而在此之前，需要对设计的效果图进行切片操作，从而获得所需图像素材。切片是指将整个网站的效果图通过分割操作生成一个一个的小图，以供后期网站页面制作时使用，这是将网站效果图转换为具体网页文件必不可少的一步。

支撑知识

合理地切图不仅有利于加快网页的下载速度、设计复杂造型的网页及对不同特点的图片进行分格式压缩等，还能合理地使用CSS样式表现图片效果。因此，接下来讲解如何对效果图进行切图。

1. 切图

为了提高浏览器的加载速度，或是满足一些版面设计的特殊要求，通常需要把效果图中有用的部分裁切下来作为网页制作时的素材，这个过程被称为切图。

从切图的定义不难看出，切图主要是为了达到如下两个目的：

- 提高浏览器的加载速度。
- 满足设计的特殊要求。

所以切图的对象也是两个：

- 大图：当网页上的图片较大时，浏览器下载整个图片需要花费较长的时间，从而让客户长时间地等待，这是大忌。切片的使用很好地解决了这个问题，通过把大图分为多个不同的小图分开下载，这样就大大加快了下载的速度。
- 特效图片：在设计页面时为了追求页面的美观，会使用一些特殊效果，比如不规则图形、蒙版、图层样式等，这些都是无法通过 CSS 代码实现的，因而需要进行切图。

知识分享

网页中要使用的图片分为两种：表现图片和内容图片。

表现图片主要用来表现网页的外观，并非是网页的实际内容，这部分图片主要用于装饰，一般这类图片由 CSS 引入页面中，如栏目标题的背景、各种边框等。

内容图片是将其作为页面内容插入网页中的，它是网站所展示具体信息的一部分，一般应用 <img>标签插入页面中，如实景图片、轮播图等。在切图时主要切割的是表现图片，内容图片需要在素材中提供。

2. 切图原则

在进行切图时，应遵循以下原则：

- 颜色范围的取值：假如一个区域中颜色对比的范围不是很大，有几种颜色，这样就应该单独地把它切出来，如果就一种颜色，可以用代码来表示背景色。
- 切片大小：很多设计师认为要把网页的切片切得越小越好，这是有道理的。切片小，可以加快网页下载图片的速度，让多个图片同时下载而不是只下载一个大图片。所以切片大小要根据实际需要来切，标志 logo 等主要部分尽量切在一个切片内，防止显示时遇到特殊情况只显示一部分。
- 切片区域：保证完整的一部分在一个切片内，例如某区域的标题，方便以后修改。
- 导出类型：颜色单一过渡少的图片，应该导出为 PNG；颜色过渡比较多、颜色丰富的图片应该导出为 JPG；有动画的部分应该导出为 GIF 动画。

知识分享

图像有很多格式，但是在网页上通常只使用 PNG、JPG、GIF 这三种格式。

(1) PNG 格式。

PNG 包括 PNG-8 和真色彩 PNG(PNG-24 和 PNG-32)。相对于 GIF，PNG 最大的优势是体积更小，支持 Alpha 透明(全透明、半透明、全不透明)，并且颜色过渡更平滑，但 PNG 不支持动画。需要注意的是，IE 6.0 可以支持 PNG-8，但在处理 PNG-24 的透明时会显示为灰色。通常，图片保存为 PNG-8 会在同等质量下获得比 GIF 更小的体积，而半透明的图片只能用 PNG-24。

(2) JPG 格式。

JPG 所能显示的颜色比 GIF 和 PNG 要多得多，可以用来保存超过 256 种颜色的图像，但是

JPG 使用的是有损压缩的图像格式，这也就意味着每修改一次都会造成一些图像数据的丢失。JPG 是特别为照片图像设计的文件格式，网页制作过程中类似于照片的图像，比如横幅广告、商品图片、较大的插图等都应该使用 JPG 格式。

(3) GIF 格式。

GIF 最突出的优点就是支持动画。同时 GIF 也是一种无损的图像格式，也就是说修改图片之后，图片质量几乎没有损失。而且 GIF 支持透明(全透明)，因此很适合在互联网上使用。

PNG 是目前公认的最适合网络的图像格式，它兼具 GIF 和 JPG 的大部分优点，一般导出图片都会选择 PNG 格式。

企业指导

网站 logo、小图标、按钮、背景等推荐使用 PNG 格式；动画使用 GIF 格式；高清大图使用 JPG 格式。

3. 源文件

即使页面做好了，也要保留带切片层的源文件，说不定哪天要修改某一个部分，如文字、颜色调整等。

任务实现

切片的操作主要是在设计软件中完成的，例如 Photoshop 或者 Fireworks，可以根据自己的喜好选择，因为本书在前面主要介绍的是 Photoshop，故在下面的案例中主要以 Photoshop 为例进行介绍。

1. 创建首页头部的切片

网页头部包括 logo、联系电话、快捷功能导航，其中 logo 为不规则形状，主色调为红色、黑色和绿色；联系电话包括电话图片、文字；快捷功能导航包括导航图片和文字。根据切图原则和 CSS3 技术支持样式，按以下步骤进行切图。

(1) 在"工具箱"中选择"裁剪工具"→"切片工具"，如图 3.1 所示。

(2) 切出想要 logo 的范围，选取范围操作就像平时用 QQ 的截图工具一样，直接拖曳选取切片范围即可，如图 3.2 所示。

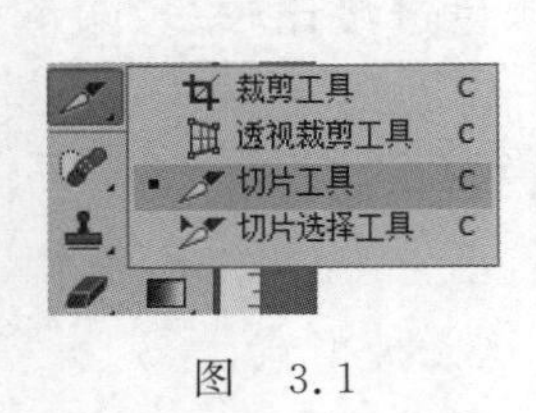

图 3.1

图 3.2

企业指导

为了确保切片大小、位置的精确度，建议先绘制参考线，确定切片的范围，再创建切片，此时拖动鼠标进行切割比较容易定位。

应在确定切片范围后，进行切割之前，先隐藏背景，因为背景不利于内容的查看。

(3) 按照步骤(2)的方法，切出"电话"图片，如图 3.3 所示。

(4) 在切割“快捷功能导航”时，为了保证切图的精确，把“快捷功能导航”先整体切割，如图 3.4 所示，后期再进行优化。至此，首页头部的切片完成，共创建 3 个切片。

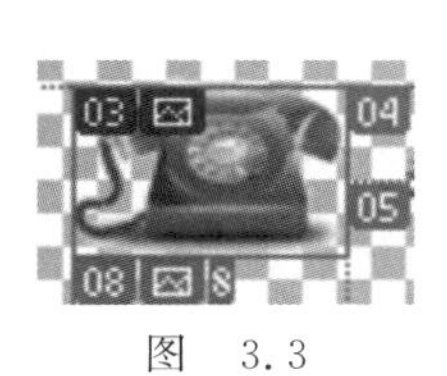

图　3.3

图　3.4

2. 创建首页导航的切片

首页导航包括红色渐变、投影背景，9 个导航内容，8 个分隔线，其中分隔线由深红色、浅红色两个 1 像素的细线组成，因此只需切出分隔线即可。

将导航背景隐藏，用“切片工具”继续切割分隔线，如图 3.5 所示。

3. 创建首页主体内容区域切片

(1) 切割“盛和景园展示”区域的展示列表图标图片，首先隐藏该区域的灰色背景，然后用“切片工具”切割所需图片，如图 3.6 所示。

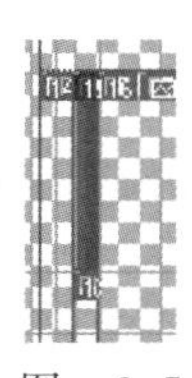

图　3.5

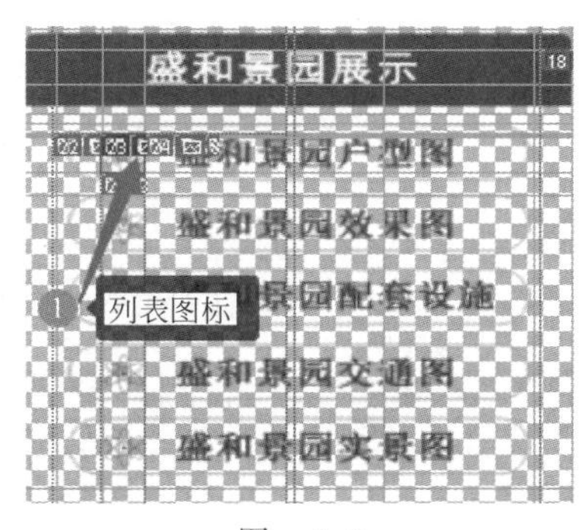

图　3.6

(2) 切割“登录/注册”区域的“登录”和“取消”按钮，操作步骤参考操作步骤(1)，然后再切割向右箭头图标，如图 3.7 所示。

图　3.7

企业指导

在导出切片之前，可以再查看一下各个图片的切割情况，对于不符合需要的切片可以重新编辑它们,切割完成的图片,其切割范围的线为蓝色,如图 3.8 所示。如果想重新编辑某个切片,只需要在如图 3.1 所示的“工具箱”中选择“切片选择工具”,单击需要编辑的切片,此时该切片呈现编辑状态,如图 3.9 所示。

图 3.8

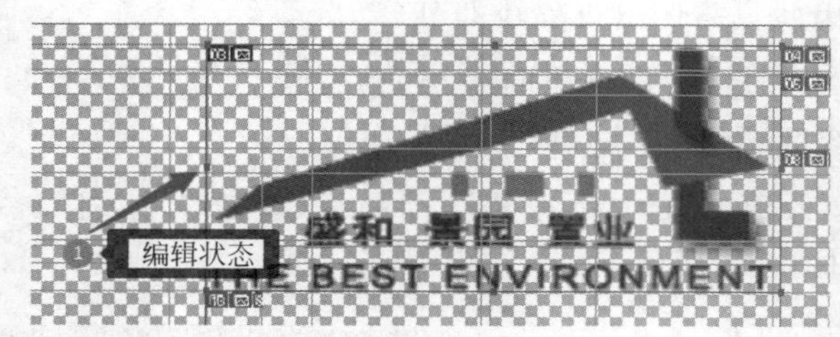

图 3.9

4. 导出切片

(1) 打开“文件”菜单,选择“存储为 Web 所用格式”,在弹出的“存储为 Web 所用格式”对话框的“优化”选项卡中,选择图片格式为默认的 PNG-8 即可,如图 3.10 所示。

图 3.10

企业指导

在进行切片导出时也可以导出一个或几个图片，如果是一个，单击要导出的切片即可，如果导出几个切片，此时需要按住 Shift 键去选取要导出的切片，在图片格式中选择需要的格式即可。

(2) 单击“存储”按钮，在弹出的“将优化结果存储为”对话框中选择 F:\sh\sh-home 路径，文件名改为 sh.png，格式为“仅限图像”，设置为“默认设置”，切片为“所有用户切片”，如图 3.11 所示，单击“保存”按钮。

图　3.11

(3) 保存后会自动在 F:\sh\sh-home 路径下创建 images 文件夹，双击打开 images 文件夹，如图 3.12 所示，可以看到，图片的名称都是以 sh 开头的，但是在给图片命名时应尽量做到“见名知意”，比如 logo、tel 等，因此需要对图片名称进行重命名，如站标的名称为 logo.png，其他图片名称以此类推，但是严禁使用中文命名，否则无法解析。

图 3.12

视频讲解

3.2 任务二：创建“盛和景园”网站站点

任务目标

创建“盛和景园”网站站点。

任务解析

站点是存放一个网站所有资源的场所，由若干文件和文件夹组成。用户在进行网站开发时，首先要建立站点，以便于组织和管理网站的资源。

站点按站点文件夹所在位置分为两类：本地站点和远程站点。本地站点是指本地计算机上的一组网站文件，远程站点是指远程 Web 服务器上的一组网站文件。

用户在进行网站开发时，一般先建立本地站点，站点建立好后再上传到 Web 服务器上。

支撑知识

在此选择的是 Builder 这一款开发软件。HBuilder X 是 DCloud（数字天堂）推出的一款支持 HTML5 的 Web 开发 IDE。HBuilder X 的编写用到了 Java、C、Web 和 Ruby。HBuilder X 本身主体是由 Java 编写的，它基于 Eclipse，所以顺其自然地兼容了 Eclipse 的插件。快是 HBuilder X 的最大优势，通过完整的语法提示和代码输入法、代码块等，可以大幅提升 HTML、JavaScript、CSS 的开发效率。

1. 下载和安装 HBuilder X

打开浏览器，登录 HBuilder X 的官方网站，网址是 https://www.dcloud.io/hbuilderx.html，如图 3.13 所示，在该页面中单击 DOWNLOAD 链接，打开如图 3.14 所示的下载窗口，在该窗口中选择“标准版”下载。

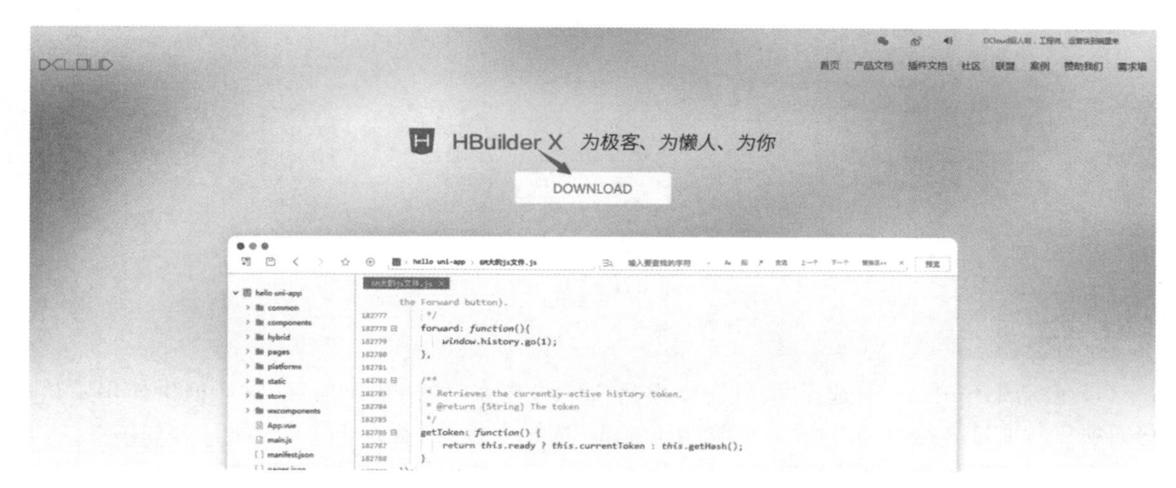

图　3.13

图　3.14

HBuilder X 是一款绿色软件，下载后，将压缩包解压到适当位置，在解压后的文件夹中找到 HbuilderX.exe 可执行程序，如图 3.15 所示，双击即可启动程序。

2. 使用 HBuilder X

HBuilder X 在使用的时候有很多技巧，具体可以参考 HBuilder 的使用教程，读者可以上网搜索。

bin	2021-1-15 8:52	文件夹	
iconengines	2021-1-15 8:52	文件夹	
imageformats	2021-1-15 8:52	文件夹	
platforms	2021-1-15 8:52	文件夹	
plugins	2021-1-20 14:30	文件夹	
readme	2021-1-15 8:52	文件夹	
resources	2020-6-22 17:36	文件夹	
translations	2019-5-10 12:03	文件夹	
update	2021-2-18 16:08	文件夹	
CefClientSubProcess.exe	2021-1-3 16:25	应用程序	191 KB
HBuilderX.dll	2021-1-15 8:26	应用程序扩展	12,550 KB
HBuilderX.exe	2021-1-15 8:26	应用程序	3,234 KB
libeay32.dll	2021-1-15 8:26	应用程序扩展	1,236 KB
license.md	2021-1-15 8:26	MD 文件	6 KB
qrencode.dll	2020-6-22 17:04	应用程序扩展	36 KB

图 3.15

任务实现

(1) 启动 HBuilder X,选择"文件"→"项目"命令,在弹出的"新建项目"对话框中使用默认的"普通项目",项目名称为 sh-home,位置为 F:\sh,选择模板中"基本 HTML 项目",如图 3.16 所示,单击"创建"按钮,"盛和景园"网站站点就建好了,目录结构如图 3.17 所示。

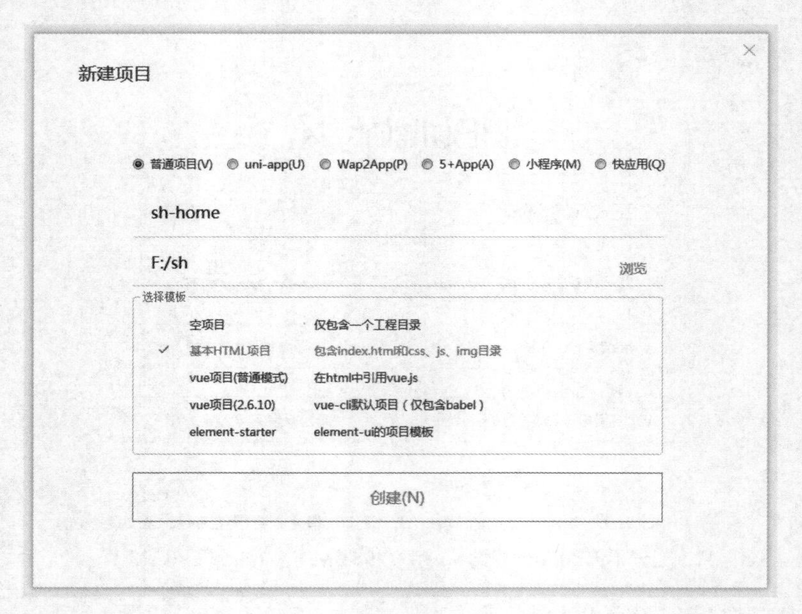

图 3.16

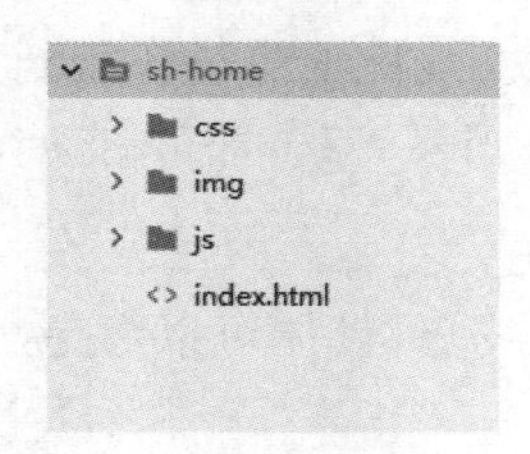

图 3.17

其中，index. html 是网站的主页，也叫首页，是整个网站的入口页，主页的文件名建议使用 index，因为服务器默认自动识别 index 文件。css 文件夹一般用来保存样式文件，img 文件夹用来保存图片资源文件，js 文件夹用来保存 JavaScript 脚本文件。

（2）将之前已经切割好的 images 文件夹中的图片复制一份到 img 文件夹。

（3）在 css 文件夹目录上右击，在弹出的快捷菜单中选择“新建”→“CSS 文件”命令，分别创建首页样式文件 index. css 和通用样式文件 base. css。

企业指导

（1）css、img、js 是行业内存放表现样式、图像素材、JavaScript 脚本文件的文件夹名称，网页制作人员应严格遵守行业命名规范，不要为它们随意命名。

（2）网页文件的命名规范。

① 尽量使用英文和小写字母，以字母开头。

② 长名称或词组使用短横线分隔(-)。

③ 尽量“见名知意”，不用无意义的命名，尽量不用拼音命名。

④ 使用正确的扩展名(. html)。

3.3 任务三：制作“盛和景园”网站页面

任务目标

完成如图 3.18 所示“盛和景园”网站首页页面的制作。

任务解析

在 3.1 节中完成了网页效果图的切图，接下来，需要完成网页的制作，这就需要应用前面提到的 HTML5 和 CSS3 知识。

通过查看网页效果图，可以看到网页中有文字、图形、图像、动画等多媒体信息，那么这些信息是如何呈现出来的呢？答案就是通过 HTML。HTML 作为一种描述性的标记语言，用于描述网页文档中的结构和内容。当浏览器接收到 HTML 文件后，就会解释、执行里面的标记，然后把标记相对应的结构和内容表现出来。

通过 HTML 表现出只有结构和内容的网页显然已无法满足现在人们对美的追求，在前面利用 Photoshop 设计出精美的页面，如果这种效果只停留在图片上，那么显然这种设计就是一种浪费。怎么才能实现一个美观大方的网页页面呢？就是 CSS 层叠样式表。如果说 HTML 是人体的骨骼，那么 CSS 就是美丽的外衣。CSS 用于控制网页样式并允许将样式信息和网页内容分离的一种标记性语言，它提供了丰富的格式化功能，如字体样式、颜色、背景和整体排版布局等。

一个完整的网页主要由三部分组成：结构(内容)、表现和行为。其中，各级标题、正文段落、各种列表等构成了网页的“结构(内容)”；结构和内容中的字号、字体和颜色等样式形成了网页的“外观表现”，即网页的样式；网页和传统媒体不同的一点是，它是可以随时变化的，而且是可以和读者互动的，称其为网页的“行为”。在本任务中将介绍网页的结构和表现。

图 3.18

对网页的构成有一个基本了解之后，下面就开启网页制作之旅吧。

支撑知识

3.3.1 网页文档的基本结构

单击 sh-home 站点目录中 index.html 首页文件即可将其打开，如图 3.19 所示。从图 3.19 中不难看出，一个网页文件对应了一个 HTML 文档，整个文档包括文档类型和文档结构两部分，而文档结构部分就是 head 和 body。

HTML 不是一种编程语言，而是一种标记语言，它通过标记符号来标记网页中要显示的内容。浏览器按顺序读取网页文件，然后根据标记符解释并显示标记的内容。标记也称为标签，主要由标签名和标签属性构成。

语法格式如下：

```
<标签名 属性 1 = "属性值 1" 属性 2 = "属性值 2" …>内容</标签名>
```

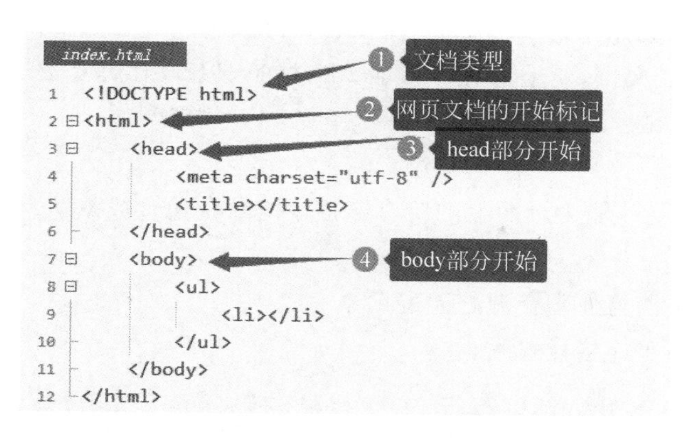

图　3.19

其中，标签名主要表明内容的结构；属性用于对标签进行样式等的设置。

说明：一般情况下，不使用标签样式属性设置样式效果，而使用表现样式 CSS 设置样式。

通过图 3.19 可以看出，标准的 HTML 文档都具有一个基本结构，即 HTML 文件的开头与结尾标记以及 HTML 的头部(head)和主体(body)两大部分，类似于一个人的身体构成：头和身体。

1．文档类型(<!DOCTYPE html>)

<!DOCTYPE>声明：它不是 HTML 标签，而是指示 Web 浏览器关于页面使用哪个 HTML 版本进行编写的指令。该声明必须是 HTML 文档的第一行，位于<html>标签之前。

没有<!DOCTYPE>声明的后果：如果没有文档类型声明，大多数浏览器(包括 IE 和火狐)将转换为一种混杂模式，在这种模式下，浏览器之间同一种样式会出现不一致效果。而添加声明后，浏览器就知道想要使用更严格的标准模式。

说明：该声明对大小写不敏感。

2．整个文档(<html></html>)

网页中的所有代码内容都包含在<html></html>标签对中。起始标签<html>用于 HTML 文档的第二行，告诉浏览器这是 HTML 文档的开始；结束标签</html>位于 HTML 文档的最后面，告诉浏览器这是 HTML 的结束。

3．文档头部(<head></head>)

在 HTML 中<head>标签用于定义文档的头部，它是所有头部元素的容器。<head>中的元素可以是标题、引用脚本、元信息等。

文档的头部描述了文档的各种属性和信息，包括文档的标题、在 Web 中的位置以及和其他文档的关系等。绝大多数文档头部包含的数据都不会真正作为内容显示给读者。

1) <title>标签

<title>标签定义文档的标题。

<title>标签很重要，它能够：

- 定义浏览器工具栏中的标题。
- 提供页面被添加到收藏夹时显示的标题。

• 显示在搜索引擎结果中的页面标题(用项目符号或者用分号隔开)。

一个简单的 HTML 文档,要求带有尽可能少的标签,但<title></title>标签对是<head>标签中唯一要求必须包含的。

2) <base>标签

<base>标签是单标签,能为页面上的所有链接规定默认地址或默认目标(target)。

3) <link>标签

<link>标签定义文档与外部资源之间的关系。

<link>标签最常用于连接样式表,如:

```
<link rel = "stylesheet"  type = "text/css"  href = "mystyle.css" />
```

4) <meta>标签

<meta>标签可提供有关页面的元信息(meta-information),比如网站页面的编码、关键词和对网站的描述信息等内容。<meta>标签必须位于文档的头部(<head>标签内),它是 HTML 文档中 head 区的一个辅助性标签,标签内部不包含任何内容。

<meta>标签共有两个属性,它们分别是 http-equiv 属性和 name 属性,不同的属性又有不同的参数值,这些不同的参数值就实现了不同的网页功能。比如通过 name 属性的 keywords 和 description 属性就可以设置网站关键词和主要内容信息,完成对网站进行 SEO 优化。

(1) 指定网页编码。

```
<meta  charset = "utf - 8" />   -- 指定网页使用 UTF - 8 编码
```

或者

```
<meta  charset = "gbk" /> -- 指定网页使用 GBK 编码
```

UTF-8 是最常用的编码格式,它兼容中文,也兼容英文。也可以更改编码格式,比如用 GBK,GBK 是中国国家标准。

UTF-8 是国际通用编码,适用范围更广,如果文本内容的英文字符较多或者注重多国用户体验的网站,UTF-8 是首选。

但 UTF-8 占用的数据库比 GBK 大,如果基本上需要显示中文字符,可以考虑使用 GBK 编码,毕竟它是 GB 2312 的超集。

(2) 设置页面缓存。

```
<meta  http - equiv = "Cache - Control"  content = "no - cache" />  -- 禁止浏览器缓存页面
```

(3) 网页关键词和页面的主要内容信息。

网站关键词:<meta name="keywords" content=""/>

描述信息:<meta name="description" content=""/>

示例如图 3.20 和图 3.21 所示。

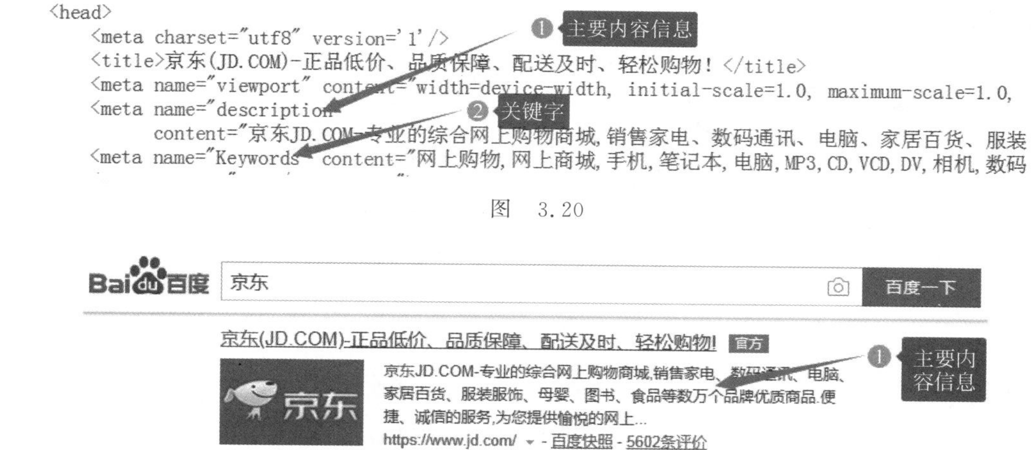

图　3.20

图　3.21

企业指导

百度和 Google 已经不把 keywords 和 description 作为排名的因素了，但是搜索结果里面直接使用 description 作为该页面的主要内容信息，如图 3.21 所示。搜索用户看到好的内容时，更容易来到你的网站，对网站的流量还是有帮助的。keywords 则基本无效了。

(4) < script >标签。

< script >标签用于定义客户端脚本，其实就是 JavaScript。

例 3-1　创建“国学赏析”站点及其头部信息。

首先启动 Hbuilder X，选择“文件”→“项目”命令，在弹出的“新建项目”对话框中使用默认的“普通项目”，项目名称为“chinese”，位置为 F:\chinese”，选择模板中“基本 HTML 项目”，单击“创建”按钮，即可创建网站项目 chinese。接下来把图片素材文件放到 img 文件夹，在 css 目录上右击，在弹出的快捷菜单中选择“新建”→“CSS 文件”命令，分别创建 index. css 和 base. css 样式文件，单击 index. html，在打开的首页文件中分别添加标题(title)、关键词(Keywords)、描述信息(Description)和链接样式表(link)等头部信息，代码如下所示。

```
<! DOCTYPE html >
< html >
    < head >
        < title >国学赏析</title >
        < meta charset = "utf - 8" />
        < meta name = "Keywords" content = "唐诗,宋词,元曲,明清小说"/>
        < meta name = "Description" content = "国学是我国文学遗产的重要组成部分,在高中语文教材中占有一定的分量。
        在全国语文高考中,国学知识连考了七年,难度越来越大,题型越来越完善,题量有逐年加大的趋势,成为高考备考的一个亮点。
        无论从教材角度,从高考角度,还是从继承与创新文学遗产的角度上,培养与提高学生国学知识的鉴赏能力,成为每一个语文教师刻不容缓的任务,成为每一个中国人的基本素养……"/>
        < link rel = "stylesheet" type = "text/css" href = "css/index. css"/>
    </head >
```

页面头部信息如图 3.22 所示。

```
<!DOCTYPE html> ①文档类型
<html>
    <head> ②文档头部
        <title>国学赏析</title> ③标题
        <meta charset="utf-8" /> ④字符编码
        <meta name="Keywords" content="唐诗,宋词,元曲,明清小说"/> ⑤关键字
        <meta name="Description" content="国学是我国文学遗产的重要组成部分，在高中语文教材中占有一定的分量。⑥描述信息
        在全国语文高考中，国学知识连考了七年，难度越来越大，题型越来越完善，题量有逐年加大的趋势，成为高考备考的一个亮点。
        无论从教材角度，从高考角度，还是从继承与创新文学遗产的角度上，培养与提高学生国学知识的鉴赏能力，成为每一个语文教师刻不
        <link rel="stylesheet" type="text/css" href="css/index.css"/> ⑦链接样式表
    </head>
```

图 3.22

4. 文档主体(<body></body>)

<body></body>表示网页的主体部分，也是用户在网页中可以看到的内容，包含文本、图片、音频、视频等信息，这些内容都会在浏览器中显示出来，它是 HTML 文档的核心。

3.3.2 网页的结构标签和内容标签

从前文知道在进行网页设计时，应首先明确网页的结构，然后再在对应的结构区域中添加内容，在网页制作时依然如此，按此把网页中使用的标签分为结构标签和内容标签。

1. 结构标签

1) <div>标签

div 是英文 division 的缩写，意为“分割、区域”。<div>标签简单而言就是一个区块容器标记，可以将网页分割为独立的、不同的部分，以实现网页的规划和布局。<div>标签相当于一个容器，可以容纳段落、标题、表格、图像等各种网页元素，也就是说大多数 HTML 标记都可以嵌套在<div>标签中，<div>中还可以嵌套多层<div>。

为了区分每个区域，应对它们进行必要的标识，一般用 class 和 id 进行标识。

- id：唯一标识标签，在同一个页面，只可以被调用一次，在 CSS 中用 # 作为引用标志。
- class：类标签，在同一个页面可以调用无数次(没限制的)，在 CSS 中用. 作为引用标志。

例 3-2 “国学赏析”页面结构。

从图 3.23 中可以看到“国学赏析”整个页面主要包括头部、主体和页脚。

因此其页面主体部分的结构代码如下所示。

```
<body>
    <div class="header">

    </div>
    <div class="main">

    </div>
    <div class="footer">

    </div>
</body>
```

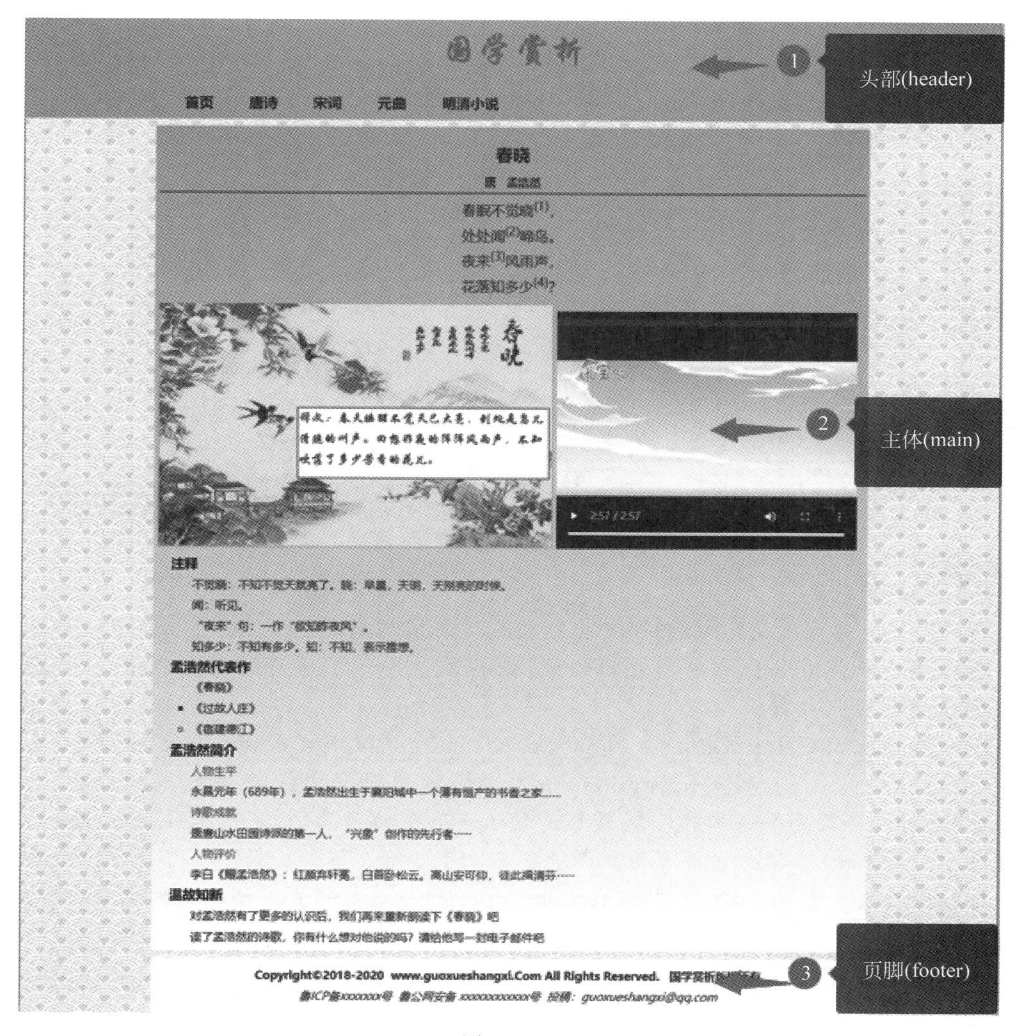

图　3.23

2）HTML5 常用语义化结构标签

主要包括以下几个：

- <header>…</header>：定义整个文档或一个区块的头部。
- <nav>…</nav>：定义导航链接部分。
- <section>…</section>：定义页面中一个内容区块，如章节、页眉、页脚或其他部分。
- <article>…</article>：定义与上下文不相关的独立内容，如报纸文章、用户评论、论坛帖子等。
- <aside>…</aside>：<article>标签内容之外，与<article>内容相关的辅助信息，如文章的侧栏。
- <figure>…</figure>：定义独立的流内容（如图像、图表、表格等）。表示一段独立的流内容，一般表示文档主体流内容中的一个独立单元，如果删除，对文档流不产生影响。
- <figcaption>…</figcaption>：定义<figure>的标题。

- <footer>…</footer>：定义整个文档或一个区块的页脚。通常包含文档的版权信息、联系方式等。

例 3-3 HTML5 新增结构标签修改“国学赏析”页面结构。

代码如下所示。

```
<body>
        <header>

        </header>
        <section>

        </section>
        <footer>

        </footer>
</body>
```

企业指导

(1) 同<div>标签相比，HTML5 语义化结构标签都有其特定的意义，使用语义化结构标签的好处在于虽然不能让用户马上感受到它的好处，但其不仅提升了网页的质量和语义，而且对搜索引擎能起到良好的优化效果。

(2) IE 9.0 以上，Firefox、Chorme、Safari 以及 Opera 都支持<header>、<nav>、<section>、<article>、<aside>、<figure>、<figcaption>、<footer>，但 IE 8.0 及更早版本不支持。

(3) 虽然 IE 8.0 及更早版本的浏览器都是处于淘汰中的产品，但不可否认的是有一少部分用户还在使用它，所以，如果考虑让所有用户都能正常浏览页面，那么在实际项目开发中一般还是使用<div>标签进行页面结构划分，本书仍然使用<div>标签进行网页整体结构的划分。

2. 内容标签

划分完网页页面的结构后，接下来需要做的就是添加网页内容。网页内容就如同一篇文章，首先是标题，然后是段落，段落中可以包含列表和图像等。按照从上往下、从左向右的顺序依次添加如图 3.23 所示“国学赏析”的页面内容。

1) 标题标签<hn>

<hn>标签用于设置网页中的标题文字，被设置的文字将以黑体或粗体的方式显示在网页中。

标题标记的格式：

```
<hn align = "left/center/right">标题内容</hn>
```

<hn>标记是成对出现的，<hn>标记共分为六级，在<h1>与</h1>之间的文字就是第一级标题，是最大、最粗的标题；<h6>与</h6>之间的文字是最后一级，是最小最细的标题文字。

例 3-4 “国学赏析”页面中的标题。

结构和内容代码如下所示。

```
<body>
        <div class = "header">
            <h1>国学赏析</h1>
```

```
        </div>
            <div class="main">
            <h2 align="center">春晓</h2>
            <h4 align="center">唐孟浩然</h4>
```

效果如图 3.24 所示。

图　3.24

企业指导

(1) h1：在整个 HTML 文档中只能使用一次，一般用于标识 logo。

(2) h1 到 h6 的字体大小：不同浏览器默认的字体大小不同，一般根据需要使用 CSS 渲染大小。

2) 特殊字符

如果需要在网页中显示特殊符号，需要在代码中通过特殊编码来实现，特殊字符编码如表 3.1 所示。

表　3.1

标签	呈现结果	标签	呈现结果
	代表一个不断行空格	<	<
>	>	&	&
"	"		

例 3-5　“国学赏析”页面中的特殊字符。

结构和内容代码如下所示。

```
<div class="main">
        <h2 align="center">春晓</h2>
        <h4 align="center">唐    孟浩然</h4>
```

效果如图 3.25 所示。

图　3.25

3) 水平线标签(<hr>)

<hr>标签是单独使用的标记，是水平线标记。通过设置<hr>标签的属性值，可以控制水平分隔线的样式。

<hr>标签的属性如表 3.2 所示。

表 3.2

属性	参　数	功　能	单位	默认值
size		设置水平分隔线的粗细	px(像素)	2
width		设置水平分隔线的宽度	px(像素)、%	100%
align	left/center/right	设置水平分隔线的对齐方式		center
color		设置水平分隔线的颜色		black
noshade		取消水平分隔线的 3d 阴影		

例 3-6 “国学赏析”页面中的水平线。

结构和内容代码如下所示。

```
<div class="main">
            <h2 align="center">春晓</h2>
            <h4 align="center">唐    孟浩然</h4>
            <hr size="3"  align="center"  noshade  color="red">
```

效果如图 3.26 所示。

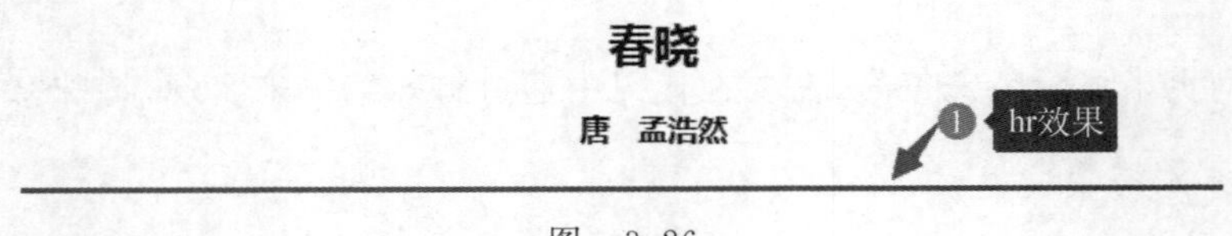

图 3.26

4）段落标签(<p></p>)、强制换行标签(<br>)

由<p>标签所标识的文字，表明是一个段落的文字。两个段落间的间距等于连续加了两个换行符，也就是要隔一空白行。

强制换行标签
：强制文本换行(但不会在行与行之间留下空白行)。一个换行使用一个
标签，多个换行可以连续使用多个
标签。

<sup>标签可定义上标文本，包含在^{标签和其结束标签}中的内容将会以当前文本流中字符高度的一半来显示，但是与当前文本流中文字的字体和字号都是一样的。

<sub>标签可定义下标文本，包含在_{标签和其结束标签}中的内容将会以当前文本流中字符高度的一半来显示，但是与当前文本流中文字的字体和字号都是一样的。

例 3-7 “国学赏析”页面中的段落、强制换行、上标和下标。

结构和内容代码如下所示。

```
<div class="main">
        <h2 align="center">春晓</h2>
        <h4 align="center">唐    孟浩然</h4>
        <hr size="3"  align="center" noshade  color="red">
        <div class="chunxiao">
        <p align="center">春眠不觉晓<sup>(1)</sup>,<br />
        处处闻<sup>(2)</sup>啼鸟。<br />
        夜来<sup>(3)</sup>风雨声,<br />
        花落知多少<sup>(4)</sup>?
        </p>
      </div>
```

效果如图 3.27 所示。

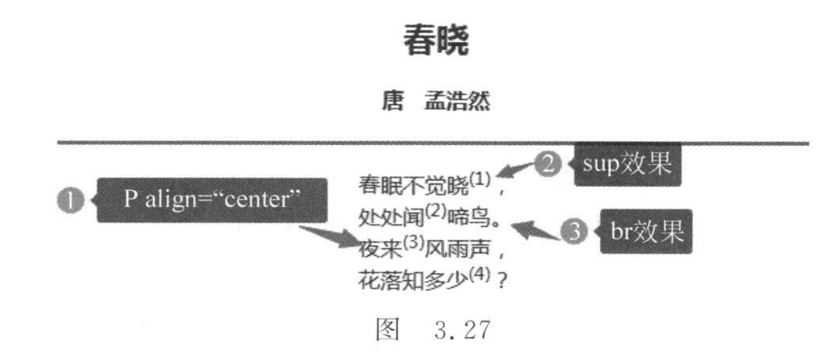

图 3.27

5）图像标签

网页中插入图像用单标签< img >，如果要对插入的图片进行修饰时，还要配合其他属性来完成。

< img >的格式及一般属性设定如下所示。

```
< img  src = "logo.gif"  width = 100  height = 100  border = 2  align = "top"  alt = "logo">
```

图片标签< img >的属性：

- src：存储图像的位置，包括路径和图像名称。
- alt：替换文本，用于在图像无法显示时替代的文本，是必需的属性。
- width：宽度。
- height：高度，通常只设为图片的真实大小以免失真，改变图片大小最好使用修改图像工具。

6）多媒体标签

在 HTML5 中，使用< video >标签定义视频。该标签自带控制栏，能够控制视频的播放、暂停、进度等。用户也可以自定义控制栏样式。

< video >标签的语法格式如下：

```
< video  src = "视频文件路径"  ctrol = "ctrol">
```

< video >标签的属性如表 3.3 所示。

表 3.3

属性	属性值	含义说明
src	URL 地址	要播放视频的 URL
controls	controls	如果出现该属性，则向用户显示控件，如“播放”按钮
autoplay	autoplay	如果出现该属性，则视频在就绪后马上播放
width	像素值	设置视频播放器的宽度
height	像素值	设置视频播放器的高度
loop	loop	如果出现该属性，则当视频文件完成播放后再次开始播放
preload	preload	如果出现该属性，则视频在页面加载时进行加载，并预备播放。如果使用 autoplay，则忽略该属性
poster	URL 地址	规定视频下载时显示的图像，或者在用户单击“播放”按钮前显示的图像

当前，<video>元素支持三种视频格式：MP4、WebM 和 Ogg，如表 3.4 所示。

表 3.4

浏览器	MP4	WebM	Ogg
IE	YES	NO	NO
Chrome	YES	YES	YES
Firefox	YES	YES	YES
Safari	YES	NO	NO
Opera	YES（从 Opera 25 起）	YES	YES

支持的格式通过<source>标签设置，且位于<video>标签内。Ogg 格式如下：

```
<source src = "movie.ogg" type = "video/ogg">
```

其他格式参照该格式即可。

在 HTML5 中，使用<audio>标签定义音频。该标签自带控制栏，能够控制音频的播放、暂停、进度等。用户也可以自定义控制栏样式。

<addio>标签的语法格式如下：

```
<audio  src = "音频文件路径"  ctrol = "ctrol">
```

说明：<video>属性与<video>属性相类似，只是少了一个 poster 属性。

例 3-8 "国学赏析"页面中的图像和多媒体。

结构和内容代码如下所示。

```
<div class = "media">
      <img src = "img/chunxiao.jpg"  alt = "孟浩然 春晓"  width = "550px" height = "350px">
      <video  src = "images/chunxiao1.mp4"  controls = "controls" autoplay = "autoplay"
            preload = "auto" width = "420px" height = "350px">
      <source  src = "movie.mp4"  type = "video/mp4">
      </video>
</div>
```

效果如图 3.28 所示。

图 3.28

7）列表标签

在 HTML5 页面中，合理地使用列表标签可以起到提纲和格式排序文件的作用。

列表包括三种：无序列表、有序列表和定义列表。

（1）有序列表。

有序列表和无序列表的使用格式基本相同。有序列表使用标签<ol></ol>，每一个列表项前使用<li>。<ol>的结果是带有前后顺序之分的编号。如果插入和删除一个列表项，编号会自动调整。

顺序编号的设置是由<ol>的两个属性 type 和 start 来完成的。start 后为编号开始的数字，如 start＝2 则编号从 2 开始，如果从 1 开始可以省略，或是在<li>标签中设定 value＝"n"改变列表行项目的特定编号，例如<li value＝"7">。type 用于编号的数字、字母等的类型，如 type＝a，则编号用英文字母。为了使用这些属性，把它们放在<ol>或<li>的初始标签中。

有序列表 type 的属性：

- type＝1 表示列表项目用数字标号（1，2，3，…），默认。
- type＝A 表示列表项目用大写字母标号（A，B，C，…）。
- type＝a 表示列表项目用小写字母标号（a，b，c，…）。
- type＝I 表示列表项目用大写罗马数字标号（Ⅰ，Ⅱ，Ⅲ，…）。
- type＝i 表示列表项目用小写罗马数字标号（i，ii，iii，…）。

语法格式如下：

```
<ol type = 编号类型 start = value>
    <li>第 1 项</li>
    <li>第 2 项</li>
<ol>
```

例 3-9　“国学赏析”页面中的有序列表。

结构和内容代码如下所示。

```
<div class = "remarks">
            <h3>注释</h3>
            <ol>
                  <li>不觉晓：不知不觉天就亮了。晓：早晨，天明，天刚亮的时候。</li>
                  <li>闻：听见。</li>
                  <li>"夜来"句：一作"欲知昨夜风"。</li>
                  <li>知多少：不知有多少。知：不知，表示推想。</li>
            </ol>
```

效果如图 3.29 所示。

注释　❶ ol效果

1. 不觉晓：不知不觉天就亮了。晓：早晨，天明，天刚亮的时候。
2. 闻：听见。
3. “夜来”句：一作“欲知昨夜风”。
4. 知多少：不知有多少。知：不知，表示推想。

图　3.29

(2) 无序列表。

无序列表使用的一对标签是<ul></ul>。无序列表指没有进行编号的列表，每一个列表项前使用<li>。<li>的属性 type 有三个选项，这三个选项都必须小写。

- disc：实心圆。
- circle：空心圆。
- square：小方块。

<ul>如果不使用其项目<li>的属性值，即默认情况下的<ul>会加"实心圆"。

语法格式如下：

```
<ul>
<li>第 1 项</li>
<li>第 2 项</li>
</ul>
```

例 3-10 "国学赏析"页面中的无序列表。

结构和内容代码如下所示。

```
<ul>
      <li>《春晓》</li>
      <li type = "square">《过故人庄》</li>
      <li type = "circle">《宿建德江》</li>
</ul>
```

效果如图 3.30 所示。

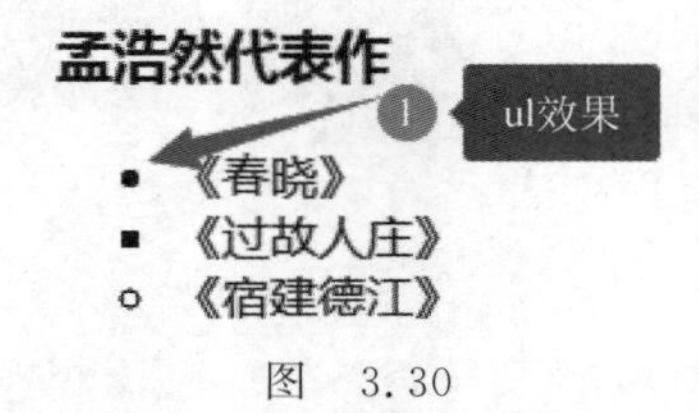

图 3.30

企业指导

一般当对三个及三个以上数据进行排列时，就要考虑使用列表结构。强调数据的排序时，要使用有序列表。使用列表制作导航菜单是其重要的应用之一。

例 3-11 "国学赏析"页面中的导航。

结构和内容代码如下所示。

```
<ul>
        <li><a href = "">首页</a></li>
        <li><a href = "">唐诗</a></li>
        <li><a href = "">宋词</a></li>
        <li><a href = "">元曲</a></li>
        <li><a href = "">明清小说</a></li>
</ul>
```

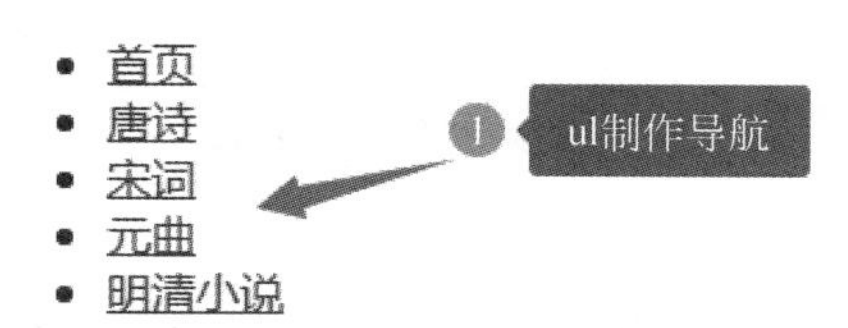
首页
唐诗
宋词
元曲
明清小说
ul制作导航

图　3.31

效果如图 3.31 所示。

(3) 定义列表。

定义列表常用于对术语或名词进行解释和描述。与无序和有序列表不同,定义列表的列表项前没有任何项目符号。

语法格式如下：

```
<dl>
  <dt>名词 1 </dt>
  <dd>名词 1 解释 1 </dd>
  <dd>名词 1 解释 2 </dd>
  <dt>名词 2 </dt>
  <dd>名词 2 解释 1 </dd>
  <dd>名词 2 解释 2 </dd>
</dl>
```

在上面的语法中,<dl></dl>标签用于指定定义列表,<dt></dt>和<dd></dd>并列嵌套于<dl></dl>中,其中,<dt></dt>标签用于指定术语名词,<dd></dd>标签用于对名词进行解释和描述。一对<dt></dt>可以对应多对<dd></dd>,即可以对一个名词进行多项解释。

例 3-12　“国学赏析”页面中的自定义列表。

结构和内容代码如下所示。

```
<dl>
  <dt>人物生平</dt>
    <dd>永昌元年(689 年),孟浩然出生于襄阳城中一个薄有恒产的书香之家……</dd>
  <dt>诗歌成就</dt>
    <dd>盛唐山水田园诗派的第一人,"兴象"创作的先行者……</dd>
  <dt>人物评价</dt>
    <dd>李白《赠孟浩然》:红颜弃轩冕,白首卧松云。高山安可仰,徒此揖清芬……</dd>
</dl>
```

效果如图 3.32 所示。

孟浩然简介
DI效果
人物生平
永昌元年（689年），孟浩然出生于襄阳城中一个薄有恒产的书香之家……
诗歌成就
盛唐山水田园诗派的第一人，“兴象”创作的先行者……
人物评价
李白《赠孟浩然》：红颜弃轩冕，白首卧松云。高山安可仰，徒此揖清芬……

图　3.32

8) 超链接标签

超链接可以使一个 HTML 文档与另一个文档相连接,即从一个网页跳转到另一个网页,或从一个网页的某部分跳转到其他部分。

语法格式如下：

```
<a href = "url" target = "目标窗口的弹出方式">链接文本</a>
```

href 属性：用于描述链接的地址。

target 属性：描述链接页面的打开方式，其中_self 为默认值，表示在原网页窗口中打开链接；_blank 表示在新窗口中打开链接

超链接类型：

(1) 文字超链接：为文字添加的超链接。单击文字进入其他页面。

语法格式如下：

```
<a href = "链接目标路径及文件名">链接文字</a>
```

(2) 图像超链接：为图像添加的超链接。单击图像进入其他页面。

语法格式如下：

```
<a href = "链接目标路径及文件名"> <img src = "图像路径及名称"></a>
```

(3) 锚点超链接：在同一页面上跳转的链接。

创建锚点超链接分两步：

① 在目标位置命名锚点。

语法格式如下：

```
<a name = "锚点名称">目标位置</a>
```

② 在标题位置添加超链接。

语法格式如下：

```
<a href = "#锚点名称">标题名</a>
```

(4) 电子邮件超链接：为文字或图像添加指向电子邮件的超链接。

语法格式如下：

```
<a href = "mailto:邮箱名">联系我</a>
```

例 3-13 “国学赏析”页面中的超链接。

结构和内容代码如下所示。

```
<h3>温故知新</h3>
      <ol>
        <li>对孟浩然有了更多的认识后,我们再来重新朗读下<a href = "#famous">《春晓》</a>吧</li>
        <li>读了孟浩然的诗歌,你有什么想对他说的吗?请给他写一封<a href = "mailto:15318391@qq.
com">电子邮件</a>吧</li>
      </ol>
```

效果如图 3.33 所示。

孟浩然简介：

人物生平

永昌元年（689年），孟浩然出生于襄阳城中一个薄有恒产的书香之家……

诗歌成就

盛唐山水田园诗派的第一人，“兴象”创作的先行者……

人物评价

李白《赠孟浩然》：红颜弃轩冕，白首卧松云。高山安可仰，徒此揖清芬……

温故知新：

1 锚点超链接

1. 对孟浩然有了更多的认识后，我们再来重新朗读下《春晓》吧
2. 读了孟浩然的诗歌，你有什么想对他说的吗？请给他写一封电子邮件吧

2 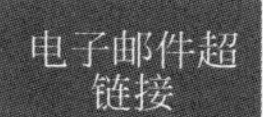

图　3.33

9）文本格式化标签

有时需要对某些文本信息进行特殊格式的设置，此时可以用以下标签来完成：

- <em></em>：表示强调，默认将文本斜体显示。
- <i></i>：将文本设为斜体，不具备强调作用。
- <strong></strong>：表示语义强调，默认将文本加粗显示。
- <b></b>：将文本加粗，不具备强调作用。

例 3-14　“国学赏析”页面中的格式化标签。

结构和内容代码如下所示。

```
<div class = "footer">
  <p>
    <strong> Copyright&copy; 2018 - 2020    www.guoxueshangxi.Com All Rights Reserved. 
  国学赏析版权所有</strong>
    <br />
    <em>鲁 ICP 备 xxxxxxx 号   鲁公网安备 xxxxxxxxxxxx 号   投稿：<a href = "
mailto:guoxueshangxi@qq.com"> guoxueshangxi@qq.com </a></em>
  </p>
</div>
```

效果如图 3.34 所示。

www.guoxueshangxi.Com All Rights Reserved.　国学赏析版权所有 ← 1 strong效果

安备 xxxxxxxxxxxx号　投稿：guoxueshangxi@qq.com ← 2 em效果

图　3.34

10）字体图标

在传统的网页制作过程中，涉及图标的问题大多用图片进行处理，图片有优势也有不足。例如使用图片会增加总文件的大小和很多额外的“HTTP 请求”，加大服务器负担，并且下载大量图片时，会增加用户等待时间，牺牲用户体验。另外，图片通常都是位图，在移动端高分辨率屏上会变得模糊。因此，当需要使用图标时最好的解决方案就是不使用图片，而是采用图标字体化。因为字体通常是矢量的，所以解决了图片的问题。

采用字体图标的优点如下。

- 轻量级：一个图标字体要比一系列的图像要小。一旦字体加载了，图标就会马上渲染出来，减少了服务器请求。
- 灵活性：利用 CSS 可轻松地定义图标的颜色、大小、阴影和任何与 CSS 相关的特性。
- 兼容性：几乎支持所有的浏览器，可放心使用。

目前有很多字体图标库，如 Font Awesome、阿里巴巴矢量图标库 Iconfont 等。

Font Awesome 是一款很流行的字体图标工具，随着 Bootstrap 的流行而逐渐被人们所认识，现在 Font Awesome 可以应用在各种 Web 前端开发中。

下面以 Font Awesome 为例来讲解如何使用字体图标。

(1) 登录 Font Awesome 官方网站，网址为 https://fontawesome.dashgame.com/，如图 3.35 所示，单击"立即下载"按钮，即可下载版本为 4.7.0 字体图标库，其收录了 675 个图标，如图 3.36 所示。

图 3.35

图 3.36

（2）下载安装包后，解压安装包，解压后将 css 和 fonts 文件夹复制到自己项目 fonts 文件夹中，如图 3.37 所示。css 文件夹里面的 font-awesome.min.css（表示压缩过的）文件相对 font-awesome.css 文件占用空间更小。

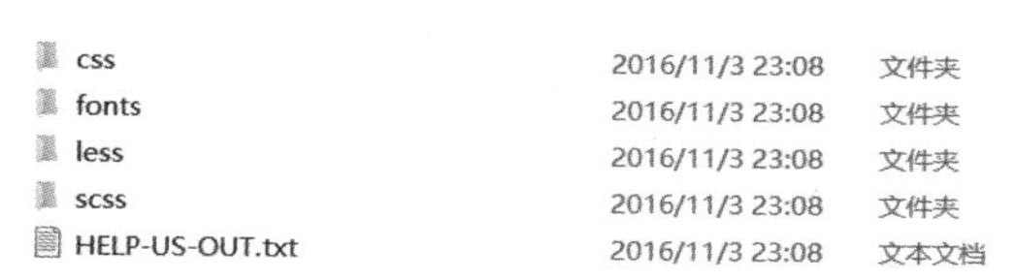

图　3.37

（3）打开 HTML 页面，在头部中引入 font-awesome.min.css，其语法格式如下：

```
<link rel = "stylesheet" type = "text/css" href = "fonts/css/font - awesome.min.css">
```

如需兼容 IE 浏览器，可以使用 Font-awesome 的 3.2.1 版本。下载 font-awesome-ie7.css 或者是 font-awesome-ie7.min.css，然后在项目中引入该样式文件，如下所示。

```
<!-- [if IE 7]>
<link rel = "stylesheet" href = "fonts/css/font - awesome - ie7.min.css">
<![endif] -->
```

（4）Font Awesome 图标可以在网页的任何一个地方引用，只要在该元素的类中加入前缀 fa，再加入对应的图标名称，如<i class="fa fa-car"></i>、<i class="fa fa-book"></i>。

Font Awesome 被设计为可以与内联元素一起使用，<i>和<span>元素广泛用于图标。

在图 3.36 中的顶部导航中找到“示例”项，单击该项，页面跳转到如图 3.38 所示的位置，在使用时只需要复制示例给代码，然后把字体图标修改为所需要的即可。一共提供了基本图标、大图标、固定宽度、用于列表、边框与对齐、动画、旋转与翻转、组合使用 8 种用法。

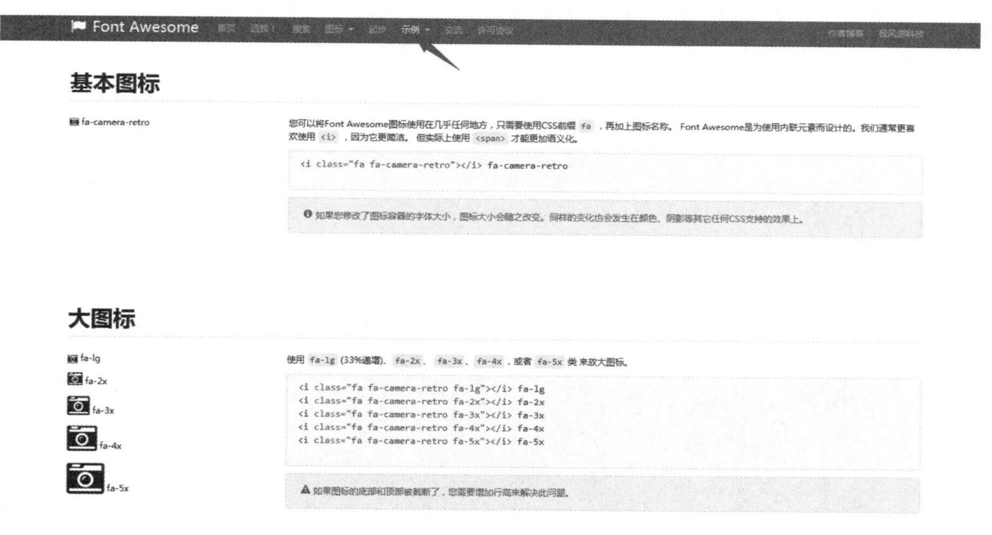

图　3.38

例 3-15 "国学赏析"页面中的字体图标。

结构和内容代码如下所示。

```
<ul>
        <li><a href=""><i class="fa fa-home fa-fw" aria-hidden="true"></i> 首页</a></li>
        <li><a href=""><i class="fa fa-graduation-cap fa-fw" aria-hidden="true"></i> 唐诗</a></li>
        <li><a href=""><i class="fa fa-music fa-fw" aria-hidden="true"></i>  宋词</a></li>
        <li><a href=""><i class="fa fa-map-o fa-fw" aria-hidden="true"></i>  元曲</a></li>
        <li><a href=""><i class="fa fa-camera-retro fa-fw" aria-hidden="true"></i>  明清小说</a></li>
</ul>
```

效果如图 3.39 所示。

- 首页
- 唐诗
- 宋词
- 元曲
- 明清小说

图 3.39

3. 综合实例

综上,"国学赏析"页面的结构和内容代码如下所示。

```
<div class="header">
            <h1>国学赏析</h1>
             <ul>
                <li><a href="#"><i class="fa fa-home fa-fw" aria-hidden="true"></i> 首页</a></li>
                <li><a href="#"><i class="fa fa-graduation-cap fa-fw" aria-hidden="true"></i> 唐诗</a></li>
                <li><a href=""><i class="fa fa-music fa-fw" aria-hidden="true"></i>  宋词</a></li>
                <li><a href=""><i class="fa fa-map-o fa-fw" aria-hidden="true"></i>  元曲</a></li>
                <li><a href=""><i class="fa fa-camera-retro fa-fw" aria-hidden="true"></i>  明清小说</a></li>
             </ul>
            </div>
            <div class="main">
                  <h2 align="center">春晓</h2>
                  <h4 align="center"><a name="famous">唐    孟浩然</a></h4>
                  <hr size="3"  align="center" noshade  color="red">
                  <div class="chunxiao">
                  <p align="center">春眠不觉晓<sup>(1)</sup>,<br />
                  处处闻<sup>(2)</sup>啼鸟。<br />
```

```
                夜来<sup>(3)</sup>风雨声,<br />
                花落知多少<sup>(4)</sup>?
                </p>
    </div>
                <div class="media">
                    <img src="images/chunxiao.jpg"alt="孟浩然 春晓"width="550px"height="350px">
                    <video  src="images/chunxiao1.mp4"  controls="controls" autoplay="autoplay"
                    preload="auto" width="420px" height="350px">
                        <source src="movie.mp4" type="video/mp4">
                    </video>
                </div>
                <div class="remarks">
                <h3>注释</h3>
                <ol>
                    <li>不觉晓:不知不觉天就亮了。晓:早晨,天明,天刚亮的时候。</li>
                    <li>闻:听见。</li>
                    <li>"夜来"句:一作"欲知昨夜风"。</li>
                    <li>知多少:不知有多少。知:不知,表示推想。</li>
                </ol>
                <h3>孟浩然代表作</h3>
                <ul>
                    <li>《春晓》</li>
                    <li type="square">《过故人庄》</li>
                    <li type="circle">《宿建德江》</li>
                </ul>
                <h3>孟浩然简介</h3>
                <dl>
                    <dt>人物生平</dt>
                    <dd>永昌元年(689年),孟浩然出生于襄阳城中一个薄有恒产的书香之家……</dd>
                    <dt>诗歌成就</dt>
                    <dd>盛唐山水田园诗派的第一人,"兴象"创作的先行者……</dd>
                    <dt>人物评价</dt>
                    <dd>李白《赠孟浩然》:红颜弃轩冕,白首卧松云。高山安可仰,徒此揖清芬……</dd>
                </dl>
                <h3>温故知新</h3>
                <ol>
                    <li>对孟浩然有了更多的认识后,我们再来重新朗读下<a href="#famous">《春
晓》</a>吧</li>
                    <li>读了孟浩然的诗歌,你有什么想对他说的吗?请给他写一封<a href=
"mailto:15318391@qq.com">电子邮件</a>吧</li>
                </ol>
                </div>
        </div>
          <div class="footer">
              <p>
                  <strong> Copyright&copy;2018 - 2020  www.guoxueshangxi.Com All
Rights Reserved.   国学赏析版权所有
                  </strong>
              <br />
```

```
                <em>鲁 ICP 备 xxxxxxx 号   鲁公网安备 xxxxxxxxxxxx 号   
投稿：<a href="mailto:guoxueshangxi@qq.com">guoxueshangxi@qq.com</a>
                </em>
            </p>
</div>
```

效果如图 3.40 所示。

国学赏析

- 首页
- 唐诗
- 宋词
- 元曲
- 明清小说

春晓

唐 孟浩然

春眠不觉晓(1)，
处处闻(2)啼鸟。
夜来(3)风雨声，
花落知多少(4)？

译文：春天睡醒不觉天已大亮，到处是鸟儿清脆的叫声。回想昨夜的阵阵风雨声，不知吹落了多少芳香的花儿。

注释

1. 不觉晓：不知不觉天就亮了。晓：早晨，天明，天刚亮的时候。
2. 闻：听见。
3. “夜来”句：一作“欲知昨夜风”。
4. 知多少：不知有多少。知：不知，表示推想。

孟浩然代表作

- 《春晓》
- 《过故人庄》
- 《宿建德江》

孟浩然简介

人物生平
　　永昌元年（689年），孟浩然出生于襄阳城中一个薄有恒产的书香之家……
诗歌成就
　　盛唐山水田园诗派的第一人，“兴象”创作的先行者……
人物评价
　　李白《赠孟浩然》：红颜弃轩冕，白首卧松云。高山安可仰，徒此揖清芬……

温故知新

1. 对孟浩然有了更多的认识后，我们再来重新朗读下《春晓》吧
2. 读了孟浩然的诗歌，你有什么想对他说的吗？请给他写一封电子邮件吧

Copyright©2018-2020 www.guoxueshangxi.Com All Rights Reserved. 国学赏析版权所有
鲁ICP备xxxxxxx号 鲁公网安备 xxxxxxxxxxxx号 投稿：guoxueshangxi@qq.com

图 3.40

4. 标签的空间位置特性

HTML 中对标签的另一种分类方式是根据标签在文档中的位置特性(即占据的空间位置),分为三类:块元素、行内元素和行内块元素。

1) 块元素(block)

特点如下:

- 独占一行(即前后都有换行)。
- 可以设置大小(即高度和宽度)、内外边距。
- 如果不设置大小,则宽度默认为父级元素的宽度,高度根据内容自动填充。

常见的块元素有所有结构标签、内容标签(p、h1、h2、…、h6、ul、ol、dl、li、form、select、textarea、datalist、table、tr 等)。

2) 行内元素(inline)

特点如下:

- 与其他行内元素共处一行。
- 不可以设置大小(即高度和宽度)、上下内外边距(左右内外边距设置有效)。
- 其大小由其内容自动填充。

常见的行内元素有 a、span、em、i、strong、b、input、lable 等。

3) 行内块元素(inline-block)

特点如下:

- 可以设置大小(即高度和宽度)、内外边距。
- 可以与其他行内元素、内联元素共处一行。

4) 元素之间的转换

可以在 CSS 样式中改变元素的 display 属性将三种元素进行转换。

- display:block;(将元素转换为块元素)
- display:inline;(将元素转换为行内元素)
- display:inline-block;(将元素转换为行内块元素)

例 3-16　块元素和行内元素。

```
<!DOCTYPE html>
<html>
    <head>
        <meta charset = "UTF - 8">
        <title> label </title>
        <style type = "text/css">
            h1{
                background - color:crimson;
                color: aliceblue;
            }
            h2{
                background - color:crimson;
            }
            h2 span{
```

```
                border:5px solid aqua;
                background-color: yellow;

            }
            h3{
                display: inline-block;
                background-color:crimson;
            }
        </style>
    </head>
    <body>
        <h1>我是块元素</h1>
        <h2>我是块元素中的<span>行内元素</span></h2>
        <h3>我是行内块元素</h3>
    </body>
</html>
```

效果如图 3.41 所示。

图 3.41

3.3.3 网页文档的表现样式

CSS(Cascading Style Sheets,层叠样式表)是一种标记语言,主要用于对网页样式的控制,包括网页的布局、字体、颜色、背景等效果。在前面学习了使用 HTML 定义网页的结构和内容,从现在开始学习使用 CSS 对网页中的结构和内容进行样式设置,以实现网页最初设计的效果。

通过使用独立的 CSS 样式文件设置页面格式,可以将页面的内容与表现形式分离,在进行网站维护时不用再去修改一个一个的网页,只要修改几个网页的 CSS 样式文件就可以改变整个网站的风格,这在修改页面数量庞大的站点时,显得格外方便、高效,同时使得整个站点的风格整齐划一。

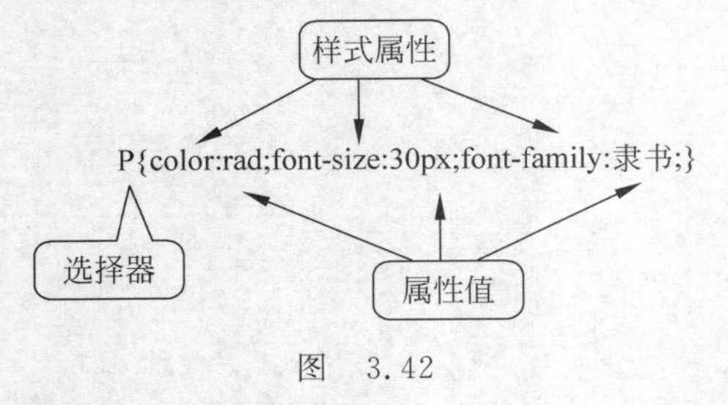

图 3.42

1. CSS 基本结构

CSS 样式表是由若干条样式声明组成的,每一条样式声明都由三部分组成:选择器(selector)、样式属性(property)和属性值(value),如图 3.42 所示。

语法格式如下:

```
选择器{样式属性: 属性值; 样式属性: 属性值; …}
```

(1) 选择器:指这组样式编码所要针对的对象,可以是 HTML 标签,如<h1>、<p>等;也可

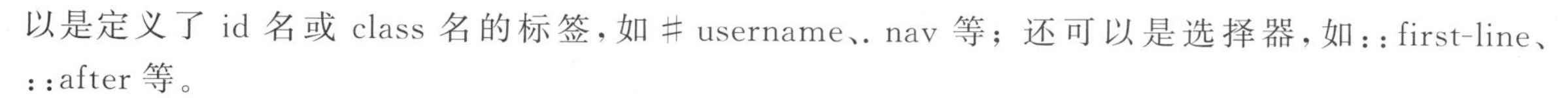

以是定义了 id 名或 class 名的标签，如 # username、. nav 等；还可以是选择器，如：: first-line、: : after 等。

(2) 属性：样式控制的核心，提供丰富的样式属性，如位置、大小、背景、颜色等。

(3) 值：有两种，一种指定范围的值；另一种为具体值。

说明：属性和属性值之间用冒号(:)分隔，多个样式属性之间用分号(;)分隔。

2. CSS 编辑顺序

很多人在刚开始学习编辑 CSS 样式时，都是用到什么样式就在样式表中添加什么样式，认为 CSS 的编辑顺序无关紧要。事实上，CSS 样式的编辑顺序直接决定了页面的加载速度，特别是页面比较多、内容比较丰富的时候。

正确的样式编辑顺序：

- 位置：position、left、top、right、bottom、z-index、float、clear 等。
- 大小：width、height、padding、margin 等。
- 文本：font、line-height、letter-spacing、color、text-align、text-indent 等。
- 背景和边框：background、border 等。
- 其他：animation、transition 等。

在实际工作中应按照上述自上而下的顺序进行编辑，以减少浏览器的回流(reflow)，提升浏览器渲染 DOM 树，提高页面的读取速度。

知识分享

浏览器是访问互联网中各种网站所必备的工具，用来检索、展示以及传递 Web 信息资源的应用程序。Web 信息资源由统一资源标识符(Uniform Resource Identifier，URI)标记，它是一个网页、一张图片、一段视频或者任何在 Web 上所呈现的内容。由于浏览器的种类、版本比较多，作为网页开发人员需要解决各种浏览器的兼容性，确保用户使用的浏览器能够准确执行自己编辑的网页。市场主流浏览器表 3.5 所示。

表　3.5

开发商	浏览器	特点
Microsoft	IE	Windows 操作系统的内置浏览器，用户数量较多
	Microsoft Edge	Windows 10 操作系统提供的浏览器，速度更快、功能更多
Google	Google Chrome	目前市场占有率较高的浏览器，具有简洁、快速的特点
Mozilla	Mozilla Firefox	一款优秀的浏览器，但市场占有率低于 Google Chrome
Apple	Safari	主要应用在苹果 iOS、Mac OS 中的浏览器

IE 浏览器的常见版本有 6、7、8、9、10、11。其中，版本 6、7、8 发布时间较早，用户数量多，但兼容性和执行效率都稍微低一些。

面对市面上众多的浏览器，开发人员如何掌控网页的兼容性呢？实际上，许多浏览器都使用了相同的内核，了解其内核就能对浏览器有一个清晰的归类。浏览器内核分为两部分：排版引擎和 JavaScript 引擎。排版引擎负责将取得的网页内容(如 HTML、CSS 等)进行解析和处理，然后显示到屏幕中。JavaScript 引擎用于解析 JavaScript 语言，通过执行代码来实现网页的交互效果。

(1) 排版引擎。

① Trident。

Trident 是 IE 浏览器使用的引擎。Trident 在 Windows 操作系统中被设计为一个功能模块，使得其他软件的开发人员可以便捷地将网页浏览功能加入后期开发的应用程序中。

国内很多双核浏览器都提供了兼容模式，该模式便是使用了 Trident 内核，比如 360 安全浏览器、360 极速浏览器、QQ 浏览器等。

② EdgeHTML。

微软公司在 Windows 10 操作系统中提供了一个新的浏览器 Microsoft Edge，其最显著的特点是使用了新引擎 EdgeHTML。EdgeHTML 在速度方面有了极大的提升，在 Trident 基础上删除了过时的旧技术，增加了许多对现代浏览器[现代浏览器指该浏览器能够理解和支持 HTML 和 XHTML、Cascading Style Sheets(CSS)、ECMAScript 及 W3C Document Object Model(DOM)标准。IE 浏览器从 IE 11 开始才是一个真正意义上的现代浏览器]的技术支持。

③ Gecko。

Gecko 是 Mozilla Firefox(火狐浏览器)使用的引擎，其特点是源代码完全公开，可开发程度很高，全世界的程序员都可以为其编写代码、增加性能。Gecko 原本是由网景公司开发的，现在由 Mozilla 基金会维护。

④ WebKit。

WebKit 是一个开放源代码的浏览器引擎，其所包含的 WebCore 排版引擎和 JavaScriptCore 引擎来自 KDE 项目组的 KHTML 和 KJS。苹果公司采用了 KHTML 作为开发 Safari 浏览器的引擎后，衍生出了 WebKit 引擎，并按照开源协议开放了 WebKit 的源代码。WebKit 具有高效稳定、兼容性好、源代码结构清晰、易于维护的特点。Google Chrome 浏览器也曾经使用过 WebKit 引擎。

⑤ Blink。

Blink 是一个由 Google 公司和 Oprah Software ASA 公司开发的浏览器排版引擎，Google 公司将这个引擎作为开源浏览器 Chromium 项目的一部分。Blink 是 WebKit 中 WebCore 组件的一个分支，并且在 Chrome(28 及后续版本)、Opera(15 及后续版本)等浏览器中使用。

目前国内大部分浏览器都使用了 WebKit 或 Blink 内核，一些双核浏览器将其作为"急速模式"的内核。在移动设备中，iPhone 和 iPad 等 iOS 平台使用 WebKit 内核；Android 4.4 之前的 Android 系统浏览器内核是 WebKit，从 Android 4.4 系统开始更改为 Blink。

在不同浏览器开发编写 CSS 时会出现个别问题，比如像素、颜色、边距、页面变乱，等，不过现在可以使用兼容前缀，实现适配多个浏览器兼容问题。

(2) JavaScript 引擎。

① Chakra。

Chakra 是微软公司在 IE 9～IE 11、Microsoft Edge 等浏览器中使用的 JavaScript 引擎。目前该引擎的核心部分已经开源，其开源版本称为 ChakraCore。

② SpiderMonkey。

SpiderMonkey 是 Mozilla 项目中的一个 JavaScript 引擎，主要用于 Firefox 浏览器。其后又发布了 TraceMonkey、JaegerMonkey、IonMonkey、OdinMonkey 等改进版本，提高了性能。

③ Rhino。

Rhino 是 Mozilla 项目中一个使用 Java 语言编写的 JavaScript 引擎，它被作为 Java SE 6 上的

默认 JavaScript 引擎，主要用于为 Java 执行环境提供 JavaScript 支持。

④ JavaScriptCore。

JavaScriptCore 是在 Safari 浏览器中使用的 JavaScript 引擎。

⑤ V8。

V8 是 Google 公司为 Chrome 浏览器开发的 JavaScript 引擎，具有较快的执行速度。V8 非常受欢迎，其他一些软件也整合了 V8 引擎，如 Node. js(Node. js 就是运行在服务端的 JavaScript)。

(3) DOM。

DOM(Document Object Model，文档对象模型)提供了一组独立于语言和平台的应用程序编程接口，描述了如何访问和操纵 XML 和 HTML 文档的结构和内容。因此，利用 DOM 可完成对 HTML 文档内所有元素的获取、访问和样式的设置等。到目前为止，DOM 几乎被所有浏览器所支持。

DOM 对象是处理 HTML 文档的技术。通过 DOM 对象，JavaScript 可以动态访问、更新、操纵 HTML 页面的内容、结构和样式。

在 DOM 中，一个 HTML 文档是一个树状结构，其中的每一个元素称为一个节点，各元素节点之间有级别的划分。在 HTML DOM 中，一个元素节点就是一个元素对象，代表一个 HTML 元素，如图 3.43 所示。

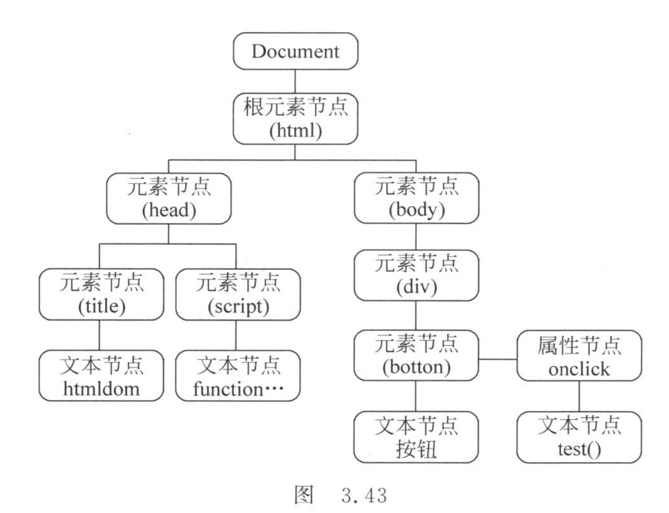

图　3.43

3. CSS 样式表的引入

CSS 的核心是网页布局，也就是用 CSS 样式来控制网页中各 HTML 元素的位置、大小、显示样式等。那么我们如何将编辑好的 CSS 样式应用到 HTML 网页文档中呢？

CSS 样式的引入有三种方法：行内式、内嵌式、链入式。

(1) 行内式。

任何 HTML 标签都拥有 style 属性，用来设置行内样式，其基本语法格式如下：

```
<标签名 style="属性 1:属性值 1; 属性 2:属性值 2; 属性 3:属性值 3;">
    内容
</标签名>
```

(2) 内嵌式。

内嵌式是将 CSS 代码集中写在 HTML 文档的<head>标签中，并且用<style>标签定义，其基本语法格式如下：

```
<style>
选择器{属性1:属性值1; 属性2:属性值2; 属性3:属性值3;}
</style>
```

(3) 链入式。

链入式是将所有的样式放在一个或多个以.css 为扩展名的外部样式表文件中，通过<link>标签将外部样式表文件链接到 HTML 文档中，其基本语法格式如下：

```
<link  href="CSS 文件的路径"  type="text/css"  rel="stylesheet" />
```

<link />标签需要放在<head>标签中，并且指定<link />标签的三个属性，具体如下：

- href：定义所链接外部样式表文件的 URL，可以是相对路径，也可以是绝对路径。
- type：定义所链接的文档类型，text/css 表示链接的外部文件为 CSS 样式表。
- rel：定义当前文档与被链接文档之间的关系，在这里需要指定为 stylesheet，表示被链接的文档是一个样式表文件。如：

```
<link rel="stylesheet" type="text/css" href="css/index.css"/>
```

说明：在实际工作中推荐使用的是链入式。

4. CSS 选择器

CSS 样式表引入后，接下来就是编辑 CSS 样式，CSS 样式最终要应用于某一个特定的 HTML 元素，此时就需要用到 CSS 选择器。选择器的作用就是从 HTML 页面中找到特定的某个元素。利用 CSS 选择器可以对 HTML 页面中的元素实现一对一、一对多或者多对一的控制。

(1) 常用选择器如表 3.6 所示。

表 3.6

选择器	代码	示例代码	说明
通用选择器	*	*{}	选择所有元素
标签选择器	元素名称	a{}、body{}、p{ }	根据标签选择元素
类选择器	.<类名>	. beam { }	根据 class 的值选择元素
id 选择器	#<id 值>	#logo{ }	根据 id 的值选择元素
属性选择器	[<条件>]	[href]{}、[attr="val"]{ }	根据属性选择元素
并集选择器	<选择器>,<选择器>	em,strong{ }	同时匹配多个选择器，取多个选择器的并集
后代选择器	<选择器> <选择器>	.asideNav li { }	先匹配第二个选择器的元素，并且属于第一个选择器
子代选择器	<选择器>><选择器>	ul>li{ }	匹配匹配第二个选择器，且为第一个选择器的元素的后代

续表

选择器	代　　码	示例代码	说　　明
兄弟选择器	<选择器>+<选择器>	p+a{ }	匹配紧跟第一个选择器并匹配第二个选择器的元素，如紧跟 p 元素后的 a 元素
伪选择器	::<伪元素>或:<伪类>	p::first-line{ }、a:hover{ }	伪选择器不是直接对应 HTML 中定义的元素，而是向选择器增加特殊的效果

企业指导

(1) 通用选择器在实际工作中很少使用，因为基本不会有哪个样式是所有元素都需要的。如果有某种样式是好几个元素都需要的，比如清除默认的内/外边距、字体、字号等。实际工作中是把需要用到的标签一个个都列出来，如图 3.44 所示。其原因是用通用选择器定义的话，浏览器会把所有标签都渲染一遍，而实际上很多标签不需要这些样式，也容易引起不必要的麻烦。

```
body,div,h1,h2,h3,h4,hr,ul,ol,li,dl,dt,dd,p,sup,em,strong{
    margin: 0;
    padding: 0;
}
```

图 3.44

(2) id 选择器要慎用。虽然 id 选择器的优先级比 class 选择器高，但在实际工作中，一般用 class 选择器。原因有以下两点。

① id 具有唯一性，复用率低。class 选择器一般用来定义元素公共的样式，通用性强，复用率高，可以减少代码量，维护方便。

② id 页面中唯一的，一般留给 JavaScript 使用。

伪选择器比较特殊，分为伪元素选择器和伪类选择器两种，分别如表 3.7 和表 3.8 所示。

表 3.7

元　素　名	描　　述
::first-line	匹配文本块的首行。如 p::first-line 表示选中 p 元素内容的首行
::first-letter	匹配文本内容的首字母
::before	在选中元素的内容之前插入内容
::after	在选中元素的内容之后插入内容

表 3.8

元　素　名	描　　述
:root	选择文档中的根元素，通常返回 HTML
:first-child	父元素的第一个子元素
:last-child	父元素的最后一个子无素
:only-child	父元素有且只有一个子元素
:only-of-type	父元素有且只有一个指定类型的元素
:nth-child(n)	匹配父元素的第 n 个子元素
:nth-last-child(n)	匹配父元素的倒数第 n 个子元素

续表

元　素　名	描　　述
:nth-of-type(n)	匹配父元素定义类型的第 n 个子元素
:nth-last-of-type(n)	匹配父元素定义类型的倒数 n 个子元素
:link	匹配链接元素
:visited	匹配用户已访问的链接元素
:hover	匹配处于鼠标悬停状态下的元素
:active	匹配处于被激活状态下的元素,包括即将单击(按压)
:focus	匹配处于获得焦点状态下的元素
:enabled (:disabled)	匹配启用(禁用)状态的元素
:checked	匹配被选中的单选按钮和复选框的输入元素
:default	匹配默认元素
:valid (:invalid)	根据输入数据验证,匹配有效(无效)的输入元素
:in-range (out-of-range)	匹配在指定范围之内(之外)受限的输入元素

(2) 选择器优先级。

当页面中的某个 HTML 元素被应用了多种样式后,究竟哪个起作用呢?这就需要看一下选择器的优先级了。其优先级从高到低的顺序是行内样式→id 选择器→class 选择器→标签选择器。

(3) 选择器的命名。

在为选择器命名时不能随意取名,应尽量规范化,常用选择器命名如表 3.9 所示,且注意以下几个原则。

- 尽量使用英文,使用小写字母,以字母开头。
- 长名称或词组使用中横线(-)分隔,不用下画线(_)。
- 尽量不缩写,除非一看就明白的单词。
- 尽量“见名知意”,不用无意义的命名,尽量不用拼音命名。

表　3.9

结构元素	取名	结构元素	取名	结构元素	取名
容器	container	侧栏	sidebar	搜索	search
页头	header	菜单	menu	按钮	btn
内容	content	子菜单	submenu	图标	icon
页面主体	main	标题	title	文章列表	list
页尾	footer	标志	logo	版权	copyright
导航	nav	广告	banner	友情链接	link

“国学赏析”页面选择器命名如图 3.45 所示。

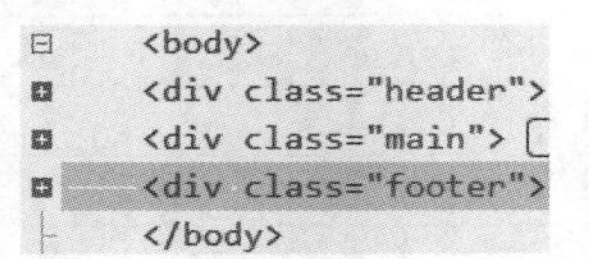

图　3.45

3.3.4　网页布局

按照先整体后局部的思想，首先确定一个网页文档的结构和内容，其次确定网页文档中每个结构和内容的位置、大小，最后确定表现样式等。要确定网页文档中元素的大小、位置，需要用到两个内容：一个是盒子模型，即大小；另一个是网页布局方式，即位置。

1. 盒子

从图3.45中可以看到“国学赏析”首页页面主要包括header、main、footer三部分，此时可以将整个页面看作一个大盒子(父盒子)，大盒子中包含了header、main、footer三个小盒子(子盒子)，以此类推，可以把整个页面看作一个盒子的嵌套结构，也就是可以把每个HTML元素都看作一个盒子。

1) 盒子模型

一个标准的W3C盒子模型由content、padding、margin和border这4个属性组成。

- content(内容)：盒子的内容，显示文本和图像等。
- padding(内边距)：内容与边框之间的距离，会受到框中填充的背景颜色影响。
- margin(外边距)：盒子与其他盒子间的距离。margin是完全透明的，没有背景色。
- border(边框)：盒子的边框，具有border-style、border-width等属性。

在盒子模型中，元素内容(content)被包含在边框中，内容与边框之间的区域称为内边距(padding)，边框向外伸展的区域称为外边距(margin)，如图3.46所示。

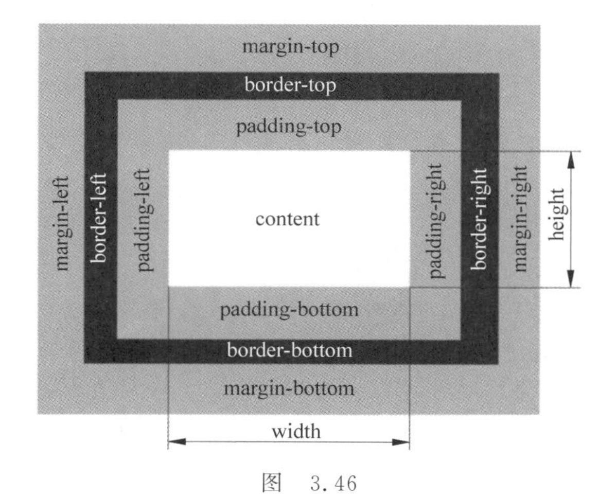

图　3.46

2) 盒子模型的计算

当指定一个CSS元素的宽度和高度时，只是设置了内容区域的大小，而这个元素实际占用的空间还要计算上内、外边距和边框。

在标准的W3C盒子模型中，一个盒子模型实际占有的空间为：盒子的宽度(width)＝左外边距＋左边框＋左内边距＋内容宽度＋右内边距＋右边框＋右外边距；盒子的高度(height)＝上外边距＋上边框＋上内边距＋内容高度＋下内边距＋下边框＋下外边距。

width和height的属性如表3.10所示，length的单位如表3.11所示。

说明：paddiing、margin、boder都有4个方向，当一个属性后面同时有4个属性值时，分别表示上(top)、右(right)、下(bottom)、左(left),顺时针方向;当后面有3个属性值时,表示上、左右、下;当后面有2个属性值时,表示上下、左右;当后面有1个属性值时,表示4个方向样式相同。

表 3.10

属性值	描述
auto	默认值。浏览器可计算出实际的宽/高度
length	使用px、cm等单位定义宽/高度
%	定义基于包含块(父元素)宽/高度的百分比宽/高度
inherit	规定应该从父元素继承width/height属性的值

表 3.11

长度单位	描述
px	以像素为单位。当使用px作为文字或其他网页元素的长度单位时,屏幕分辨率越大,相同像素的网页元素就显得越小
em	以字符为单位,以父元素字体大小的倍数来定义字体大小。例如:父元素文字大小为12px,则1em=12px,2em=24px。如果没有设置父元素的字体大小,则相对于浏览器默认字体大小的倍数
rem	以字符为单位,以根元素字体大小的倍数来定义字体大小。例如:HTML元素文字大小为16px,则1rem=16px,2rem=32px。在响应式设计中经常使用
%	以百分比为单位,相对于父元素字体大小的百分比来定义当前文字或其他网页元素的大小。如果没有设置父元素字体大小,则相对于浏览器默认字体大小的百分比

企业指导

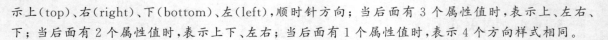

(1) 如果想让盒子在网页页面的水平方向是全屏效果,则以浏览器为父元素,需设置盒子样式宽度属性值为100%,即width: 100%。

(2) 如果想让盒子在网页页面的水平方向是居中效果,需设置盒子样式外边距属性为左右自动的,如margin: 0 auto、margin: 10px auto。

(3) HTML元素是包含一个默认的内外边距的,这就会导致无法对盒子进行精确定位,因此,一般首先需要设置页面中所有使用到的HTML元素的内外边距均为0,即“margin:0; padding: 0;”,且一般放到通用样式文件中。

(4) 浏览器默认字体大小是16px,即根元素字体大小;推荐使用rem为单位,因为它的计算方式简单很多,只需知道根元素就能成比例地调整所有对象大小。

IE的盒子模型与标准的W3C盒子模型有区别,IE的盒子模型中,width和height指的是内容区域+border+padding的宽度和高度。

因此,盒子模型尺寸计算方法有以下两种:

```
box-sizing: content-box | |border-box;
```

- content-box(标准盒模型)。

元素的实际宽度=width+padding-left+padding-right+border-left+border-right
元素的实际高度=height+padding-top+padding-bottom+border-top+border-bottom

- border-box(怪异盒模型)。

元素的实际宽度＝width(已包含 padding－left＋padding－right＋border－left＋border－right)

元素的实际高度＝height(已包含 padding－top＋padding－bottom＋border－top＋border－bottom)

如：

```
.test1{box - sizing: content - box;width:200px;padding:10px;border:20px solid #000;}
```

test1 实际宽度为 200px＋10px×2＋20px×2；test1 内容宽度为 200px。

```
.test2{box - sizing: border - box;width:200px;padding:10px;border:20px solid #000;}
```

test2 实际宽度为 200px；test2 内容宽度为 200px－10px×2-20px×2。

企业指导

在实际开发中，border-box(怪异盒模型)是最常用的，很多开发者直接将 box-sizing：border-box 定义在通用样式中。

3）盒子模型的类别

常见的盒子模型有两种，分别是块级盒子和行内盒子。也就是与前面讲的 HTML 元素的分类是保持一致的。块级盒子独占一行，多个块级盒子按垂直方向依次排列；行内盒子则显示为与内容等宽的行内区域，与其他行内盒子共同占有一行空间。

4）盒子的样式

(1) 盒子的边框。

边框主要有三个属性：边框宽度、边框颜色和边框样式。这三个属性一般都是同时设置的。

- border-width：边框宽度。
- border-color：边框颜色。
- border-style：边框样式。

三个属性可以合并成一条语句，语法格式如下：

```
border:边框宽度属性值 边框颜色属性值 边框样式属性值;
```

如：

```
border:1px solid #f00;                    /* 设置一个像素宽度红色实线边框 */
```

盒子边框的宽度属性如表 3.12 所示，样式属性如表 3.13 所示。

表　3.12

属　性　值	描　　述	属　性　值	描　　述
thin	细边框	thick	粗边框
medium	中等边框	length	指定宽度值

表 3.13

属性值	描述
none	定义无边框
hidden	与 none 相同
dotted	定义点状边框
dashed	定义虚线
solid	定义实线
double	定义双线。双线的宽度等于 border-width 的值
groove	定义 3D 凹槽边框。其效果取决于 border-color 的值
ridge	定义 3D 垄状边框。其效果取决于 border-color 的值
inset	定义 3D 凹边框。其效果取决于 border-color 的值
outset	定义 3D 凸边框。其效果取决于 border-color 的值
inherit	规定应该从父元素继承边框样式

说明：建议使用复合样式实现边框样式效果，语法上更加简洁。

在 Web 页面中圆角边框是一种常见的视觉元素，它给人圆润、不突兀的感觉。

在 CSS3 之前，如果要制作圆角效果，需要在圆角的元素标签中加上 4 个空标签，再在每个空标签中应用一个圆角的背景，然后再对这几个应用了圆角的标签进行相应的定位，这个过程十分复杂。现在，在 CSS3 中，只需使用 border-radius 属性即可。

其语法格式如下：

```
border-radius: length | % /length | %;
```

length 用于设置对象的圆角半径长度，不可为负值。如果"/"前后的值都存在，那么"/"前面的值设置其水平半径，"/"后面的值设置其垂直半径。如果没有"/"，则表示水平和垂直半径相等。另外，其 4 个值是按照 top-left、top-right、bottom-right、bottom-left 的顺序来设置。如果省略 bottom-left，则与 top-right 相同；如果省略 bottom-right，则与 top-left 相同；如果省略 top-right，则与 top-left 相同。

(2) 盒子的背景。

背景填充主要包括图像填充和颜色填充，而颜色填充又包括纯色填充和渐变色填充。

① 纯色填充(background-color)。

background-color 属性可用于设置盒子元素或图像的背景颜色，填充范围包括内容、内边距和边框。背景颜色属性值如表 3.14 所示。

表 3.14

属性值	描述
color_name	规定颜色值为颜色名称的背景颜色(比如 red)
hex_number	规定颜色值为十六进制值的背景颜色(比如 #ff0000)
rgb_number	规定颜色值为 rgb 代码的背景颜色(比如 rgb(255,0,0))
transparent	默认。背景颜色为透明
inherit	规定应该从父元素继承 background-color 属性的设置

② 渐变色填充(background-image)。

渐变是两种或多种颜色之间的平滑过渡,渐变背景一直以来在 Web 页面中都是一种常见的视觉元素。在 CSS3 中完全可以通过 CSS 代码来实现。

a. 线性渐变。

在 CSS3 中通过属性“background-image:linear-gradient”实现线性渐变,其语法格式如下:

```
background - image:linear - gradient([ <angle> | <side - or - corner>,] color stop, color stop[, color stop] * );
```

线性渐变属性如表 3.15 所示。

表　3.15

属性值	描述
angle	表示渐变的角度,角度数的取值范围是 0～360°
side-or-corner	表示渐变的方向,默认值为 top(从上向下),取值范围是[left,right,top,bottom,center]
color stop	用于设置颜色边界。color 为边界的颜色,stop 为该边界的位置,stop 的值为像素数值或百分比值。color 与 stop 之间的区域为颜色过渡区

b. 径向渐变。

在 CSS3 中通过属性“background-image:radial-gradient”实现线性渐变,其语法格式如下:

```
background - image: radial - gradient(圆心坐标, 渐变形状 渐变大小, color stop, color stop[, color stop] * );
```

径向渐变属性如表 3.16 所示。

表　3.16

属性值		描述
angle		表示渐变的角度,角度数的取值范围是 0～360°
渐变形状	circle	圆形
	ellipse	椭圆形,默认值
渐变大小	closest-side 或 contain	以距离圆心最近的边的距离作为渐变半径
	closest-corner	以距离圆心最近的角的距离作为渐变半径
	farthest-side	以距离圆心最远的边的距离作为渐变半径
	farthest-corner	以距离圆心最远的角的距离作为渐变半径

③ 图像填充。

CSS 可以为整个页面盒子(body)设置背景图像,也可以为页面上指定的 HTML 元素盒子设置背景图像。

其语法格式如下:

```
background - image:url(背景图像的路径和名称) background - repeat background - position background - attachment;
```

- background-repeat：设置背景图像的重复方式。
- background-position：设置背景图像的位置。
- background-attachment：固定背景图像。

背景图像重复属性如表3.17所示。

表 3.17

属性值	描述
repeat	默认。背景图像将在垂直方向和水平方向重复
repeat-x	背景图像将在水平方向重复
repeat-y	背景图像将在垂直方向重复
no-repeat	背景图像将仅显示一次
inherit	规定应该从父元素继承 background-repeat 属性的设置

当背景图像不重复铺满其所在元素的区域时，可使用 background-position 属性设置背景图像的位置，其属性如表3.18所示。

表 3.18

属性值	描述	说明
top left	左上	如果仅规定了一个关键词，那么第二个值将是 center。默认值：0% 0%
top center	靠上居中	
top right	右上	
left center	靠左居中	
centercenter	正中	
right center	靠右居中	
bottom left	左下	
bottom center	靠下居中	
bottom right	右下	
x% y%	第一个值是水平位置，第二个值是垂直位置。左上角是 0% 0%。右下角是 100% 100%	如果仅规定了一个值，则另一个值将是 50%
xpos ypos	第一个值是水平位置，第二个值是垂直位置。左上角是 0 0。单位是像素（0px 0px）或任何其他 CSS 单位	如果仅规定了一个值，则另一个值将是 50%。可以混合使用%和 position 值

企业指导

1. 盒子的背景填充只能在纯色填充、渐变填充、图像填充三者中择其一，三者之间是相互冲突的关系。

2. 建议使用复合样式实现背景样式效果，语法上更加简洁。

(3) 盒子阴影。

为了突出对象视觉上的立体感，在用 Photoshop 设计效果图时会添加投影效果。在 CSS3 之前，必须使用图像来实现这个效果，而在 CSS3 中完全可以用 box-shadow 属性来实现。

其语法格式如下：

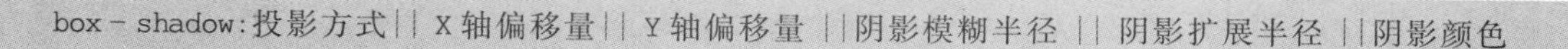

```
box-shadow:投影方式||X轴偏移量||Y轴偏移量||阴影模糊半径||阴影扩展半径||阴影颜色
```

box-shadow 属性如表 3.19 所示。

表　3.19

属　性　值	描　　述
投影方式	此参数是一个可选值,如果不设值,其默认的投影方式是外阴影,设置阴影类型为 inset 时,其投影就是内阴影
X 轴偏移量	阴影水平偏移量,其值可以是正负值。如果为正值,则阴影在对象的右边;如果其值为负值,则阴影在对象的左边
Y 轴偏移量	阴影的垂直偏移量,其值也可以是正负值。如果为正值,阴影在对象的底部;如果其值为负值,则阴影在对象的顶部
阴影模糊半径	此参数可选,但其值只能是正值。如果其值为 0 时,表示阴影不具有模糊效果,其值越大阴影的边缘就越模糊
阴影扩展半径	此参数可选,其值可以是正负值。如果值为正,则整个阴影都延展扩大;如果其值为负值,则缩小
阴影颜色	此参数可选。如果不设定任何颜色时,浏览器会取默认色,但各浏览器默认色不一样,特别是在 Webkit 内核下的 Safari 和 Chrome 浏览器将无色,也就是透明。建议不要省略此参数

例 3-17　盒子背景。

结构和内容代码如下所示。

```
<div class = "box">
        <div class = "box1">这是 box1 盒子</div>
        <div class = "box2">这是 box2 盒子</div>
        <div class = "box3">这是 box3 盒子</div>
        <div class = "box4">这是 box4 盒子</div>
</div>
```

样式代码如下所示。

```
.box{
        margin: 0 auto;                     /* 设置 box 在页面上水平方向居中 */
        width: 500px;                       /* 设置 box 宽度为 500px */
        font-size: 14px;                    /* 设置 box 中字体大小为 14px */
        border: 3px dashed #000;            /* 设置 box 的边框为 3px 宽度黑色虚线 */
        background: url(img/bg.png);        /* 设置 box 背景图像填充为 bg.png */
    }

.box1{
        width: 200px;                       /* 设置 box1 宽度为 200px */
        height:100px;                       /* 设置 box1 高度为 100px */
        background: #077E3F;                /* 设置 box1 背景纯色填充为#077E3F 颜色 */
    }
.box2{
        margin: 10px 0;                     /* 设置 box2 上下外边距为 10px,左右外边距为 0 */
        width: 20em;                        /* 设置 box2 宽度相对于父元素 box 字体大小 14px 为 20em */
```

```
        height: 100px;                  /* 设置 box2 高度为 100px */
        background: #38A1BF;            /* 设置 box2 背景纯色填充为#38A1BF 颜色 */
        border-radius: 20px 0 20px 0;   /* 设置 box2 左上角半径是 20px,右上角半径是 0,右下角半径是
                                           20px,左下角半径是 0 */
    }
.box3{
        width: 20rem;                   /* 设置 box3 宽度为相对于根元素 html 字体大小 16px 为 20rem */
        height: 100px;                  /* 设置 box3 高度为 100px */
        background: -webkit-linear-gradient(left, #f00, #000);
                                        /* 设置 box3 背景填充为从左到右的红色到黑色渐变填充 */
        box-shadow: 5px 5px 5px #077E3F;    /* 设置 box3 左右偏移量 5px 模糊半径 5px 颜色为#
                                               077E3 的外阴影 */
    }
.box4{
        margin: 10px 0;                 /* 设置 box4 上下外边距为 10px,左右外边距为 0 */
        width: 100%;                    /* 设置 box4 宽度相对于父元素 box 为 100%即填充整个 box 宽
                                           度范围 */
        height: 100px;                  /* 设置 box4 高度为 100px */
        background: #F00;               /* 设置 box4 背景纯色填充为#F00 颜色 */
    }
```

效果如图 3.47 所示。

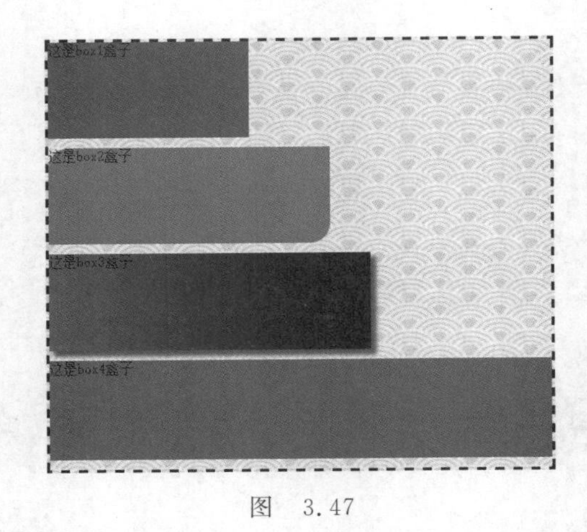

图 3.47

2. 标准流布局

“国学赏析”整个页面主要包括 header、main、footer 三部分,因此在前面利用<div>结构标签把页面分为三部分,同时这三部分默认是按照从上向下的顺序排列的,像这种网页结构元素没有被添加定位(position)或浮动(float)属性,像流水一样自上而下或自左而右的布局模式就称为标准流或文档流,这也是网页布局默认的模式。

说明: 在标准流布局中,块元素独占一行,自上而下排列;行内元素自左而右排列。

企业指导

标准流布局中垂直外边距的合并问题。外边距合并指的是当两个垂直外边距相遇时,它们将

形成一个外边距。

（1）在标准流中上下两个盒子的外边距(margin)合并，即上盒子的 margin-bottom 会与下盒子的 margin-top 合并为两者之间的最大值。

例 3-18　上下盒子外边距。

结构代码如下所示。

```
< div class = "wrap">
        < div class = "top"></div >
        < div class = "bottom"></div >
</div >
```

对上面的结构定义如下样式：

```
.wrap{margin: 0 auto;width: 300px;height: 300px;background: #87CEEB;}
.top {height: 100px; width:100px;margin - bottom: 50px; background: red; }
.bottom {height: 100px; width:100px;margin - top: 20px; background: green; }
```

效果如图 3.48 所示。

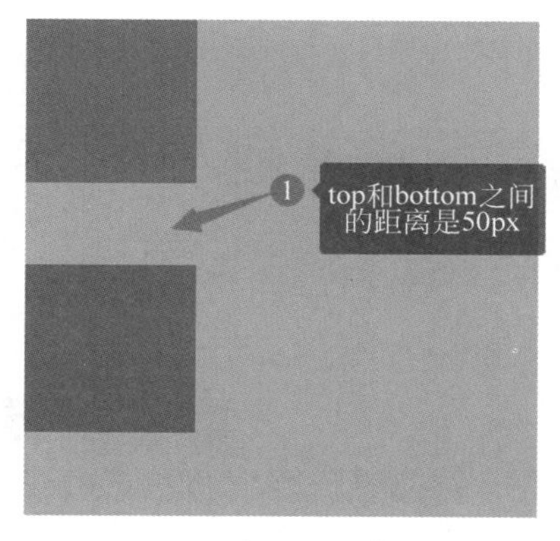

图　3.48

（2）盒子之间是父子关系时，当父盒子没有设置 border 和 padding 时，子盒子设置的上边距(margin-top)作用于父盒子，反之，直接作用于子盒子。

例 3-19　父子盒子外边距。

结构代码如下所示。

```
< div class = "father">
        < div class = "son"></div >
</div >
```

对上面的结构定义如下样式：

```
.father{margin: 0 auto;width: 300px;height: 300px;background: #87CEEB;}
.son {height: 100px; width:100px;margin - top:50px; background: red; }
```

效果如图 3.49 所示。

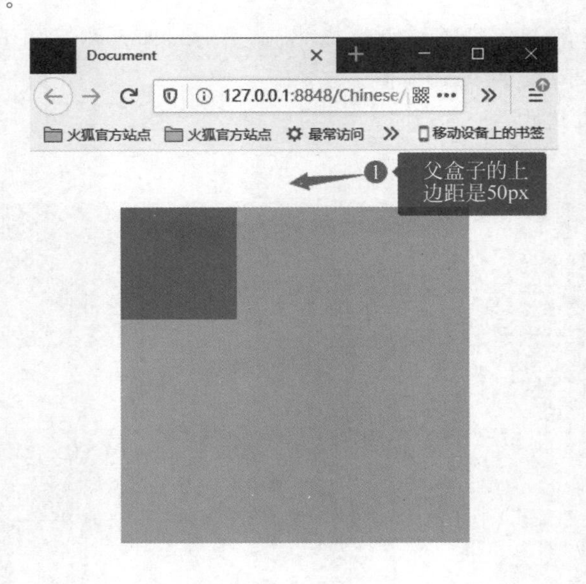

图 3.49

修改样式如下：

```
.father{margin: 0 auto;width: 300px;height: 300px;background: #87CEEB;
border: 2px solid #000;}
.son {height: 100px; width:100px;margin-top:50px; background: red; }
```

效果如图 3.50 所示。

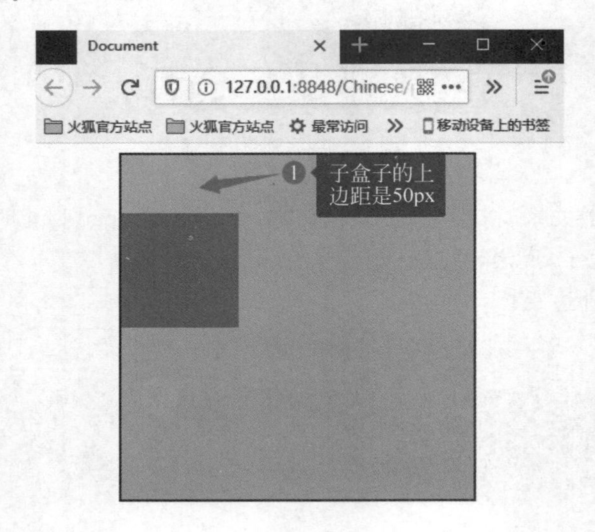

图 3.50

只有标准文档流块框的垂直外边距才会产生外边距合并，行内框、浮动框或绝对定位之间的外边距不会合并。

3. 浮动布局

视频讲解

从图3.51中,可以看到“国学赏析”页面的5个导航是排列在一行显示的,前面我们添加该页面的结构和内容时,每个导航是放到了<li>标签中的,而<li>是块元素,是要独占一行的,那么如何实现多个块元素在一行中显示呢?答案就是通过浮动布局。浮动布局是最常用的网页布局方式之一,通过设置元素的float样式属性可以使多个原本独占一行的块元素在同一行显示,这样的功能极大地丰富了网页布局的方式。设置了浮动属性的元素会向左或向右浮动,直到外边界碰到容器或另一个元素的边缘。浮动使得元素脱离文档流,后面的元素进行布局时,前面的浮动元素就像不存在一样。浮动属性如表3.20所示。

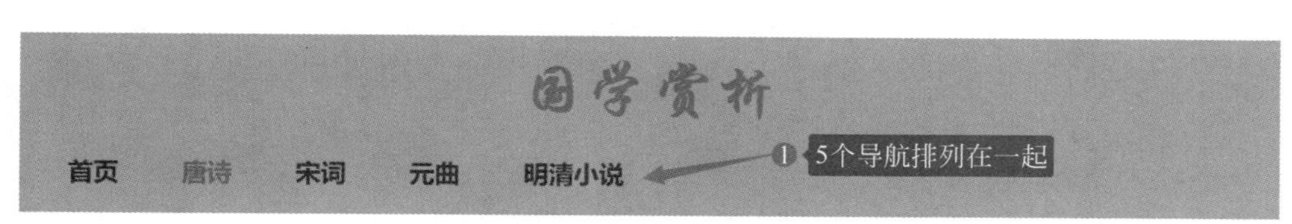

图 3.51

表 3.20

值	描 述
left	元素向左浮动
right	元素向右浮动
none	默认值。元素不浮动,会显示在文档中出现的位置
inherit	规定应该从父元素继承 float 属性的值

1) 浮动布局的原理

例 3-20 浮动布局。

(1) 初始状态。

结构和内容代码如下所示。

```
<div class = "box">
      <div class = "box1">这是 box1 盒子</div>
      <div class = "box2">这是 box2 盒子</div>
      <div class = "box3">这是 box3 盒子</div>
      <div class = "box4">这是 box4 盒子</div>
</div>
```

对上面的结构和内容定义如下样式:

```
.box{
     width: 1000px;
     border: 3px solid #000;
}
.box1{
     width: 200px;
     height: 100px;
     background: #077E3F;
```

```
    }
    .box2{
        width: 250px;
        height: 80px;
        background: #38A1BF;
    }
    .box3{
        width: 300px;
        height: 100px;
        background: #EFB01A;
    }
    .box4{
        width: 250px;
        height: 100px;
        background: #FF0000;
    }
```

效果如图 3.52 所示。

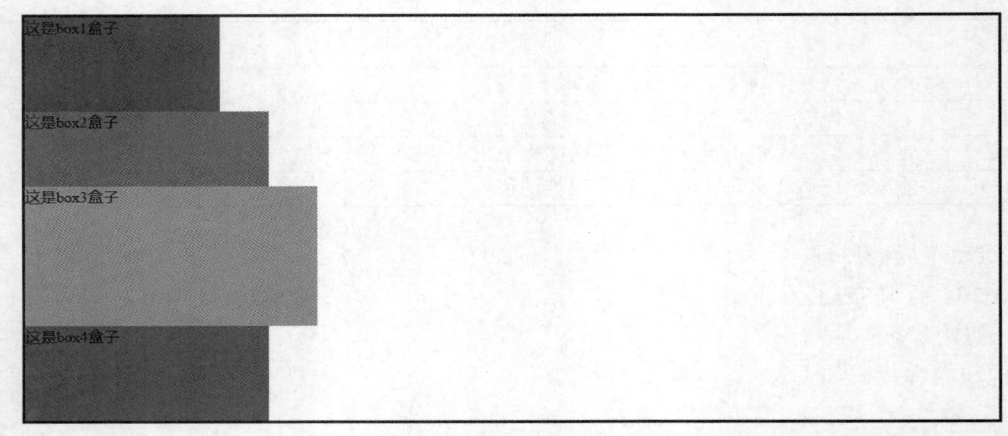

图 3.52

从图 3.52 中可以看到，一个 box 盒子中包含了 box1、box2、box3、box4 共 4 个盒子，box 只设置了宽度为 1000px，高度没有设置，它的高度是被包含的 4 个盒子“撑开”的。因为< div >是块元素，要各占一行，所以即使 box 足够宽，box1、box2、box3、box4 也各占一行，这符合之前讲解的标准流布局。

(2) box1 向左浮动。

修改 box1 样式代码如下所示。

```
    .box1{
            float: left;
            width: 200px;
            height: 100px;
            background: #077E3F;
        }
```

效果如图 3.53 所示。

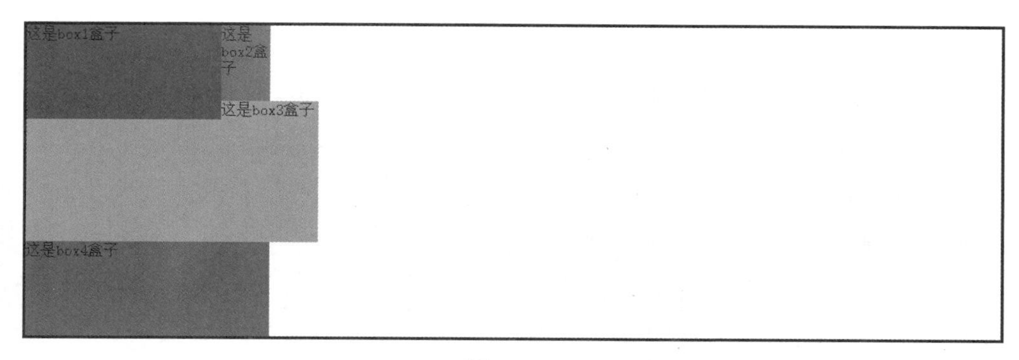

图 3.53

当设置 box1 向左浮动后，从图 3.53 可以看到 box1 脱离了标准流向左移动，直到碰到 box 框，box2、box3、box4 重新组成了标准流自上而下依次排列；box1 处于浮动状态，在水平方向遮挡住了 box2 一部分，在垂直方向遮挡住了 box3 的一部分。

（3）box1、box2 向左浮动。

修改 box1、box2 样式代码如下所示。

```
.box1{
        float: left;
        width: 200px;
        height:100px;
        background: #077E3F;
    }
.box2{
        float: left;
        width: 250px;
        height: 80px;
        background: #38A1BF;
    }
```

效果如图 3.54 所示。

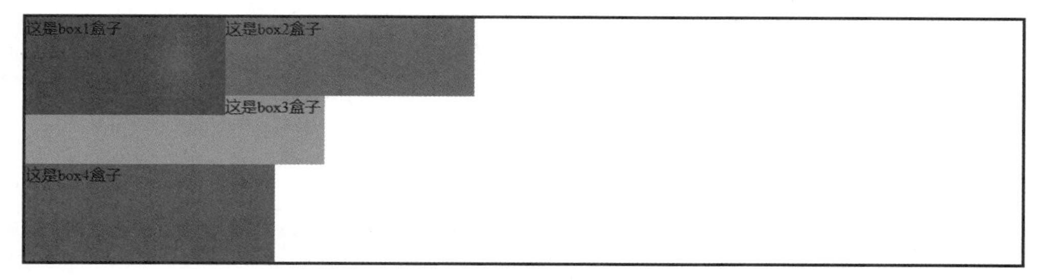

图 3.54

当 box1 和 box2 都设置向左浮动后，box1 脱离文档流向左浮动，直到碰到 box 框，box2 也脱离文档流向左浮动，直到碰到前一个 box1 框，而 box3 和 box4 重新组成标准流自上而下依次排列，box1 和 box2 处于浮动状态，且 box1 和 box2 处于一行中，在水平方向和垂直方向遮挡住了 box3 一部分。

(4) box1、box2、box3 向左浮动。

修改 box1、box2、box3 样式代码如下所示。

```
.box1{
        float: left;
        width: 200px;
        height:100px;
        background: #077E3F;
    }
.box2{
        float: left;
        width: 250px;
        height: 80px;
        background: #38A1BF;
    }
.box3{
        float: left;
        width: 300px;
        height: 150px;
        background: #EFB01A;
    }
```

效果如图 3.55 所示。

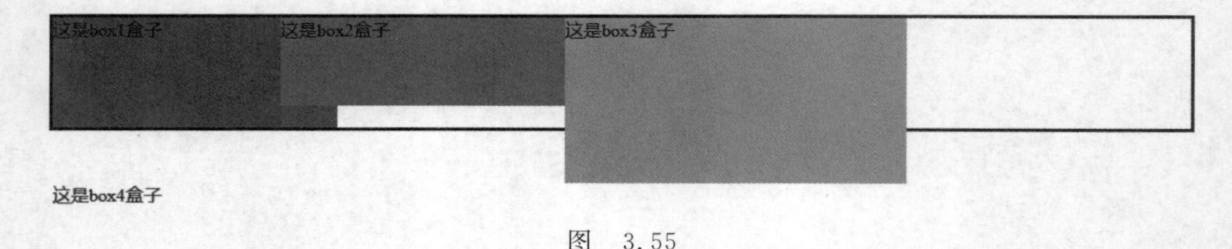

图 3.55

当 box1、box2 和 box3 都设置向左浮动后，box1 脱离文档流向左浮动，直到碰到 box 框，box2 也脱离文档流向左浮动，直到碰到前一个 box1 框，box3 也脱离文档流向左浮动，直到碰到前一个 box3 框，只有 box4 重新组成标准流自上而下依次排列，box1、box2 和 box3 处于浮动状态，且 box1、box2 和 box3 处于一行中，在水平方向和垂直方向遮挡住了 box4 一部分，当前 box 的高度只是 box4 的高度了。

(5) box1、box2、box3、box4 向左浮动。

修改 box1、box2、box3、box4 样式代码如下所示。

```
.box1{
        float: left;
        width: 200px;
        height:100px;
        background: #077E3F;
    }
```

```
.box2{
        float: left;
        width: 250px;
        height: 80px;
        background: #38A1BF;
    }
.box3{
        float: left;
        width: 300px;
        height: 150px;
        background: #EFB01A;
    }
.box4{
        float: left;
        width: 250px;
        height: 100px;
        background: #FF0000;
    }
```

效果如图 3.56 所示。

图　3.56

当 box1、box2、box3、box4 都设置向左浮动后，box1 脱离文档流向左浮动，直到碰到 box 框，box2 也脱离文档流向左浮动，直到碰到前一个 box1 框，box3 也脱离文档流向左浮动，直到碰到前一个 box3 框，box4 也脱离文档流向左浮动，直到碰到前一个 box4 框，4 个盒子排列一行，从而实现多个盒子在一行显示效果。另外，因为 4 个盒子都设置了左浮动，所以在占用高度空间位置，box 的高度变为 0，边框出现了“坍塌”的情况，即上下边框叠加在一起，变成了一条直线。

(6) 高度“坍塌”带来的弊端。

修改例 3-20 中的结构和内容代码如下：

```
<div class = "box clearfix">
        <div class = "box1">这是 box1 盒子</div>
        <div class = "box2">这是 box2 盒子</div>
        <div class = "box3">这是 box3 盒子</div>
        <div class = "box4">这是 box4 盒子</div>
</div>
<div class = "box - after">
</div>
```

并且给 box-after 添加如下样式：

```
.box - after{
        width: 1000px;
```

```
        height: 150px;
        background: #9607ab;
        }
```

效果如图 3.57 所示。

图 3.57

从图 3.57 中可以看到,由于 box 盒子高度“坍塌”(高度为 0),造成 box-after 盒子占据了 box 盒子的空间位置。

2) 清除浮动布局带来的不利影响

在例 3-20 中可以看到,通过浮动布局,可以将多个块级盒子在一行中显示,但是浮动也带了高度“坍塌”的问题,该如何解决这一问题呢?

clear 属性定义了元素的某一侧不允许出现浮动元素,如果声明为左侧或右侧清除,会使元素的上外边框边界刚好在该边上浮动元素的下外边框边界之下。clear 属性如表 3.21 所示。

表 3.21

属性值	描　述	属性值	描　述
left	在左侧不允许浮动元素	none	默认值。允许浮动元素出现在两侧
right	在右侧不允许浮动元素	inherit	规定应该从父元素继承 clear 属性的值
both	在左右两侧均不允许浮动元素		

现在比较常用的方法是给浮动元素添加一个类名,然后利用伪元素来清除浮动带来的不利影响。

清除浮动影响的样式代码如下所示。

```
.clearfix:after{
        display:block;
        content:"";
        height:0;
        visibility:hidden;
        clear:both;
}
.clearfix{
        zoom:1;
}
```

伪元素 after 顾名思义就是在元素后面,实际就是在浮动元素之后添加内容。这个伪元素和 content 属性一起使用,在浮动元素后添加了一个被隐藏的块元素,而这个块元素设置了 clear 属性为 both,从而清除了浮动带来的不利影响。第二个.clearfix 设置 zoom:1 是在 IE 6.0 中清除浮动的影响。

将其应用到例中,结构和内容代码如下所示。

```
<div class = "box clearfix">
        <div class = "box1">这是 box1 盒子</div>
        <div class = "box2">这是 box2 盒子</div>
        <div class = "box3">这是 box3 盒子</div>
        <div class = "box4">这是 box4 盒子</div>
    </div>
```

效果如图 3.58 所示。

图　3.58

从图 3.58 中可以看到,高度“坍塌”的问题已经被解决了,同时高度就是最高盒子的高度。

4. 定位布局

从图 3.59 中可以看到,为了让读者对古诗有一个更好的了解,在古诗图片上面添加了一段译文,从而形成了在同一个空间中放置两个及以上内容的效果,那么该如何实现这种效果呢?

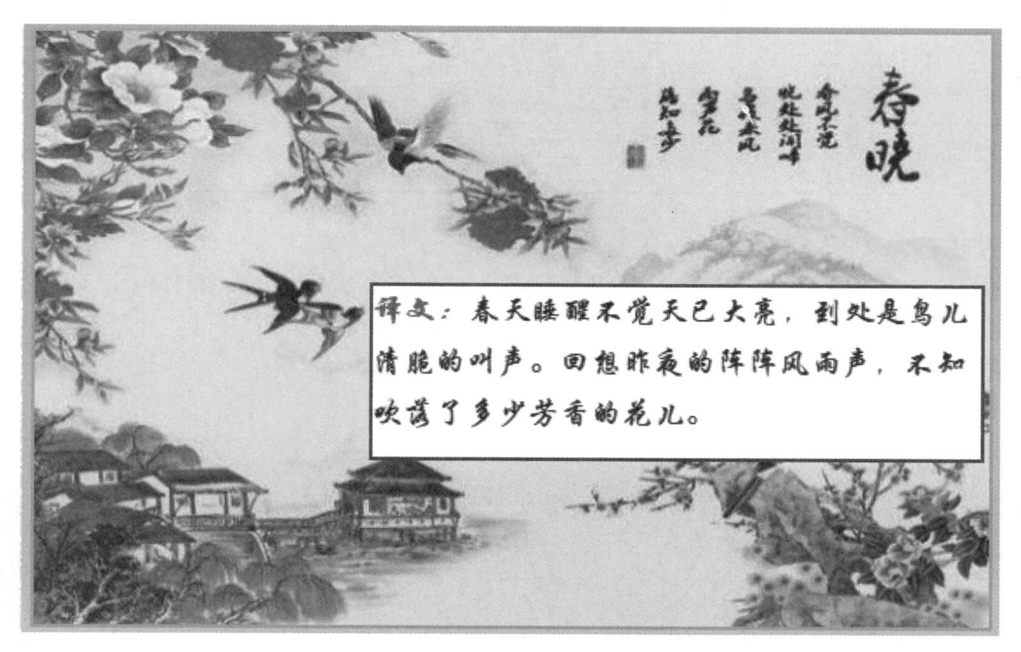

图　3.59

定位是通过CSS中的position样式属性来确定元素在网页上的位置的。通过定位可以设置一些不规则的布局，定位样式属性如表3.22所示，与定位样式相关的属性如表3.23所示。

表 3.22

属性值	描述
static	默认值，静态定位，元素出现在正常标准流中。块级元素生成一个矩形框，独占一行；行内元素则会出现在一行中。忽略left、top、right、bottom或z-index声明
relative	生成相对定位元素，该元素相对于其标准流位置进行定位。元素框偏移某个距离，元素仍保持其未定位前的形状，它原本所占的空间仍保留。其偏移的距离通过left、top、right及bottom属性设定
absolute	生成绝对定位元素，该元素相对于最近的已定位的祖先元素进行定位。元素框从文档流完全删除，元素原先在正常文档流中所占的空间会关闭，就好像元素原来不存在一样。元素定位后生成一个块级框，而不论原来它在正常流中生成何种类型的框。元素的位置通过left、top、right及bottom属性设定
fixed	生成绝对定位元素，该元素相对于浏览器窗口进行定位。元素框的表现类似于将position设置为absolute，不过其包含块是视窗本身。元素的位置通过left、top、right及bottom属性设定

表 3.23

属性值	描述
position	把元素放置到一个静态的、相对的、绝对的或固定的位置中
top	定义了一个定位元素的上外边距边界与其包含块上边界之间的偏移
right	定义了定位元素右外边距边界与其包含块右边界之间的偏移
bottom	定义了定位元素下外边距边界与其包含块下边界之间的偏移
left	定义了定位元素左外边距边界与其包含块左边界之间的偏移
overflow	设置当元素的内容溢出其区域时发生的事情
clip	设置元素的形状。元素被剪入这个形状之中，然后显示出来
vertical-align	设置元素的垂直对齐方式
z-index	设置元素的堆叠顺序

1）相对定位

相对定位(relative)是指元素的位置相对于它在标准流中的位置。如果对一个元素进行相对定位，它将出现在它所在的位置上。然后，可以通过设置垂直或水平位置，让这个元素"相对于"它的起点进行移动。

例 3-21 定位布局。

结构和内容代码如下所示。

```
<div class = "box">
    <div class = "box1">这是 box1 盒子,相对于正常位置向左偏移 50px </div>
    <div class = "box2">这是 box2 盒子,相对于正常位置向右偏移 50px </div>
    <div class = "box3">这是 box3 盒子,相对于正常位置向右偏移 50px </div>
</div>
```

样式代码如下所示。

```
.box{
        margin: 0 auto;
        width: 500px;
        border: 3px solid #000;
    }
.box1{
        position: relative;
        left: -50px;
        width: 200px;
        height:100px;
        background: #077E3F;
    }
.box2{
        position: relative;
        left: 50px;
        width: 250px;
        height: 80px;
        background: #38A1BF;
    }
.box3{
        position: static;          /* 可以不用写,默认值就是 static */
        width: 300px;
        height: 80px;
        background: #f00;
    }
```

效果如图 3.60 所示。

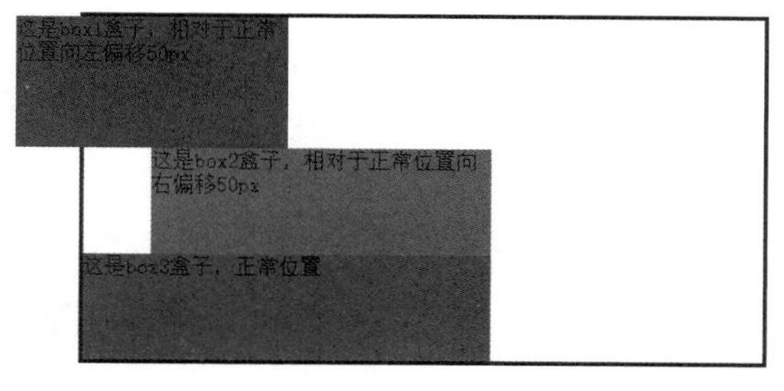

图　3.60

从图 3.60 中可以看到,在使用相对定位时,无论是否进行移动,元素仍然占据原来的空间。因此,移动元素可能会导致它覆盖其他框,所以单独使用相对定位的时候比较少,通常是结合绝对定位使用,即将相对定位元素作为绝对定位的祖先元素使用。

2) 绝对定位

绝对定位(absolute)元素的位置相对于最近的已定位的祖先元素,如果元素没有已定位的祖先元素,那么它的位置相对于最初的包含块。

绝对定位使元素的位置与文档流无关,因此不占据空间,标准流中其他元素的布局就像绝对定位的元素不存在一样。

例 3-22　绝对定位布局。

修改例 3-21 样式代码如下所示。

```
.box{
        margin: 0 auto;
        width: 500px;
        border: 3px solid #000;
    }
```

```
.box1{
        position: absolute;
        left: 50px;
        width: 200px;
        height:100px;
        background: #077E3F;
    }
.box2{
        position: relative;
        left: 50px;
        width: 250px;
        height: 80px;
        background: #38A1BF;
    }
```

效果如图 3.61 所示。

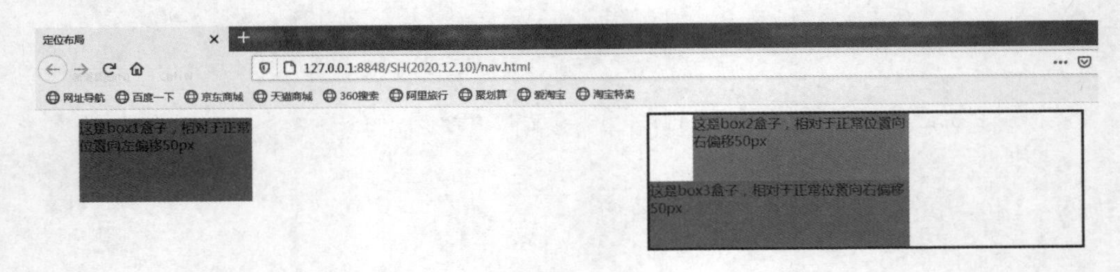

图 3.61

从图 3.61 可以看到，box1 设置绝对定位后，此时是相对整个浏览器窗口进行定位了。

修改 box、box1 样式代码如下所示。

```
.box{
        position: relative;
        margin: 0 auto;
        width: 500px;
        border: 3px solid #000;
    }
.box1{
        position: absolute;
        left: 50px;
        width: 200px;
        height:100px;
        background: #077E3F;
    }
```

效果如图 3.62 所示。

从图 3.62 可以看到，box 设置了相对定位后，box1 就相对 box 进行定位了。

如果想把 box1 置于 box2 的上方，此时可以设置 box1 的 z-index 样式属性值为大于或等于 1 的正整数即可，当然设置 box2 的 z-index 样式属性值为小于或等于 −1 的负整数也可以。如设置 box1 的 z-index 属性值为 1，效果如图 3.63 所示。

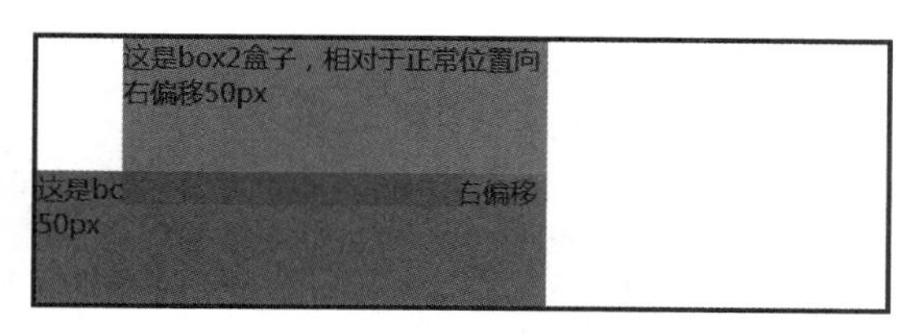

图 3.62

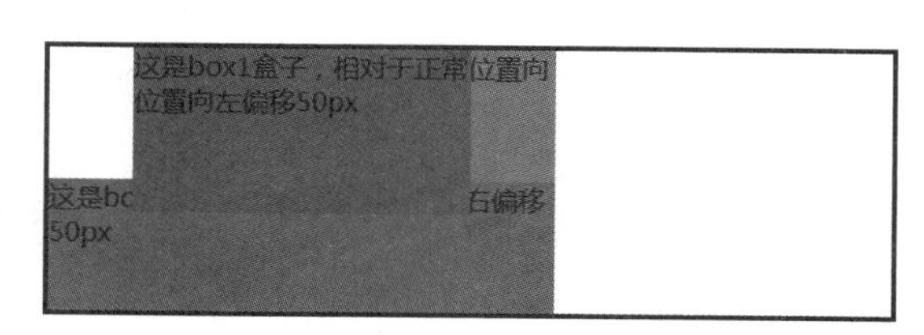

图 3.63

企业指导

（1）采用绝对定位布局时首先要找到绝对定位的祖先元素，祖先元素必须拥有定位 position 属性（除了以浏览器窗口为祖先元素），属性值为 relative 或 absolute。其次，在设置绝对定位值时，只需设置水平方向 left 或 right，垂直方向 top 或 bottom。

（2）因为绝对定位元素的框与标准流无关，所以它们有可能覆盖页面上的其他元素。可以通过在 CSS 样式中设置 z-index 属性来控制这些框的堆叠顺序。z-index 属性只能应用于使用了绝对定位的元素，其值为整数，可以是正数也可以是负数，默认值为 0，数值越大堆叠顺序越高。

3）固定定位

固定定位（fixed）和绝对定位类似，只是以浏览器窗口为基准进行定位，常用于将导航栏固定于网页上方、网页右侧的宣传、各种联系方式等。

从图 3.64 所示的效果中我们可以看到，导航栏被固定在了网页的上方，此效果正是使用了固定布局。

图 3.64

3.3.5 网页内容的表现样式

前面按照先整体后局部的思想，先确定一个网页文档的结构和内容，然后确定网页文档中每个结构和内容的位置和大小，最后确定的是内容表现样式。

网页页面内容主要是文本和图像，同时结合 CSS 的编辑顺序，从以下几方面介绍 CSS 的表现样式。

1. 基本文字样式

应用于网页上的文字样式通常包括字体、字号、字体颜色、字体特殊样式（加粗、倾斜等）。

1）字体（font-family）

语法格式如下：

```
font - family: 字体 1,字体 2,字体 3;
```

例如：

```
p {
    font - family: "微软雅黑", "宋体", "华文行楷" ;
}
```

上述代码用于声明<p>标签的字体。浏览器在进行解析时，先查找本地计算机中是否安装了“微软雅黑”，如果安装了则此处显示“微软雅黑”，否则查找下一个字体“宋体”，以此类推。如果3种字体都没有找到，那该如何显示呢？

CSS约定了如下5种通用字体："serif"、"sans-serif"、"cursive"、"fantasy"、"monospace"。注意，几乎所有的普通字体都落入这5种字体类中，这样CSS可以基本保证一个网页呈现在不同用户的计算机上用户的体验是差不多的。

说明：浏览器中最佳显示效果中文字体是“微软雅黑”。

如果网页设计师在效果图中使用了一些特殊字体，在CSS3之前只能采用图片的形式显示，有了CSS3后，可以使用@font-face属性从服务器上下载所需字体（一般先把需要用到的特殊字体上传到站点服务器的字体文件夹中，推荐使用fonts命名）。

语法格式如下：

```
@font - face {
        font - family: < YourWebFontName >;
        src: < source > [< format >][,< source > [< format >]] * ;
        [font - weight: < weight >];
        [font - style: < style >];
}
```

属性值说明如下：

- YourWebFontName：自定义的字体名称，它将被引用到font-family。
- source：自定义的字体的存放路径，可以是相对路径也可以是绝对路径。

例 3-23　服务器字体。

结构和内容代码如下所示。

```
< div class = "beautiful - font">
    使用@font - face,应用各种特殊、漂亮的 Web 字体
</div >
```

样式代码如下所示。

```
@font - face {
    font - family: myFont;
    src:url('fonts/书法.ttf');
```

```
}
.beautiful - font{
    font - family: myFont;
    font - size: 30px;
}
```

效果如图 3.65 所示。

使用@font-face，应用各种特殊、漂亮的Web字体

图　3.65

2）字号

字号即文字大小(font-size)。

语法格式如下：

```
font - size: 尺寸|length(数值)|%(百分比);
```

font-size 属性用来设置文字的大小。

文字大小属性如表 3.24 所示。

表　3.24

<table>
<tr><th>属性值</th><th>描述</th></tr>
<tr><td>xx-small</td><td rowspan="7">把文字的大小设置为不同的尺寸，从 xx-small 到 xx-large。默认值为 medium</td></tr>
<tr><td>x-small</td></tr>
<tr><td>small</td></tr>
<tr><td>medium</td></tr>
<tr><td>large</td></tr>
<tr><td>x-large</td></tr>
<tr><td>xx-large</td></tr>
<tr><td>smaller</td><td>把 font-size 设置为比父元素更小的尺寸</td></tr>
<tr><td>larger</td><td>把 font-size 设置为比父元素更大的尺寸</td></tr>
<tr><td>length</td><td>把 font-size 设置为一个固定的值，最为常用，推荐使用。常用单位是 px、em、rem 等</td></tr>
<tr><td>%</td><td>把 font-size 设置为基于父元素的一个百分比值。未设置父元素字体大小时，相对于浏览器默认字体大小</td></tr>
<tr><td>inherit</td><td>规定应该从父元素继承字体尺寸</td></tr>
</table>

说明：同一尺寸关键词设置的文字大小在不同的浏览器中可能会有不同，所以不推荐使用尺寸关键词设置文字大小。

3）字体颜色(color)

语法格式如下：

```
color:颜色名称|RGB 值|十六进制数;
```

字体颜色属性如表 3.25 所示。

表 3.25

属 性 值	描 述
color_name	规定颜色值为颜色名称的颜色(比如 red)
hex_number	规定颜色值为十六进制值的颜色(比如 #ff0000)
rgb_number	规定颜色值为 rgb 代码的颜色(比如 rgb(255,0,0))
inherit	规定应该从父元素继承颜色

4）文本粗细(font-weight)

语法格式如下：

```
font-weight: normal|bold|bolder|lighter|number;
```

文本粗细属性如表 3.26 所示。

表 3.26

属 性 值	描 述
normal	默认显示,定义标准字符
bold	定义粗体字符
bolder	定义更粗的字符
lighter	定义更细的字符
数字值 100～900	定义由粗到细的字符。400 等同于 normal,700 等同于 bold
inherit	规定应该从父元素继承字体的粗细

5）字体风格(font-style)

语法格式如下：

```
font-style: normal|italic|oblique;
```

字体风格属性如表 3.27 所示。

表 3.27

属 性 值	描 述
normal	默认值。浏览器会显示一个标准的字体样式
italic	浏览器会显示一个斜体的字体样式
oblique	浏览器会显示一个倾斜的字体样式
inherit	规定应该从父元素继承字体样式

6）组合设置文本

语法格式如下：

```
font: font-style || font-weight || font-size | | font-family;
```

说明：严格按给定的样式顺序,不包括颜色,建议分项设置。如：

```
<p style="font: italic  bolder  30px 华文彩云;color: #F00;">我是组合文本样式设置</p>
```

效果如图 3.66 所示。

我是组合文本样式设置

图　3.66

2. 段落样式

网页文字内容在文档中是以段落形式出现的，内容较少时，可能是一两个段落，内容较多时可能会包含若干个段落[实际就是点(一个文字)、线(一行文字)、面(若干段落文字)]，这里的段落并不单纯地指<p>标签中的内容，一般是指文本块。

对段落的设置包括对齐方式、缩进、行间距、字符间距、文本溢出等，还可以添加下画线、上画线、删除线等。

1) 段落的水平对齐方式(text-align)

text-align 属性定义块级元素中的文本水平对齐方式。

语法格式如下：

```
text-align: left|right|center|justify;
```

文本水平对齐方式属性如表 3.28 所示。

表　3.28

属性值	描　　述
left	把文本排列到左边。默认值由浏览器决定
right	把文本排列到右边
center	把文本排列到中间
justify	实现两端对齐文本效果
inherit	规定应该从父元素继承 text-align 属性的值

2) 段落的首行缩进(text-indent)

text-indent 属性定义块级元素中第一行文本的缩进。

语法格式如下：

```
text-indent: 长度|百分比;
```

段落首行缩进属性如表 3.29 所示。

表　3.29

属性值	描　　述
length	定义固定的缩进。默认值为 0
%	定义基于父元素宽度的百分比的缩进
inherit	规定应该从父元素继承 text-indent 属性的值

说明：常用 text-indent：2em，表示缩进 2 个字符宽度。

3）行间距（行高，line-height）

line-height 属性定义行间的距离，不允许使用负值。

语法格式如下：

```
line-height: normal|数字|长度|百分比;
```

行间距属性如表 3.30 所示。

表 3.30

属性值	描　述
normal	默认。设置合理的行间距
number	设置数字，此数字会与当前的字体尺寸相乘来设置行间距
length	设置固定的行间距
%	基于当前字体尺寸的百分比行间距
inherit	规定应该从父元素继承 line-height 属性的值

line-height 属性通常和 height 属性共同使用，两者设置相同的 length 值，从而让文本内容在行内垂直方向居中，如“height:30px; line-height:30px;”。

4）字符间距（letter-spacing）

letter-spacing 属性用于增加或减少字符间的空白。允许使用负值，让字符之间空白减少，变得更紧凑。

语法格式如下：

```
letter-spacing: normal|长度;
```

letter-spacing 属性如表 3.31 所示。

表 3.31

属性值	描　述
normal	默认。规定字符间没有额外的空间。
length	定义字符间的固定空间（允许使用负值）。
inherit	规定应该从父元素继承 letter-spacing 属性的值。

5）文本修饰符（text-decoration）

text-decoration 属性定义文本的修饰符，如上画线、下画线、删除线等。

语法格式如下：

```
text-decoration:underline|overline|ling-through|none;
```

text-decoration 属性如表 3.32 所示。

表　3.32

属　性　值	描　　述	属　性　值	描　　述
none	默认。定义标准的文本	line-through	定义穿过文本下的一条线
underline	定义文本下的一条线	blink	定义闪烁的文本
overline	定义文本上的一条线		

说明：一般不设置 blink 属性值，因为主流浏览器基本不支持该属性值效果。“text-decoration:none;”一般用于取消超链接中的下画线。

6）英文字母大小写转换（text-transform）

text-transform 属性定义文本的大小写。

语法格式如下：

```
text - transform:capitalize|uppercase|lowercase;
```

text-transform 属性如表 3.33 所示。

表　3.33

属性值	描　　述
capitalize	文本中的每个单词以大写字母开头
uppercase	定义仅有大写字母
lowercase	定义无大写字母，仅有小写字母
none	显示默认值，定义带有小写字母和大写字母的标准的文本
inherit	规定应该从父元素继承 text-transform 属性的值

7）溢出文本（text-overflow）

text-overflow 属性定义元素内溢出文本处理。

语法格式如下：

```
text - overflow:clip|ellipsis;
```

text-overflow 如表 3.34 所示。

表　3.34

属性值	描　　述
clip	修建溢出文本，不显示省略标记“…”
ellipsis	用省略标记“…”标示被修剪文本，省略标记插入的位置是最后一个字符，需结合“overflow: hidde;”使用
inherit	规定应该从父元素继承 text-transform 属性的值

例 3-24　段落样式。

结构和内容代码如下所示。

```
<h1 >雨霖铃</h1 >
<div class = "p1">
```

```
    <p>寒蝉凄切,对长亭晚,骤雨初歇。都门帐饮无绪,留恋处,兰舟催发。执手相看泪眼,竟无语凝噎。念去去,千里烟波,暮霭沉沉楚天阔。</p>
    <p>多情自古伤离别,更那堪,冷落清秋节!今宵酒醒何处?杨柳岸,晓风残月。此去经年,应是良辰好景虚设。便纵有千种风情,更与何人说?</p>
</div>
```

样式代码如下所示。

```
h1{
        font-family: "华文行楷";                /*设置h1字体为华文行楷*/
        font-size: 60px;                        /*设置h1字体大小为60px*/
        font-weight: bold;                      /*设置h1字体为更粗的字符*/
        color: #f00;                            /*设置h1字体颜色为#f00*/
        text-align: center;                     /*设置h1文本水平对齐方式为居中*/
        line-height: 60px;                      /*设置h1行间距为40px即行高*/
        text-decoration: underline;             /*设置h1下画线修饰符*/
        letter-spacing: 30px;                   /*设置h1字符间空白为30px*/
  }
.p1{
        margin: 0 auto;                         /*设置p1在页面上水平方向居中*/
        width: 600px;                           /*设置p1宽度为600px*/
  }
p{
        height: 80px;                           /*设置p高度为80px*/
        line-height: 40px;                      /*设置p行间距为40px*/
        text-indent: 2rem;                      /*设置p首行缩进2rem即两个字符*/
  }
```

效果如图 3.67 所示。

雨 霖 铃

寒蝉凄切，对长亭晚，骤雨初歇。都门帐饮无绪，留恋处，兰舟催发。执手相看泪眼，竟无语凝噎。念去去，千里烟波，暮霭沉沉楚天阔。

多情自古伤离别，更那堪，冷落清秋节！今宵酒醒何处？杨柳岸，晓风残月。此去经年，应是良辰好景虚设。便纵有千种风情，更与何人说？

图 3.67

3. 图像样式

1）图像大小(width 和 height)

在 CSS 中,可以利用 width(宽度)和 height(高度)这两个属性来设置图像大小。

语法格式如下：

```
width:属性值;height:属性值;
```

图像 width 和 height 属性如表 3.35 所示。

表 3.35

属性值	描述
auto	默认值。浏览器可计算出实际的宽/高度
length	使用 px、cm 等单位定义宽/高度
%	定义基于包含块(父元素)宽/高度的百分比宽/高度
inherit	规定应该从父元素继承 width/height 属性的值

图像大小的设置同盒子大小的设置基本相同，在此不再赘述。特别需要指出的是，当只设置 width 属性，而没有设置 height 属性时，图像会自动等比例缩放；如果只设置了 height 属性，结果是一样的。

2）图像边框(border)

参考盒子的边框属性。

3）图像的对齐方式

(1) 水平对齐。

同段落的水平对齐方式相同，但需要特别指出的是，图像的水平对齐方式是通过其父元素的 text-align 属性来实现的。

(2) 垂直对齐方式。

在 CSS 中通过 vertical-align 属性定义元素的垂直对齐方式，主要用于在文本中垂直排列图像。

语法格式如下：

```
vertical-align:属性值;
```

4）图文混排

(1) 图像和文字混排。

图像和文字混排形式在网页中应用非常广泛，其是通过给图像设置浮动(float)样式属性来实现的。

(2) 图像与文字的分隔。

在设置图像浮动后，还会通过 margin 属性来设置图像与文字之间的距离。如图像位于文字左边，则通过 margin-right 设置图像右边的外边距；反之，通过 margin-left 设置左边的外边距。

例 3-25　图文混排。

结构和内容代码如下所示。

```
<h1>雨霖铃</h1>
<div class="p1 clearfix">
        <img src="img/yulinling.jpg">
        <p>寒蝉凄切,对长亭晚,骤雨初歇。都门帐饮无绪,留恋处,兰舟催发。执手相看泪眼,竟无语凝噎。念去去,千里烟波,暮霭沉沉楚天阔。</p>
        <p>多情自古伤离别,更那堪,冷落清秋节!今宵酒醒何处?杨柳岸,晓风残月。此去经年,应是良辰好景虚设。便纵有千种风情,更与何人说?</p>
</div>
```

样式代码如下所示。

```
    h1{
        font - family: "华文行楷";              /* 设置 h1 字体为华文行楷 */
        font - size: 60px;                      /* 设置 h1 字体大小为 60px */
        font - weight: bold;                    /* 设置 h1 字体为更粗的字符 */
        color: #f00;                            /* 设置 h1 字体颜色为#f00 */
        text - align: center;                   /* 设置 h1 文本水平对齐方式为居中 */
        line - height: 60px;                    /* 设置 h1 行间距为 40px 即行高 */
        text - decoration: underline;           /* 设置 h1 下画线修饰符 */
        letter - spacing: 30px;                 /* 设置 h1 字符间空白为 30px */
    }
    .p1{
        margin: 10px auto;                      /* 设置 p1 在页面上水平方向居中,上下外边距为 10px */
        width: 900px;                           /* 设置 p1 宽度为 900px */
        border: 1px solid #077E3F;              /* 设置 p1 边框为 1px 宽度#077E3F 颜色实线 */
    }
    img{
        float: left;                            /* 设置图像向左浮动 */
        width: 260px;                           /* 设置图像宽度为 260px */
        border: 2px dashed fuchsia;             /* 设置图像边框为 2px 宽度 fuchsia 颜色虚线 */
        margin - right: 30px;                   /* 设置图像右外边距为 30px */
    }

    p{
        line - height: 40px;                    /* 设置 p 行间距为 40px */
        text - indent: 2rem;                    /* 设置 p 首行缩进 2rem 即两个字符 */
    }
    /* 清除浮动带来不利影响 */
.clearfix:after{
            display:block;
            content:"";
            height:0;
            visibility:hidden;
            clear:both;
    }
    .clearfix{
            zoom:1;
    }
```

效果如图 3.68 所示。

寒蝉凄切，对长亭晚，骤雨初歇。都门帐饮无绪，留恋处，兰舟催发。执手相看泪眼，竟无语凝噎。念去去，千里烟波，暮霭沉沉楚天阔。

多情自古伤离别，更那堪，冷落清秋节！今宵酒醒何处？杨柳岸，晓风残月。此去经年，应是良辰好景虚设。便纵有千种风情，更与何人说？

图 3.68

4. 综合实例

有了CSS知识的铺垫，下面用CSS实现“国学赏析”的最终效果。前面已经给出了该页面的结构和内容代码，下面来看下该页面的样式代码。按照先整体后局部、从上往下、从左向右的顺序进行网页样式的布局实现。

在进行样式设置时，有些样式是通用的，它们不仅适用于当前网页，还适用于整个站点的其他网页，因此把这些通用的样式单独放到样式文件 base.css 中。

(1) 前面已经完成 base.css 文件的创建和链接，单击该文件，在打开的文件中输入如下代码：

```
body,div,h1,h2,h3,h4,hr,ul,ol,li,dl,dt,dd,p,sup,em,strong {
        margin: 0;                          /* 消除 HTML 元素默认外边距 */
        padding: 0;                         /* 消除 HTML 元素默认内边距 */
        box-sizing: border-box;             /* 内边距和边框在已设定的宽度和高度内进行绘制 */
        font-family: "微软雅黑";             /* 设置页面默认字体为微软雅黑 */
        line-height: 30px;                  /* 设置页面默认行间距为 30px */
}
ul,ol {
        list-style-type: none;              /* 取消列表项的默认符号 */
}
a {
        text-decoration: none;              /* 取消超链接默认的下画线 */
}
/* 清除浮动带来的不利影响 */
.clearfix:after {
        display: block;
        content: "";
        height: 0;
        visibility: hidden;
        clear: both;
}
.clearfix {
        zoom: 1;                            /* 解决 IE 6 下清除浮动和 margin 导致的重叠问题 */
}
```

代码分析：

① 首先清除页面中 HTML 元素默认的边距，设置怪异盒模式(box-sizing: border-box;)计算盒子大小，设置页面默认字体为“微软雅黑”，默认行间距为 30px。

② 取消列表项默认符号和取消超链接默认的下画线。

③ 清除浮动带来的不利影响——盒子“坍塌”。

(2) 单击 index.css 文件，在打开的文件中先设置网页主体，主体部分是一个包含背景图片效果，查看图片 bg.png，其大小为 60×55，单位是像素，如图 3.69 所示。

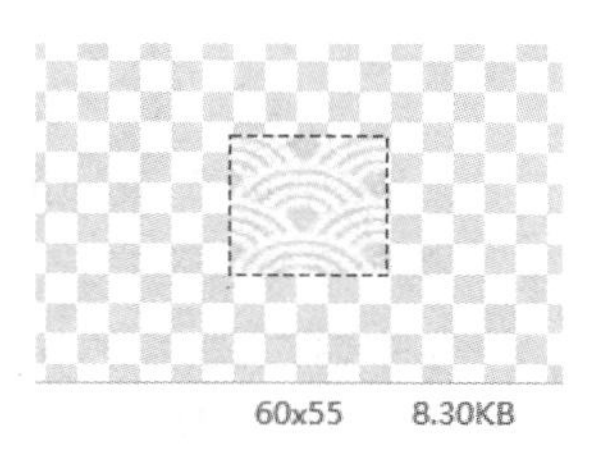

图　3.69

因此需要设置其水平、垂直方向都是需要重复平铺的，其对应的 CSS 代码如下所示。

```
body{
    background: url(../img/bg.png);                /* 设置网页背景图片 */
}
```

(3) 页面主要包括 header、main、footer 三部分，而且是从上向下自动排列的，故使用默认的标准流布局。从图 3.64 可以看到 header 是全屏效果，因此需要设置其宽度为 width:100%，这部分高度为 150px，且该部分是固定在网页顶部、始终可见的，因此需要设置其位置为固定定位 position:fixed，堆叠顺序 z-index 的值应是当前页面中最大的，设置为 z-index: 999。header 部分的 CSS 代码如下所示。

```
.header{
        position: fixed;          /* 设置 div 相对于浏览器固定定位 */
        z-index:999;              /* 考虑到导航部分置于所有内容之上,堆叠顺序的值设置为 999 */
        top: 0;                   /* 设置距离浏览器上端为 0 */
        left: 0;                  /* 设置距离浏览器左侧为 0 */
        width: 100%;              /* 设置 div 的宽度为 100% 即全屏显示 */
        height:150px;             /* 设置 div 的高度为 150px */
        margin-bottom: 10px;      /* 设置 div 的下外边距为 10px */
        background: #efb01a;      /* 设置 div 的背景颜色 */
}
```

header 中的标题水平方向居中，故设置属性"text-align: center;"，该行垂直空间设置属性为 line-height:100px，字体为红色、华文行楷，大小为 50px。该部分的 CSS 代码如下所示。

```
.header h1{
        text-align: center;                 /* 设置 h1 的文本内容水平居中显示 */
        line-height: 100px;                 /* 设置 h1 的行高为 100px */
        font-family:"华文行楷";             /* 设置 h1 的字体为""华文行楷 */
        font-size: 50px;                    /* 设置 h1 的字体大小为 50px */
        color: #f00;                        /* 设置 h1 的字体颜色 */
}
```

效果如图 3.70 所示。

图 3.70

header 中的 5 个导航放到无序列表 ul 项 li 中，且横向排列，因此需要通过浮动布局来实现该效果。为了扩大超链接选区范围，把超链接 a 转换为块元素，设置其内边距为"padding: 0 50px;"，并通过伪元素 hover 改变鼠标滑上超链接的效果，改变字体颜色为红色(#f00)。该部分的 CSS 代码如下所示。

```
.header ul{
        margin: 0 auto;           /* 设置无序列表 ul 在页面上水平方向居中 */
        width: 62.5rem;           /* 设置无序列表 ul 宽度为 1000px */
        height: 50px;             /* 设置无序列表 ul 高度为 50px */
        line-height: 50px;        /* 设置无序列表 ul 行高为 50px */
}
.header ul li{
        float: left;              /* 设置无序列表 ul 项 li 向左浮动,从而实现多个 li 在一行显示 */
        margin-left: 30px;        /* 设置无序列表 ul 项 li 左外边距为 30px */
}
.header ul li a{
        display: block;           /* 设置无序列表 ul 项 li 中 a 转换为块元素 */
        padding: 0 50px;          /* 设置 a 标签上下内边距为 0,左右 10px */
        font-size: 20px;          /* 设置 a 标签中字体大小为 20px */
        color: #000;              /* 设置 a 标签中字体颜色 */
        font-weight: bolder;      /* 设置 a 标签中字体为更粗 */
}
.header ul li a:hover{
        color: #F00;              /* 设置 a 标签鼠标滑过时字体颜色 */
}
```

效果如图 3.71 所示。

图　3.71

(4) main 部分是页面的主要内容部分,该部分的上面 header 部分是一个固定定位布局,会脱离原来的文档流,此时需要给其留出足够的空间,因此需要设置 main 部分的外边距为“margin: 160px　auto　0;”(上外边距为 160px),且宽度为 1000px。整体背景是从上到下的颜色渐变填充,为 #efb01a 到 #fff,需设置背景样式属性为“background: linear-gradient(#efb01a, #fff);”。为了让页面更加美观,在页面左右两侧留出 10px 的留白,设置内边距样式属性为 padding:0　10px。该部分的 CSS 代码如下所示。

```
.main{
    margin: 160px  auto  0;          /* 设置 main 区域上外边距为 160px,下外边距为 0,左右自动 */
    width: 1000px;                   /* 设置 main 区域宽度为 1000px */
    background: linear-gradient(#efb01a, #fff);    /* 设置 main 区域颜色渐变填充 */
    padding:0 10px;                  /* 设置 main 区域上下内边距为 0,左右内边距为 10px */
}
```

在 main 中 media 部分包含了图片和视频,其中在图片上面添加一个注释内容,在同一个区域出现了内容的叠加,需设置注释内容位置属性为“position:absolute;”,即绝对定位,堆叠顺序 z-index 的值设置为“z-index:10”,同时设置父元素位置属性为“position:relative;”,即相对定位。该部分的 CSS 代码如下所示。

```
.media{
      margin-top: 10px;                /* 设置 media 区域上外边距为 10px */
      position: relative;              /* 设置 media 区域定位为相对定位 */
}
.media img{
      border: 2px solid skyblue;       /* 设置 media 区域图片 2px 宽度,skyblue 颜色,实线边框 */
}
.media .trans{
      position: absolute;              /* 设置 trans 区域定位为绝对定位 */
      left:195px;                      /* 设置 trans 定位在 media 左边界 195px */
      top: 150px;                      /* 设置 trans 定位在 media 上边界 150px */
      z-index:10;                      /* 设置 trans 区域定位为绝对定位 */
      width: 350px;                    /* 设置 trans 区域宽度为 350px */
      height: 100px;                   /* 设置 trans 区域高度为 100px */
      font-family: "华文行楷";         /* 设置 trans 区域字体为华文行楷 */
      font-size: 18px;                 /* 设置 trans 区域字体大小为 18px */
      border: 2px solid seagreen;      /* 设置 trans 区域为 2px,宽度为 seagreen,颜色实线 */
      background: #fff;                /* 设置 trans 区域背景填充颜色为#fff */
}
.media .trans span{
      color: #f00;                     /* 设置 span 字体颜色为#f00 */
      font-weight: bolder;             /* 设置 span 字体为更粗 */
}
```

效果如图 3.72 所示。

图 3.72

(5) 页面其他部分效果 CSS 代码相对比较简单,在此不再赘述。“国学赏析”页面的剩余部分 CSS 代码如下所示。

```
.remarks{
      padding-left: 20px;              /* 设置 remark 区域左内边距为 20px */
}
.remarks ul,ol,dl{
      padding-left: 30px;              /* 设置 remark 区域列表左内边距为 20px */
}
.remarks dl dt{
      color: #F00;                     /* 设置 remark 区域自定义列表标题字体颜色为#F00 */
}
```

```
.footer{
      margin: 10px auto 0;              /* 设置 footer 区域在页面上水平方向居中,上外边距 10px */
      width: 1000px;                    /* 设置 footer 区域宽度为 1000px */
      height: 80px;                     /* 设置 footer 区域高度为 80px */
      background: #fff;                 /* 设置 footer 区域背景颜色为#fff */
}
.footer p{
      padding-top: 10px;                /* 设置 p 上内边为 10px */
      line-height: 30px;                /* 设置 p 文本行间距为 30px */
      text-align: center;               /* 设置 p 文本行水平对齐方式为居中 */
      font-size:12px;                   /* 设置 p 文本字体大小为 12px */
}
```

“国学赏析”页面最终效果如图 3.73 所示。

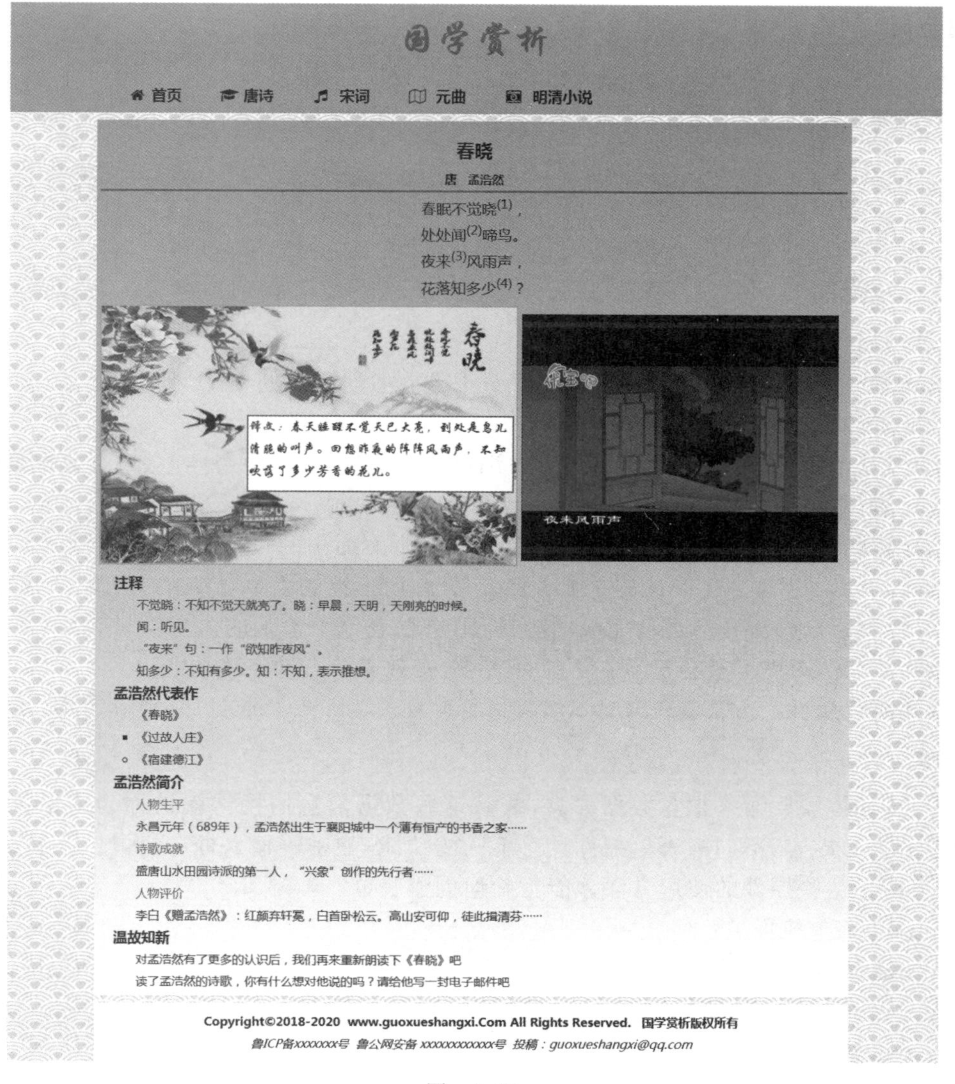

图 3.73

3.3.6 表单标签

动态网站与静态网站的一个主要区别是动态网站具有交互性,即客户端和服务器端要有交流。那么客户端与服务器端交互数据存储在哪个容器中呢?

答案是表单。它可以用来收集用户在客户端提交的各种信息,例如用户在页面上填写的登录和注册信息,就是通过表单作为载体传递给服务器的。可以说表单是用户和服务器交互的重要媒介。

一个表单由如下三个基本组成部分。

- 表单域:用于存放所有表单元素和提示信息的容器;
- 表单控件:包含具体的表单功能项,如文本输入框、密码输入框、单选按钮等;
- 提示信息:表单中说明性的文字,用于提示用户填写和操作。

1. 表单域

<form></form>标签对用于声明表单,定义采集数据的范围。

语法格式如下:

```
<form action = "url 地址" method = "提交方式" name = "表单名称" autocomplete = "on"  novalidate = "novalidate">
/*各种表单元素*/
</form>
```

其中,各项属性的含义如下。

- action 属性:用于指定接收并处理表单数据的服务器程序的 URL 地址。
- method 属性:设置表单数据的提交方式。
- get:默认值,提交的表单数据将显示在浏览器的地址栏中,保密性差,且有数据量的限制。
- post:表单数据传递的保密性较好,并无数据量的限制。
- name 属性:用于指定表单的名称,以区分同一个页面中的多个表单。
- autocomplete 属性:HTML5 中新增表单属性,用于控制表单自动完成功能的开启和关闭。当属性值为 on 时,开启自动完成功能,即用户在表单中输入的内容会被记录下来,当再次输入内容时,历史记录会显示在下拉列表中,实现表单自动完成功能。
- novalidate 属性:当提交表单时不对其进行验证。为了安全起见,一般不启用。

2. 表单控件

在用户注册时,需要输入很多数据信息,装载这些数据信息的控件就被称为表单控件。表单控件为表单的核心内容,不同的表单控件具有不同的功能,如密码输入框、文本域、下拉列表、复选框等,只有掌握了这些控件的使用方法才能正确地创建表单。

1) <input>表单控件

<input>是表单控件中最常用的控件,它可以定义单行文本输入框、密码输入框、单选按钮、复选框、"提交"按钮、"重置"按钮等。

其基本语法格式为:

```
<input type="控件类型" />
```

<input>有很多形态，通过不同的 type 属性区分。

<input>表单控件如表 3.36 所示。

表　3.36

属　性	属　性　值	含义说明
type	text	单行文本输入框
	password	密码输入框
	radio	单选按钮
	checkbox	复选框
	button	普通按钮
	submit	“提交”按钮
	reset	“重置”按钮
	image	图像形式的“提交”按钮
	hidden	隐藏域
	file	文件域
	email	Email 地址的输入域
	url	URL 地址的输入域，网址应包含“http://”
	number	数值的输入域
	range	一定范围内数字值的输入域
	Date pickers(date，month，week，time，datetime，datetime-local)	日期和时间的输入类型
	search	搜索域
	color	颜色输入类型
	tel	电话号码输入类型
name	用户自定义	控件的名称，要保证数据的准确采集，必须定义一个独一无二的名称
value	用户自定义	<input>控件中的默认文本值
size	正整数	<input>控件在页面中的显示宽度
readonly	readonly	控件内容为只读(不能编辑修改)
disabled	disabled	第一次加载页面时禁用该控件(显示为灰色)
checked	checked	定义选择控件默认被选中的项
maxlength	正整数	控件允许输入的最多字符数
autocomplete	on/off	设定是否自动完成表单字段内容
autofocus	autofocus	指定页面加载后是否自动获取焦点
form	form 元素的 id	设定字段隶属于哪一个或哪些表单
list	datalist 元素的 id	指定字段的候选数据值列表
multiple	multiple	指定输入框是否可以选择多个值
min、max 和 step	数值	规定输入框所允许的最小值、最大值和间隔
pattern	字符串	验证输入的内容是否与定义的正则表达式匹配
placeholder	字符串	为 input 类型的输入框提供用户提示
required	required	规定输入框填写的内容不能为空

企业指导

(1) 在创建<input>表单控件时，type 属性是必需的，用来声明表单类型；由于后台获取表单数据一般是通过 name 属性，因此前端开发时该属性是必须添加的，而且尽量做到“见名知意”。

(2) 图像按钮：定义图像形式的“提交”按钮。

语法格式为：

```
< input type = "image" name = " … " src = " … " alt = " … ">
```

type="image"：定义按钮的类型为图像按钮。

name：定义按钮的名称。

src：定义按钮上显示的图像路径。

alt：定义按钮的替换文本。

(3) 日期和时间。

① type:date 表示包含年月日。

② type:datetime 表示包含年月。

③ type:week 表示包含年周。

④ type:time 表示包含时分。

⑤ type:datetime 表示需输入日期时间。

⑥ type:datetime 表示包含本地的日期时间。

(4) size 属性用于设置控件在页面中的显示宽度；maxlength 属性用于设置控件允许输入的最多字符数。

例 3-26 输入表单。

结构和内容代码如下所示。

```
<! DOCTYPE html >
< html >
        < head >
            < meta charset = "utf - 8">
            < title ></title >
        </head >
        < body >
            < h1 >常用 input 表单示例</h1 >
            < form action = " # " method = "post">
              <!-- text 单行文本输入框 -- >
              < p >用户名:< input type = "text" value = "张三" maxlength = "6"></p >
              <!-- password 密码输入框 -- >
              < p >密码 :< input type = "password" size = "30"></p >
              <!-- radio 单选按钮 -- >
                < p >
              性别:< input type = "radio" name = "sex" checked = "checked"/>男
              < input type = "radio" name = "sex"/> 女< br/>< br/>
                </p >
              <!-- number 数值输入域 -- >
```

```
            <p>年龄:<input type=number min="18" max="100"></p>
            <!-- checkbox 复选框 -->
             <p>兴趣:<input type="checkbox" />唱歌
            <input type="checkbox" />跳舞
            <input type="checkbox" />游泳 </p>
             <p>颜色:<input type="color" value="#00ff00" /> </p>
            <!-- file 文件域 -->
             <p>上传头像:<input type="file" /> </p>
            <!-- 专门用于搜索关键词的文本框 -->
             <p>关键词:<input type="search"/> </p>
            <!-- 专门用于输入电话的文本框 -->
             <p>电话:<input type="tel"/> <p>
              <!-- 专门用于输入电话的文本框 -->
              <p>出生日期:<input type="date"/> <p>
            <!-- button 普通按钮 -->
             <p><input type="button" value="普通按钮"/>
            <!-- submit 提交按钮 -->
            <input type="submit" value="提交"/>
            <!-- reset 重置按钮 -->
            <input type="reset" value="重置"/>
              </p>
          </form>
      </body>
</html>
```

效果如图 3.74 所示。

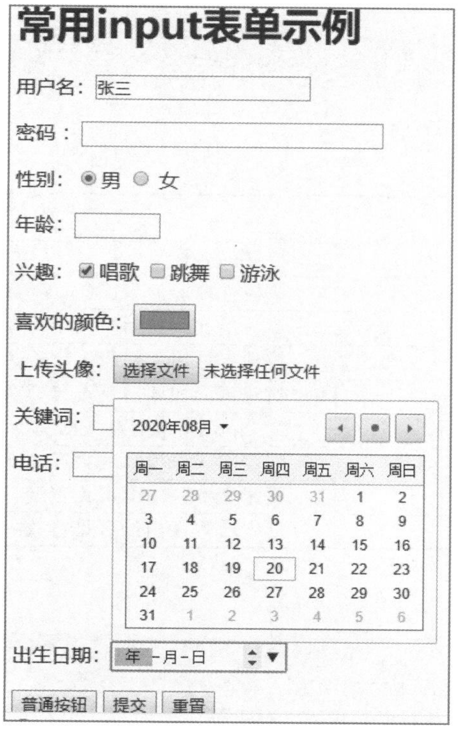

图 3.74

说明：输入关键词“山东华宇工学院”，搜索框右侧会出现一个“×”按钮，单击该按钮，可以清除已经输入的内容，如图 3.75 所示。

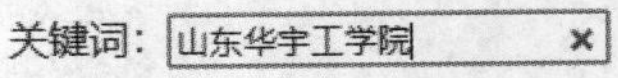

关键词: 山东华宇工学院 ×

图 3.75

2）<label>标签

<label>标签用于为<input>标签定义标注（标记），当用户选择该标签时，浏览器就会自动将焦点转到和标签相关的表单控件上。

例 3-27 <label>标签。

结构和内容代码如下所示。

```
<h3>性别：</h3>
<label for = "male">男</label>
<input type = "radio" name = "sex" id = "male" />
<label for = "female">女</label>
<input type = "radio" name = "sex" id = "female" />
```

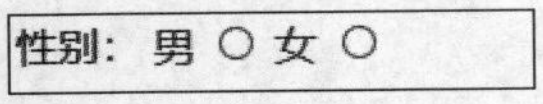

效果如图 3.76 所示。

性别：男 ○ 女 ○

图 3.76

说明：为达到当单击“男”或“女”文字时也绑定表单，此处需设置<lable>标签的 for 属性值与<input>标签的 id 属性值相同，此方法也适用于<textarea>标签。

3）文本区域表单控件<textarea>

<textarea>标签用于定义多行文本输入框，可以通过 cols 和 rows 属性来规定文本区域内可见的列数和行数，具体的尺寸可以通过 width 和 height 来设置。

其基本语法格式为：

```
<textarea rows = "" cols = "">这里是文本</textarea>
```

文本区域表单属性如表 3.37 所示。

表 3.37

属　性	允许取值	取值说明
name	由用户自定义	控件的名称
readonly	readonly	该控件内容为只读（不能编辑修改）
disabled	disabled	第一次加载页面时禁用该控件（显示为灰色）
maxlength	正整数	控件允许输入的最多字符数
autofocus	autofocus	指定页面加载后是否自动获取焦点
placeholder	字符串	为 input 类型的输入框提供一种提示
required	required	规定输入框填写的内容不能为空
cols	number	规定文本区内的可见宽度
rows	number	规定文本区内的可见行数

例 3-28 文本区域控件。

```
<h3>自我介绍：</h3>
    <textarea name = "content" cols = "25" rows = "10" maxlength = "200">
      请输入自我介绍内容，字数不超过 200 个字符
    </textarea>
```

效果如图 3.77 所示。

图 3.77

4）选择表单控件< select >

< select >标签可创建单选或多选菜单，其语法格式具体如图 3.78 所示。

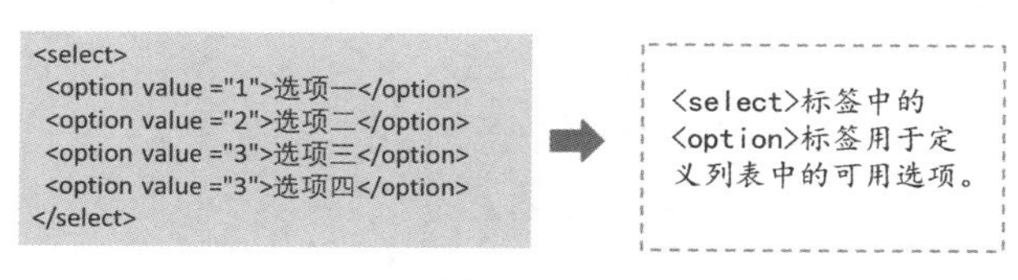

图 3.78

< select >标签的常用属性如表 3.38 所示。

表 3.38

标签名	常用属性	描　述
< select >	size	指定下拉菜单的可见选项数(取值为正整数)
	multiple	定义 multiple="multiple"时，下拉菜单将具有多项选择的功能，多选方法为，按住 Ctrl 键选择多项
< option >	selected	定义 selected ="selected"时，当前项即为默认选中

例 3-29 选择表单控件。

```
<h3>所在城市(单选): </h3>
        <select>
            <option>- 请选择 -</option>
            <option selected = "selected">北京</option>
            <option>上海</option>
            <option>广州</option>
        </select>
<br />
<br />
<h3>兴趣爱好(多选):</h3>
        <select multiple = "multiple" size = "6">
            <option>读书</option>
```

```
            <option>旅行</option>
            <option selected="selected">听音乐</option>
            <option>运动</option>
        </select>
```

效果如图 3.79 所示。

说明：如果进行连续的多选，按住鼠标拖动选取；如果进行不连续的多选，需按住 Ctrl 键，再分别选取所选项。

5) <datalist>标签

<datalist>标签用于定义输入域的选项列表，即与<input>标签配合，定义<input>标签可能的值。

列表通过<datalist>标签内的<option>标签创建，可以使用<input>标签的 list 属性引用<datalist>标签的 id 属性，具体用法如下。

所在城市（单选）：

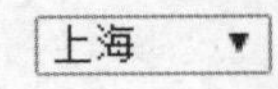

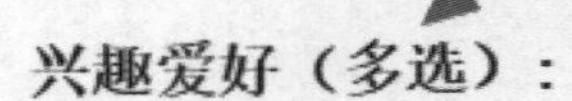

图 3.79

例 3-30 列表控件。

```
<h3>经常浏览的网站：</h3>
<input  id="url"  list="urlList"  size="16">
<datalist  id="urlList">
     <option value="www.baidu.com">百度</option>
     <option value="www.sina.com">新浪</option>
     <option value="www.itcast.cn">传智</option>
</datalist>
```

图 3.80

效果如图 3.80 所示。

说明：当鼠标指针悬停到文本框上时，会出现▼按钮，单击▼按钮，会显示已添加好的列表项。

6) HTML5 表单验证

表单验证是一套系统，它为终端用户检测无效的数据并标记这些错误，让 Web 应用更快地抛出错误，大大地优化了用户体验。

HTML5 自带的表单验证功能有如下两种。

- 通过 required 属性校验输入框填写内容不能为空，如果为空将弹出提示框，并阻止表单提交。
- 通过 pattern 属性规定用于验证 input 域的模式(pattern)，它接受一个正则表达式。表单提交时这个正则表达式会被用于验证表单内非空的值，如果控件的值不匹配这个正则表达就会弹出提示框，并阻止表单提交。

例 3-31 表单验证。

```
<h1>表单验证</h1>
  <form action="#" method="get">
      <p>请输入您的邮箱：<input type="email" name="formmail" required/></p>
       <p>请输入个人网址：<input type="url" name="user_url" required/></p>
```

```
<!-- pattern属性用于验证输入的内容是否与定义的正则表达式匹配,正则表达式[1-9]d{5}(?!d)代表六位数中国邮编 -->
      <p>请输入中国邮编: <input type="text" pattern="[1-9]d{5}(?!d)" name="postcode" required/></p>
      <input type="submit" value="提交"/>
    </form>
```

什么也不输入,直接单击“提交”按钮,会出现如图3.81所示的提示信息。

当在“请输入您的邮箱”文本框中输入huayu,单击“提交”按钮,会出现如图3.82所示的提示信息。

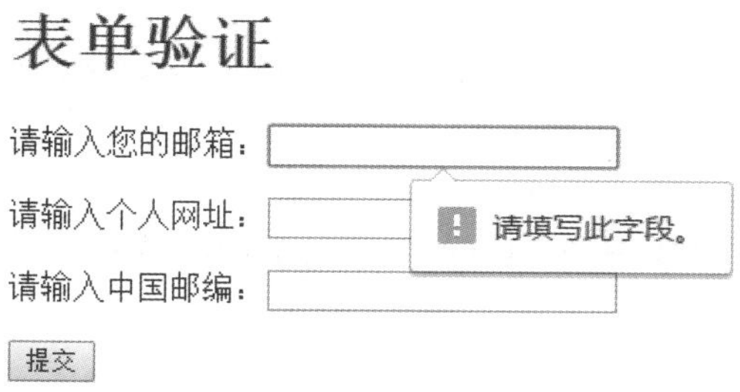

图　3.81

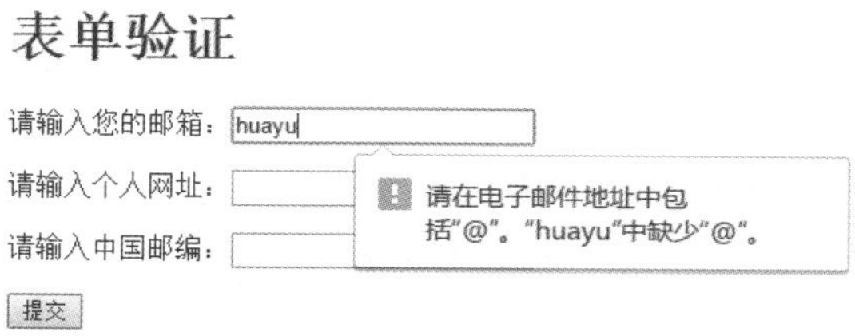

图　3.82

输入完邮箱信息,在“请输入个人网址”文本框中输入huayu.edu.cn,单击“提交”按钮,会出现如图3.83所示的提示信息。

输入完邮箱和网址信息后,在“请输入中国邮编”文本框中输入123456789,单击“提交”按钮,会出现如图3.84所示的提示信息。

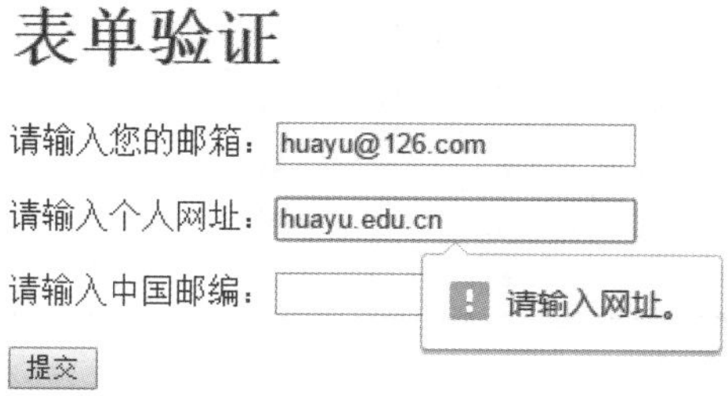

图　3.83

图　3.84

3.3.7　表格的HTML标签和常用样式

在传统的网页设计中表格一直占有比较重要的地位,曾用来对网页进行布局和显示数据,但因为布局烦琐且后期维护成本高,现在已经不常采用,而多用于显示数据。

1. 表格的HTML标签

1）表格标签<table>

<table></table>标签对分别表示表格的开始和结束。表格的其他组成元素,如行、单元格等

都包含在<table></table>标签对之中。

<table>标签常用的属性及含义如表3.39所示。

表 3.39

属性	值	描述
width	%、pixels	规定表格的宽度
border	pixels	规定表格边框的宽度
cellspacing	pixels、%	规定单元格之间的空白
cellpadding	pixels、%	规定单元边框与其内容之间的空白

2）行标签<tr>

<tr></tr>标签对是表格的行标签。在<table></table>标签对中有多少<tr></tr>标签对，这个表格就有多少行。tr元素包含一个或多个th或td元素。

3）单元格标签<td>

<td></td>标签对定义表格中的标准单元格。HTML表单中有如下两种类型的单元格。

(1) 表头单元格：包含表头信息——th。

(2) 标准单元格：包含数据——td。

<th></th>标签对之间的文本对应标题，因此通常会呈现居中的粗体文本；<td></td>标签对之间的文本通常是左对齐的普通文本。

<td></td>标签对要包含在<tr>和</tr>标签对之中。一个表格被分为多行，每一行又被分为多个单元格。

<td>标签常用的属性及含义如表3.40所示。

表 3.40

属性	值	描述
colspan	number	规定单元格可横跨的列数
rowspan	number	规定单元格可横跨的行数
align	left、right、center、justify、char	规定单元格内容的水平对齐方式
valign	top、middle、bottom、baseline	规定单元格内容的垂直对齐方式

4）标题标签<caption>

<caption></caption>标签对用来定义表格标题。<caption>标签必须紧随<table>标签之后。每个表格只能定义一个标题，通常这个标题会居中显示在表格上。

2. 表格的常用CSS样式

1）设置表格的宽度和高度

设置表格或单元格的宽度、高度的方法与网页上其他块元素的方法相同，用width属性设置表格或单元格的宽度，用height属性设置表格或单元格的高度。

大多数情况下，表格只需要设置宽度属性，高度根据单元格内容自适应。

2）设置表格表格或单元格内容的水平对齐方式

语法格式：

```
text - align: left|center|right;
```

3）设置单元格内容的垂直对齐方式

语法格式：

```
vertical - align: middle|top|bottom;
```

普通单元格中内容的默认对齐方式是水平方向左对齐、垂直方向居中；表头单元格中内容的默认对齐方式是水平方向和垂直方向都居中。

4）设置表格或单元格的文字属性和背景属性

设置表格或单元格的文字属性和背景属性的方法与前面学过的如 div、标题标签等其他网页元素的方法相同。

5）设置表格或单元格的边框

语法格式：

```
border: border - width|border - color|border - style;
```

在设置表格边框时如果只给< table >标签设置边框属性，效果是给整个表格设置外边框，而各个单元格不受影响。如果希望每个单元格都显示边框，则要给< td >标签也设置边框属性。

6）设置表格边框双线合一

语法格式：

```
border - collapse: separate|collapse|inherit;
```

当使用 CSS 设置单元格边框时，如果给每个单元格都设置宽度为 1 像素的边框，那么相邻两个单元格的边框的实际宽度是 1px+1px=2px，美观程度将受影响。此时可以使用 border-collapse 属性将表格相邻的边框双线合一，如图 3.85 所示

项目1	项目2
项目3	项目4

图　3.85

border-collapse 属性及含义如表 3.41 所示。

表　3.41

属　性　值	描　　述
separate	默认值，边框会被分开
collapse	如果可能，边框会合并为一个单一的边框
inherit	规定应该从父元素继承 border-collapse 属性的值

3. 综合实例

用户注册是指用户在客户端填写一些必要的个人信息，并将填写的信息提交给服务的过程。要完成用户注册，首先需要一个用户注册的页面，其设计上不用太花哨，大方简洁即可，如图 3.86 所示。

用户注册

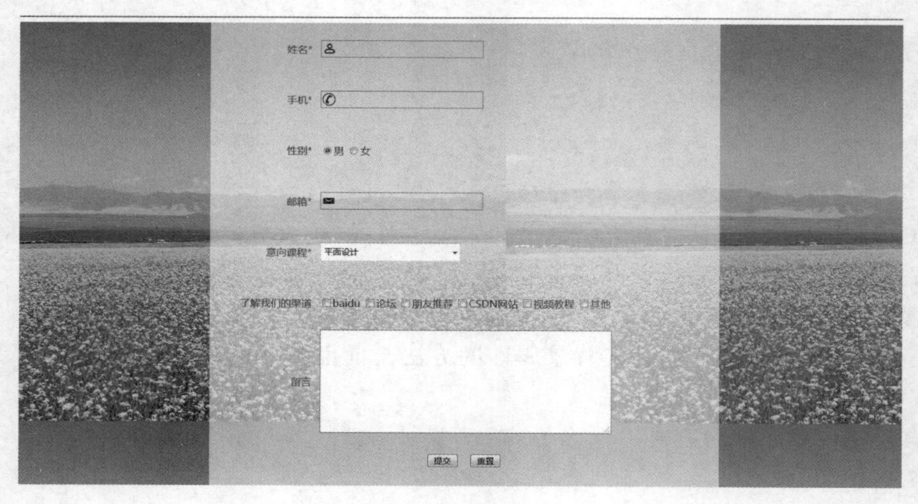

图 3.86

1）HTML 代码结构

```
<!doctype html>
<html>
        <head>
              <meta charset = "utf - 8">
              <title>在线报名</title>
              <link rel = "stylesheet" type = "text/css" href = "styles/login.css" />
        </head>
        <body>
              <h2>用户注册</h2>
                    <hr size = "3" color = "#EE5114">
                    </hr>
                    <div class = "bg">
                        <form action = "#" method = "post">
                            <table class = "content">
                                <tr>
                                  <td class = "left">姓名<span class = "red">*</span></td>
                                  <td><input type = "text" class = "txt01" /></td>
                                  </tr>
                                <tr>
                                  <td class = "left">手机<span class = "red">*</span></td>
                                  <td><input type = "text" class = "txt02" /></td>
                                </tr>
                                <tr>
                                  <td class = "left">性别<span class = "red">*</span></td>
                                  <td>
                                        <label for = "boy"><input type = "radio" name = "sex" id =
"boy" checked = "checked" />男</label>
                                        <label for = "girl"><input type = "radio" name = "sex" id =
"girl" />女</label>
                                  </td>
                                </tr>
```

```
                                        <tr>
                                          <td class="left">邮箱<span class="red">*</span></td>
                                          <td><input type="email" class="txt03" /></td>
                                        </tr>
                                        <tr>
                                          <td class="left">意向课程<span class="red">*</span></td>
                                          <td>
                                                <select class="course">
                                                        <option>网页设计</option>
                                                        <option selected="selected">平面设计</option>
                                                        <option>UI 设计</option>
                                                </select>
                                          </td>
                                        </tr>
                                        <tr>
                                          <td class="left">了解我们的渠道</td>
                                          <td>
                                                <label for="baidu"><input type="checkbox" id="baidu"
/>baidu</label>
                                                <label for="it"><input type="checkbox" id="it" />论
坛</label>
                                                <label for="friend"><input type="checkbox" id=
"friend" />朋友推荐</label>
                                                <label for="csdn"><input type="checkbox" id="csdn" />
CSDN 网站</label>
                                                <label for="video"><input type="checkbox" id="video"
/>视频教程</label>
                                                <label for="other"><input type="checkbox" id="other"
/>其他</label>
                                          </td>
                                        </tr>
                                        <tr>
                                          <td class="left">留言</td>
                                          <td><textarea cols="50" rows="5" class="message">
</textarea></td>
                                        </tr>
                                        <tr align="center">
                                          <td colspan="2" width="600px"><input type="submit" value="提
交" />    <input type="reset"
                                              value="重置" /></td>
                                        </tr>
                                </table>
                        </form>
                </div>
        </body>
</html>
```

2）CSS 代码结构

```
body,h1,form,table{
        margin: 0;                          /* 消除 HTML 元素默认外边距 */
        padding: 0;                         /* 消除 HTML 元素默认内边距 */
        box-sizing: border-box;             /* 内边距和边框在已设定的宽度和高度内进行绘制 */
        font-family: "微软雅黑";            /* 设置页面默认字体为微软雅黑 */
}
```

```
h1{
        text-align: center;                         /* 设置文本水平对齐方式居中 */
        line-height: 150px;                         /* 设置行间距为150px */
        font-family:"华文行楷";                      /* 设置字体 */
        font-size:50px;                             /* 设置字体大小 */
}
.bg{
  background:url(../img/login1.jpg);                /* 设置背景图片 */
}
.content{
         margin: 0 auto;                            /* 设置水平居中 */
            width: 800px;                           /* 设置宽度 */
            background-color: rgba(255,255,255,0.7);     /* 设置背景颜色和透明度 */
}
tr{
        height: 80px;                               /* 设置表格行高 */
}
td.left{
        text-align:right;                           /* 设置提示信息居右对齐 */
        padding-right:10px;                         /* 设置提示信息和表单控件间的距离 */
}
.red{color:#F00;}                                   /* 设置提示信息中星号的颜色 */
.txt01,.txt02{                                      /* 定义前两个单行文本输入框相同的样式 */
        width:220px;
        height:20px;
        border:1px solid #ee5114;
        padding:3px 3px 3px 30px;
        font-size:12px;
        color:#949494;
}
.txt01{                                             /* 定义第一个单行文本输入框的背景图像 */
        background:url(img/name.png) no-repeat 2px center;
}
.txt02{                                             /* 定义第二个单行文本输入框的背景图像 */
        background:url(img/phone.png) no-repeat 2px center;
}
.txt03{                                             /* 定义第三个单行文本输入框的样式 */
        width:220px;
        height:20px;
        padding:3px 3px 3px 30px;
        font-size:12px;
        border:1px solid #ee5114;
        background:url(img/email.png) no-repeat 2px center;
}
.course{                                            /* 定义下拉菜单的宽度 */
 width:220px;
 height: 30px;
 padding: 3px;
 }
.message{                                           /* 定义多行文本输入框的样式 */
        width:450px;
        height:160px;
        padding:3px;
        font-size:12px;
        color:#949494;
        border:1px solid #ee5114;
}
```

任务实现

3.3.8 对网页进行整体布局

1. 网站首页布局结构分析

“盛和景园”作为一个房产项目，从图3.87中可以看出：作为介绍房产项目的窗口，整个首页页面布局工整，采用了“国”字形布局，色彩上主要采用红、白、黑作为主色调，同时辅以橙色、蓝色、绿色作为点睛之色，页面呈现出简洁、大气、舒适的特点，设计上符合房产项目的初衷。

图 3.87

页面制作人员在进行 HTML、CSS 编码前，应当对页面效果图进行详细的观察与分析，将页面各元素的组成关系理顺，形成网页的基本结构组成，然后根据这样的思路去编写页面的 HTML 文件，最后应用 CSS 样式将 HTML 页面还原成与效果图一致的网页文件。

从图 3.88 中可以看到首页页面最上面是 logo、垂询电话、快捷功能导航，主导航(nav)，宣传(banner)；中间是页面的主体部分，其又分为上下两部分，上面部分采用左中右结构，包括盛和景园展示、联系我们、项目介绍、动态新闻、通知公告、登录、实景展示；最下面是页面的页脚部分，包括版权、联系方式、开发商等信息。页面整体结构如图 3.88 所示。

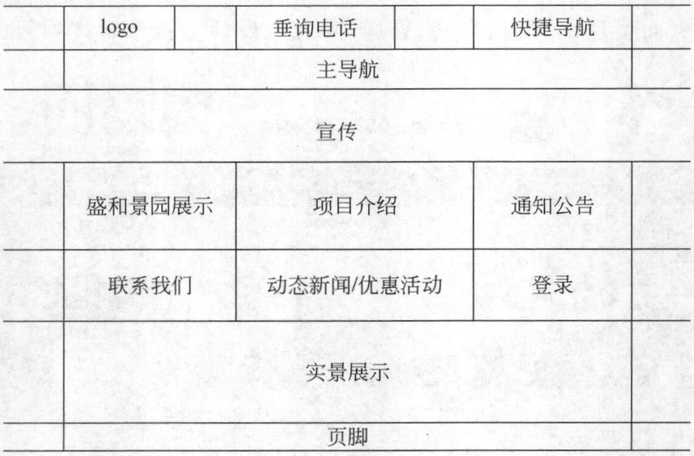

logo	垂询电话	快捷导航
主导航		
宣传		
盛和景园展示	项目介绍	通知公告
联系我们	动态新闻/优惠活动	登录
实景展示		
页脚		

图 3.88

2. 网站首页页面布局规划

基于网页结构的构成，把网站首页划分为 5 个区域：头部、导航、宣传、主体内容和页脚。将网页头部规划为 header 区域；将网页主导航规划为 nav 区域；将网页宣传规划为 banner 区域；将网页主体内容规划为 content 区域；将网页页脚规划为 footer 区域。依据这样的思路，便形成了如图 3.87 所示的页面布局规划，且这几个区域是按照从上向下的顺序排列的，因此直接使用默认文档流布局即可。

3. 构建首页结构和内容

(1) 在打开的首页文件 index.html 头部< head >标签中添加标题(title)、关键词(keywords)、描述信息(description)等信息，字符编码默认使用 utf-8。代码如下所示。

```
< head >
< meta charset = utf - 8">
< title >盛和景园→温馨的港湾</title >
< meta name = "Keywords" content = "盛和景园,房产"/>
< meta name = "Description" content = "盛和景园小区位于德州经济技术开发区,地处三总站核心商圈内,开
车只需 5 分钟便可到达汽车站、火车站。紧邻京沪高速、104 等国省主干道路,是理想的居住之地。"/>
```

(2) 因为样式文件 index.css 和 base.css 是单独建立的，所以要把样式文件链接入(link)首页文件，这样才能保证样式应用于首页。代码如下所示。

```
<head>
<meta charset = utf - 8">
<title>盛和景园→温馨的港湾</title>
<meta name = "Keywords" content = "盛和景园,房产"/>
<meta name = "Description" content = "盛和景园小区位于德州经济技术开发区,地处三总站核心商圈内,开车只需 5 分钟便可到达汽车站、火车站。紧邻京沪高速、104 等国省主干道路,是理想的居住之地。"/>
<link href = "css/base.css" rel = "stylesheet" type = "text/css">
<link href = "css/index.css" rel = "stylesheet" type = "text/css">
</head>
```

（3）构建页面主体结构。

根据前面分析得出的页面布局规划,创建页面主体结构如下：

```
<body>
    <div class = "header">
        头部
    </div>
    <div class = "nav">
        主导航
    </div>
    <div class = "banner">
        宣传
    </div>
    <div class = "content">
        主体内容
    </div>
    <div class = "footer">
        页脚
    </div>
</body>
```

4. 构建基础 CSS 样式表(base.css)

打开基础样式表文件 base.css,输入相应代码。

（1）对页面中用到的标签进行统一浏览器设置。

```
body,div,h1,h2,h3,h4,h5,h6,p,ul,ol,li,input,form {
        margin: 0;                      /* 消除 HTML 元素默认外边距 */
        padding: 0;                     /* 消除 HTML 元素默认内边距 */
        box - sizing: border - box;     /* 内边距和边框在已设定的宽度和高度内进行绘制 */
        font - size: 14px;
        font - family: "微软雅黑";      /* 设置页面默认字体为微软雅黑 */
}
```

（2）设置标题标签。

```
h1,h2,h3,h4,h5,h6{
        font - weight: 400;             /* 设置所有标题标签文字默认粗细 400 */
}
```

(3) 设置无序和有序列表项标签。

```
ul,ol {
        list-style-type: none;          /* 取消列表项的默认符号 */
}
```

(4) 设置超链接<a>标签。

```
a {
        text-decoration: none;          /* 取消超链接默认的下画线 */
}
```

(5) 清除浮动影响。

```
/* 清除浮动带来的不利影响 */
.clearfix:after {
        display: block;
        content: "";
        height: 0;
        visibility: hidden;
        clear: both;
}

.clearfix {
        zoom: 1;                        /* 解决 IE 6 下清除浮动和 margin 导致的重叠问题 */
}
```

(6) 设置通用的样式。

```
/* 设置向左浮动 */
 .fl{
        float: left;
 }
 /* 设置向左浮动 */
 .fr{
        float: right;
 }
 /* 设置上边距为 10px */
 .mgt10{
        margin-top: 10px;
 }
 /* 设置左边距为 10px */
 .mgl10{
        margin-left: 10px;
 }
```

3.3.9 制作首页头部区域

如图 3.89 所示,首页头部主要由三个内容组成,第一个是网站的 logo,第二个是垂询电话,第三个是快捷功能导航。

图　3.89

1. 构建 HTML 结构和内容

（1）logo。

网页的 logo 是一个图片，完全可以使用<img>标签直接插入图片，但图片相比于文字要大很多，下载速度要比文字慢很多，因此考虑使用背景图片来呈现 logo，当网速比较慢时，先显示提示信息文字，用<h1>标签来表示 logo 内容，且 logo 一般还用作超链接到首页的功能，所以还要给其添加链接到首页的超链接。

将光标定位到 index.html 文件的 header 部分，删除文字“网页头部”，并输入如下 HTML 代码：

```
<h1><span><a href="index.html">盛和景园</a></span></h1>
```

（2）垂询电话。

垂询电话是一个独立的内容，因此用<h2>标签来表示该部分内容，电话图片以背景的方式显示。HTML 代码如下所示。

```
<h2>垂询电话：0534-1234567</h2>
```

（3）快捷功能导航。

快捷功能导航本身包含了三个内容，而且有先后顺序，重要的在第一个，以此类推，因此用有序列表来表示该部分内容，且每个内容由图像和文字组成。HTML 代码如下所示。

```
<ol>
 <li><img src="img/home.gif"><br>设置首页</li><!-- 跳转到首页 -->
 <li><img src="img/fri.gif"><br>友情链接</li>
 <li><img src="img/us.gif"><br>联系我们</li>
</ol>
```

综上，首页头部区域的完整 HTML 代码如下所示。

```
<div  class="header">
  <h1><span><a href="index.htm">盛和景园</a></span></h1>
  <h2>垂询电话：0534-1234567</h2>
  <ol>
   <li><img src="img/home.gif"><br>设置首页</li><!-- 跳转到首页 -->
   <li><img src="img/fri.gif"><br>友情链接</li>
   <li><img src="img/us.gif"><br>联系我们</li>
  </ol>
</div>
```

效果如图 3.90 所示。

盛和景园
垂询电话：0534-1234567
设置首页
友情链接

图 3.90

2. 设置 CSS 样式

(1) 设置头部的整体样式。

从图 3.91 可以看到头部的宽度是 1000px，高度是 90px，且位于页面水平方向上居中，因后面的主体内容也有相同的设置，故采用并集选择器方式同时设置这两部分相同的样式。CSS 代码如下所示。

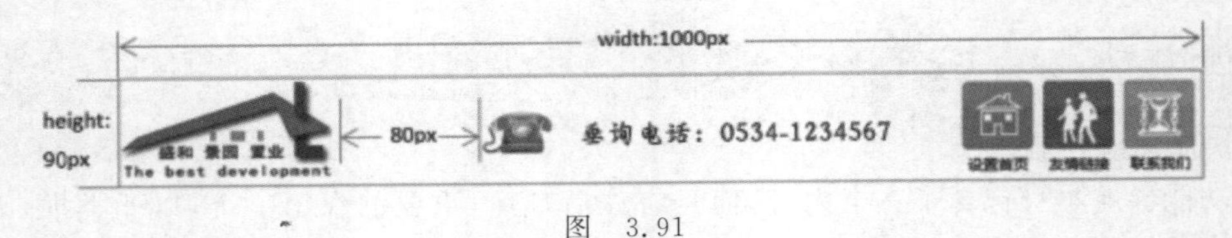

图 3.91

```
.header,.content{
        width: 1000px;            /设置 header、content 区域宽度为 1000px/
        margin:10px auto;         /设置 header、content 区域页面水平方向上居中,且上下外边距为 10px/
        border: 1px solid #B10808;     /* 添加一个边框表明 header 区域范围,若无用随后删掉即可 */
}
.header{
        height:90px;              /设置 header 区域高度为 90px/
        }
```

头部部分一共包括了三个内容，而且三个内容内每一个都用块标签表示，因此每一个都会独占一行，要让三个内容在一行显示，需使用浮动布局(float)。因在基础样式中定义了浮动类样式.fl(向左浮动)、.fr(向右浮动)，故只需在 HTML 代码中添加相应类名即可。头部部分的 HTML 代码修改如下：

```
<div  class = "header">
  <h1 class = "fl"><span><a href = "index.htm">盛和景园</a></span></h1>
```

```
  <h2 class="fl">垂询电话: 2551651/52 </h2>
  <ol class="fr">
   <li><img src="img/home.gif"><br>设置首页</li><!-- 跳转到首页 -->
   <li><img src="img/fri.gif"><br>友情链接</li>
   <li><img src="img/us.gif"><br>联系我们</li>
  </ol>
</div>
```

保存文件,刷新浏览器,页面效果如图 3.92 所示。

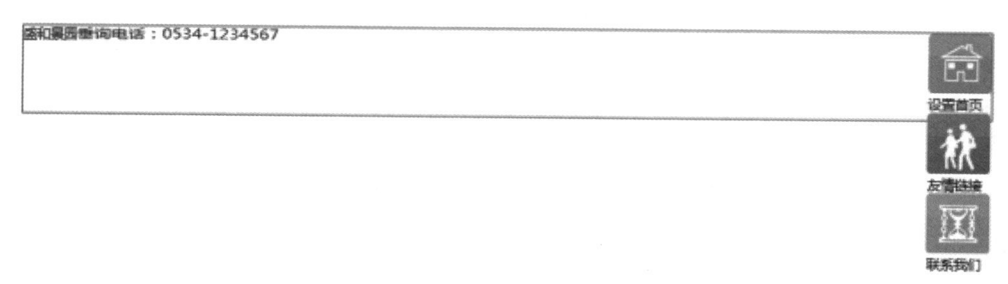

图　3.92

(2) 设置 logo 的样式。

logo 的大小宽度为 197px,高度为 93px。CSS 代码如下所示。

```
.header > h1{
        width:197px;                                          /* 设置 h1 的宽度为 197px */
        height:93px;                                          /* 设置 h1 的高度为 93px */
        background:url(../img/logo.png) 0 0 no-repeat;        /* 设置 h1 的背景图像 */
        }
.header > h1 > span{
        display:none;                                         /* 设置隐藏 span 的内容,即隐藏文字 */
        }
```

当前页面效果如图 3.93 所示,logo 图像已经显示。

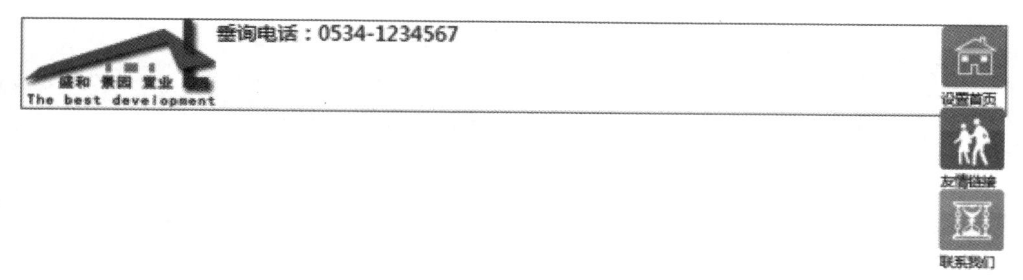

图　3.93

(3) 设置垂询电话样式。

从图 3.94 可以看到“垂询电话”的上、左外边距分别为 30px、80px,高度为 40px,宽度为文字占用的空间宽度,无须设置。因左边放置了一个电话的背景图像,所以采取设置一个左内边距的方式，为背景图像腾出空间。该部分使用的字体为特殊的“华康瘦金体”，所以采用服务器字体的方式引用。

图 3.94

CSS 代码如下所示。

```
/ * 使用特殊字体 * /
@font - face
{
    font - family: myFont;                                  / * 设置字体名称为 myFont * /
    src: url(../fonts/华康瘦金体.TTF);                       / * 设置字体路径 * /
}
.header h2{
        margin:30px 0 0 80px;                               / * 设置 h2 上、左外边距分别为 30px、80px * /
        padding - left:90px;                                / * 设置 h2 左内边距为 90px * /
        line - height: 40px;                                / * 设置 h2 行间距为 40px * /
        font - size:35px;                                   / * 设置 h2 字体大小为 35px * /
        font - family:myFont;                               / * 设置字体为引用字体 myFont * /
        font - weight:bolder;                               / * 设置 span 字体为粗体 * /
        background:url(../img/tel2.png) 0 0 no - repeat;    / * 设置 h2 背景图像 * /
        }
```

(4) 设置快捷导航样式。

该部分内容整体已整体浮动到右侧，上外边距为 5px，3 个 li 项在一行显示，通过左浮动实现，li 项之间的间距为 10px，文本水平对齐方式居中，行间距为 22px。CSS 代码如下所示。

```
.header ol{
        margin - top:5px;                / * 设置 ol 上外边距为 5px * /
        }
.header ol li{
        float:left;                      / * 设置 ol 中立项向左浮动,实现在一行显示效果 * /
        margin - left:10px;              / * 设置 li 项左外边距为 10px * /
        text - align:center;             / * 设置 li 项中文本水平对齐方式为居中 * /
        line - height: 32px;             / * 设置 li 项行间距为 32px * /
        }
```

快捷导航部分效果如图 3.89 所示。

3.3.10 制作首页导航区域

如图 3.95 所示，首页导航部分一共包含 9 个具有先后顺序的超链接导航内容，因此使用有序列表来实现。

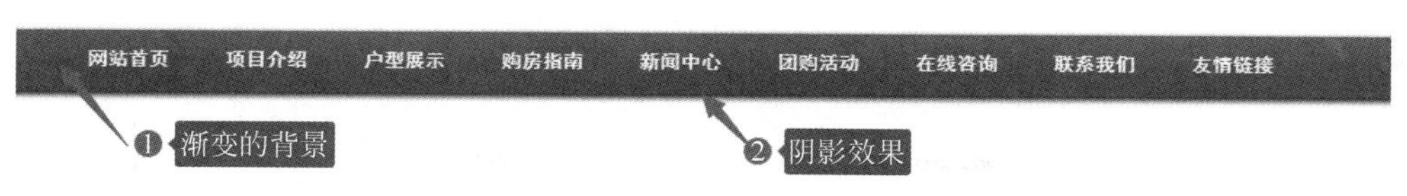

图　3.95

1. 制作一级导航

构建HTML结构和内容，将选择nav区域内提示文字删除即可。输入HTML代码如下所示。

```
<div class="nav">
  <ol>
   <li><a href="#">网站首页</a></li>
   <li><a href="#">项目介绍</a></li>
   <li><a href="#">户型展示</a></li>
   <li><a href="#">购房指南</a></li>
   <li><a href="#">新闻中心</a></li>
   <li><a href="#">团购活动</a></li>
   <li><a href="#">在线咨询</a></li>
   <li><a href="#">联系我们</a></li>
   <li class="last"><a href="#">友情链接</a></li>
  </ol>
</div>
```

保存文件，刷新浏览器，页面效果如图3.96所示。

网站首页
项目介绍
户型展示
户型图详细展示
户型图展示
户型图展示
购房指南
新闻中心
团购活动
在线咨询
联系我们
友情链接

图　3.96

2. 设置CSS样式

如图3.95所示，导航效果上是一个全屏效果的导航，导航部分主要由渐变、阴影的背景和9个导航内容构成。

(1) 设置导航部分全屏和背景样式。

```
.nav{
        width:100%;                                  /*设置nav的宽度为100%,即全屏效果*/
        height:50px;                                 /*设置nav的高度为50px*/
```

```
        filter: progid:DXImageTransform.Microsoft.gradient
        (GradientType = 0, startColorstr = #f42a28, endColorstr = #b90409);
                                                        /* 设置支持 IE 9 以下的渐变 */
        background:linear - gradient( #f42a28, #b90409);    /* 设置 nav 的从上到下的渐变效果 */
        box - shadow:2px 2px 5px;                       /* 设置 nav 的阴影效果 */
        }
```

(2) 设置导航部分导航内容整体样式。

导航内容位于页面水平方向的居中位置,且在一行显示。

```
.nav ol{
        width:1000px;                   /* 设置 ol 的宽度为 1000px */
        margin:0 auto;                  /* 设置 ol 水平方向上居中 */
        }
.nav ol li{
        float:left;                     /* 设置 ol 中 li 项向左浮动,即一行显示 */
        }
```

保存文件,刷新浏览器,页面效果如图 3.97 所示。

图 3.97

(3) 设置导航内容样式。

从图 3.98 中可以看到当鼠标指针滑上导航,导航的背景变为白色,字体颜色为红色。从这一效果可以看出,导航的选区范围为这一白色块区域,因此需要把超链接转换为块元素(display: block;)。导航之间用分隔线分隔,最后一个导航没有分隔线。因此,需要给最后一个导航项一个类名(.last),取消其右侧的分隔线。

图 3.98

导航部分 CSS 代码如下所示。

```
.nav ol{
        width:1000px;                   /* 设置 ol 的宽度为 1000px */
        margin:0 auto;                  /* 设置 ol 水平方向上居中 */
        }
.nav ol li{
        float:left;                     /* 设置 ol 中 li 项向左浮动,即一行显示 */
        margin:10px 3px;                /* 设置 ol 中 li 项外边距 */
```

```
        background:url(../img/split.png) right bottom no-repeat;
                                                /*设置ol中li项背景图像即导航右侧分隔线*/
        }
.nav ol li a{
        display:block;                          /*设置a转换为块元素*/
        height:28px;                            /*设置a块高度为28px*/
        width:96px;                             /*设置a块宽度为96px*/
        margin-right:8px;                       /*设置a块右外边距为8px,为分隔线腾出空间*/
        line-height:28px;                       /*设置a块行间距为28px,实现文本垂直居中*/
        font-family:"黑体";                     /*设置a的字体为黑体*/
        color:#fff;                             /*设置a的字体颜色为白色*/
        font-size:16px;                         /*设置a的字体大小为16px*/
        font-weight: bolder;                    /*设置a的字体为粗体*/
        text-align:center;                      /*设置a的文本为水平居中*/
        }
.nav ol li a:hover{
        background:#fff;                        /*设置滑上a后背景颜色为白色*/
        color:#b10808;                          /*设置滑上a后字体颜色为#b10808*/
        }
/*取消最后一个导航的分隔线*/
.nav ol li.last{
        background:none;
        }
```

保存文件,刷新浏览器,页面效果如图3.98所示。

3. 制作二级导航菜单

视频讲解

该导航除了有一个一级导航之外,还包括一个二级导航,如图3.99所示。

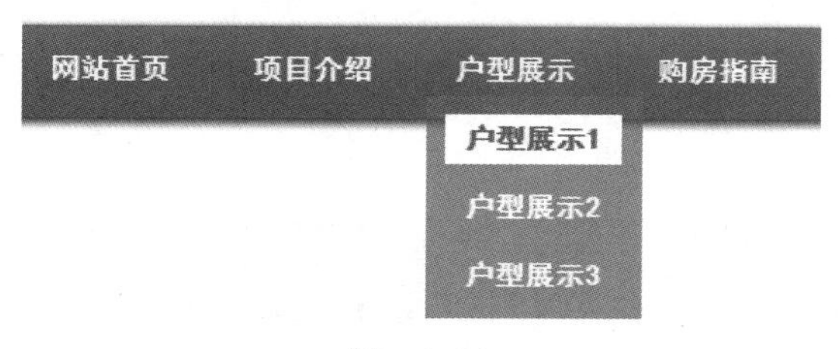

图　3.99

(1) 构建HTML结构和内容。

从图3.99中可以看到,二级导航菜单一般也是包含多项,因此对该内容使用无序列表来实现。修改后的HTML代码如下所示。

```
<div class="nav">
  <ol>
   <li><a href="#">网站首页</a></li>
   <li><a href="#">项目介绍</a></li>
   <li><a href="#">户型展示</a>
      <ul>
        <li><a href="#">户型展示1</a></li>
```

```
            <li><a href="#">户型展示2</a></li>
            <li><a href="#">户型展示3</a></li>
          </ul>
       </li>
       <li><a href="#">购房指南</a></li>
       <li><a href="#">新闻中心</a></li>
       <li><a href="#">团购活动</a></li>
       <li><a href="#">在线咨询</a></li>
       <li><a href="#">联系我们</a></li>
       <li class="last"><a href="#">友情链接</a></li>
    </ol>
</div>
```

保存文件,刷新浏览器,页面效果如图 3.100 所示。

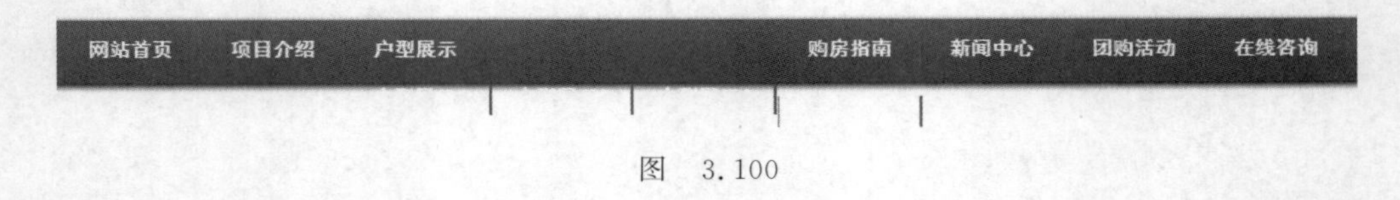

图 3.100

(2) 设置 CSS 样式。

从图 3.100 中可以看到,当前的导航变得杂乱无章。很明显,二级导航的内容页已经和一级导航的内容混淆到一起。在初始状态时,二级导航菜单并不显示,而是隐藏的。设置隐藏二级导航的 CSS 代码如下所示。

```
.nav ol li ul{
        display: none;
        }
```

保存文件,刷新浏览器,页面效果如图 3.101 所示。

图 3.101

从图 3.101 中可以看到,一级导航恢复了良好有序的状态,但是当鼠标指针滑上"户型展示"后,二级导航菜单并没有显示,但是此时该项的二级导航菜单应该是显示的,且背景为半透明的红色背景。因此设置 CSS 代码如下所示。

```
.nav ol li:hover ul{
        display: block;                     /* 设置滑上一级导航二级导航 ul 显示 */
        background:rgba(255,0,0,0.5);       /* 设置半透明的红色背景 */
        }
```

保存文件,刷新浏览器,页面效果如图 3.102 所示。

图　3.102

从图 3.102 中可以看到，二级导航已经显示，但是横向排列的，默认仍继承一级导航的样式，因此首先需要取消向左浮动，且取消导航之间的分隔线。设置 CSS 代码如下所示。

```
.nav ol li:hover ul li{
        float: none;                  /* 取消二级导航浮动 */
        margin-left: 10px;            /* 设置二级导航项左外边距 10px */
        background:none;              /* 设置无背景即取消二级导航右侧的分隔线 */
        }
```

保存文件，刷新浏览器，页面效果如图 3.103 所示。

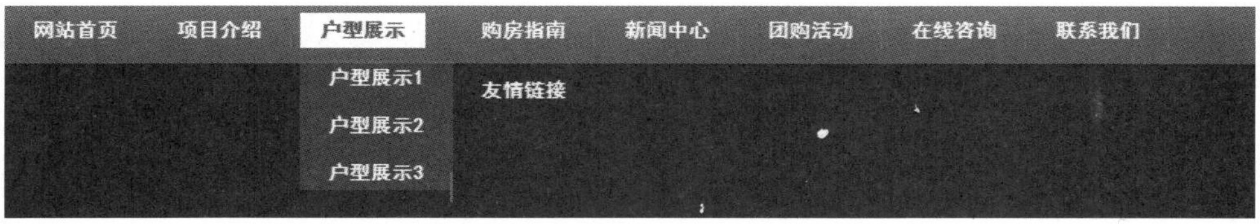

图　3.103

从图 3.103 中可以看到，二级导航内容还是与一级导航混淆到了一起。因此，需要对二级导航单独定位布局，只有绝对布局才能实现。修改二级导航(ul)CSS 代码如下所示。

```
.nav ol li ul{
        display: none;                /* 设置 ul 初始隐藏 */
        position: absolute;           /* 设置 ul 绝对定位布局 */
        }
```

同时在其父级元素(ol>li)中添加相对定位。

保存文件，刷新浏览器，页面效果如图 3.104 所示。

图　3.104

3.3.11　制作首页宣传部分

宣传部分是一个“大图轮播”的效果，这一效果需要用到 JavaScript 知识。因此，这一部分的实现在“第四部分交互篇”做详细介绍，在这里只放一张宣传图片。

1. 构建 HTML 结构和内容

首先将选择首页宣传区域内提示文字,删除即可。输入 HTML 代码如下所示。

```
<div class = "banner mgt10">< img src = "img/banner1.jpg"></div>
```

保存文件,刷新浏览器,页面效果如图 3.105 所示。

图 3.105

2. 设置 CSS 样式

宣传部分是一个全屏效果,因此需要设置其宽度为 100%。从图 3.105 中可以看到,图像右侧被遮盖了一部分内容,需要图像完整地显示出来,此时应设置图像本身的宽度为 100%,高度等比例自动变换。设置 CSS 代码如下所示。

```
.banner{
        width: 100 %;                /* 设置 banner 的宽度为 100 %,即全屏 */
}
.banner img{
        width: 100 %;                /* 设置图像本身的宽度为 100 %,高度等比例自动变换 */
        }
```

保存文件,刷新浏览器,页面效果如图 3.106 所示。

图 3.106

3.3.12 制作首页主体内容区域

如图 3.107 所示,首页主体内容区域是首页的主要内容呈现,因此包含的内容较多,从整体结构上可以分为上(content-top)、下(content-bottom)两部分,其中上又可分为左(content-top-left)、

中(content-top-mid)、右(content-top-right)三部分。从样式上，上(content-top)按从左向右顺序排列，须通过浮动布局来实现，通过基础样式表中的浮动类(.fl、.fr)实现，但要清除浮动影响(.clearfix)；上(content-top)左右两侧整体样式是完全一样的，标题类名、背景类名相同，同时每部分的内容又有差异，所以每一部分还要给定一个单独的类名；以此类推，“项目介绍”和“实景展示”也采取同样的方法处理。

图　3.107

1. 构建首页主体内容区域整体 HTML 结构(内容)和样式

(1) 构建 HTML 结构和内容。

首先选择首页主体内容区域内提示文字，删除即可。输入 HTML 代码如下所示。

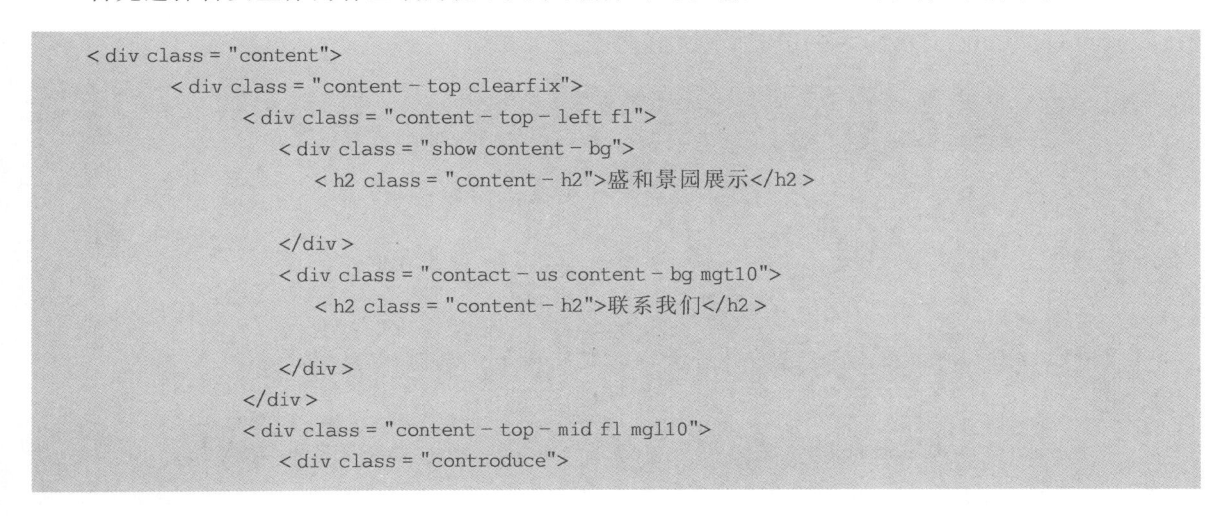

```
<div class = "content">
        <div class = "content - top clearfix">
            <div class = "content - top - left fl">
                <div class = "show content - bg">
                    <h2 class = "content - h2">盛和景园展示</h2>

                </div>
                <div class = "contact - us content - bg mgt10">
                    <h2 class = "content - h2">联系我们</h2>

                </div>
            </div>
            <div class = "content - top - mid fl mgl10">
                <div class = "controduce">
```

```
                <h3class = "content - 3"><span><a href = "#"> MORE + </a></span><b>项目
</b>介绍</h3>

              </div>
              <div class = "news mgt10">

              </div>
            </div>
            <div class = "content - top - right fr">
              <div class = "notice content - bg">
                <h2 class = "content - h2">公告</h2>

              </div>
              <div class = "login content - bg mgt10">
                <h2 class = "content - h2">登录</h2>

              </div>
            </div>
          </div>
          <div class = "content - bottom mgt10">
            <h3 class = "content - 3"><span><a href = "#"> MORE + </a></span><b>项目</b>介
绍</h3>

          </div>
</div>
```

保存文件，刷新浏览器，页面效果如图 3.108 所示。

盛和景园展示 MORE+项目介绍MORE+实景展示　　　公告
联系我们　　　登录

图　3.108

(2) 设置 CSS 样式。

左(content-top-left)、中(content-top-mid)、右(content-top-right)三部分的宽度分别为 245px、490px、245px。设置 CSS 代码如下所示。

```
.content - bg{
        border:1px solid #F0EFEF;          /* 设置 content - bg 的边框为 1px,为#F0EFEF 颜色实线 */
        border - radius: 5px;              /* 设置 content - bg 的边框圆角半径为 5px */
}
.content - h2{
        font - family:"黑体";               /* 设置 content - h2 字体为黑体 */
        font - size: 16px;                 /* 设置 content - h2 字体大小为 16px */
        color: #fff;                       /* 设置 content - h2 字体颜色为白色 */
        line - height: 32px;               /* 设置 content - h2 行间距为 32px */
        text - align: center;              /* 设置 content - h2 水平对齐方式为居中 */
        background: #b10808;               /* 设置 content - h2 背景颜色为#b10808 */
        border - radius: 5px 5px 0 0;      /* 设置 content - h2 左上、右上圆角半径为 5px */
}
```

```
.content-h3{
        padding: 0 10px 0 30px;                /*设置 content-h3 的内边距*/
        font-family: "黑体";                    /*设置 content-h3 字体为黑体*/
        font-size: 16px;                       /*设置 content-h3 字体大小为 16px*/
        line-height: 28px;                     /*设置 content-h3 行间距为 28px*/
        letter-spacing: 3px;                   /*设置 content-h3 字符间距为 3px*/
        border-bottom: 2px solid #b10808;      /*设置 content-h3 下边框*/
}
.content-h3 span{
        float: right;                          /*设置 content-h3 的 span 向右浮动*/
}
.content-h3 span a{
        font-size: 12px;                       /*设置 content-h3 的 span 字体大小为 12px*/
        color: #ccc;                           /*设置 content-h3 的 span 字体颜色为#ccc*/
}
.content-h3 b{
        font-size: 20px;                       /*设置 content-h3 的 b 字体大小为 20px*/
        color: #b10808;                        /*设置 content-h3 的 b 字体颜色为#b10808*/
        font-weight: bolder;                   /*设置 content-h3 的 b 字体为粗体*/
}
.content-top-left{
        width: 245px;                          /*设置 content-top-left 宽度为 245px*/
}
.content-top-mid{
        width: 490px;                          /*设置 content-top-mid 宽度为 490px*/
}
.content-top-right{
        width: 245px;                          /*设置 content-top-right 宽度为 245px*/
}
.content-bottom{
        padding-bottom: 10px;                  /*设置 content-bottom 下内边距为 10px*/
        border-bottom:1px dashed #F00;         /*设置 content-bottom 下边框*/
}
```

2. 构建主页主体内容上左(content-top-left)中“盛和景园展示”版块的结构(内容)和样式

从图 3.109 可以看到,该版块中除了标题,只包括一个“5 条标题信息”,因此使用无序列表实现。

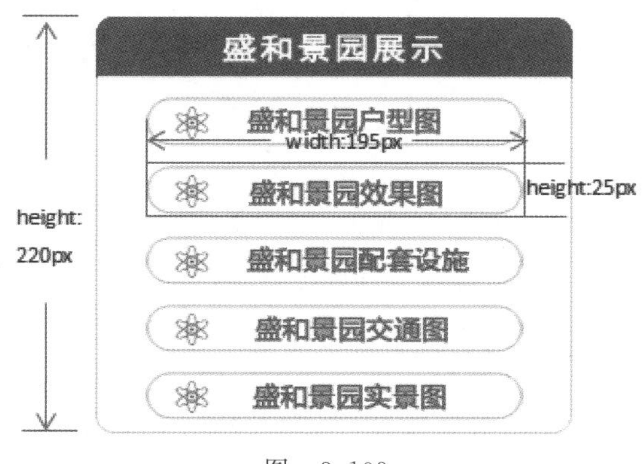

图 3.109

(1) 构建 HTML 结构和内容。

```
<div class = "show content-bg">
        <h2 class = "content-h2">盛和景园展示</h2>
        <ul>
            <li><a href = "#">盛和景园户型图</a></li>
            <li><a href = "#">盛和景园效果图</a></li>
            <li><a href = "#">盛和景园配套设施</a></li>
            <li><a href = "#">盛和景园交通图</a></li>
            <li><a href = "#">盛和景园实景图</a></li>
         </ul>
</div>
```

保存文件,刷新浏览器,页面效果如图 3.110 所示。

(2) 设置 CSS 样式。

从图 3.107 中可以看到,“盛和景园展示”版块整体高度为 220px,宽度继承父元素 content-top-left 的宽度;“5 条标题信息”整体宽度为 195px,每一项的高度为 25px,因此除去边框,设置行高为 23px 即可,使用默认的自上而下的排列顺序。设置 CSS 代码如下所示。

盛和景园展示
盛和景园户型图
盛和景园效果图
盛和景园配套设施
盛和景园交通图
盛和景园实景图

图 3.110

```
.show{height:220px;}
.show ul{
    margin: 0 auto;                   /* 设置 show 的 ul 水平居中 */
    width: 195px;                     /* 设置 show 的 ul 宽度为 195px */
}
.show ul li{
    border: 1px solid #CCCCCC;        /* 设置 show 的 ul 列表项 li 边框 */
    line-height: 23px;                /* 设置 show 的 ul 列表项 li 行间距为 23px */
    margin-top:10px;                  /* 设置 show 的 ul 列表项 li 上外边距为 10px */
    border-radius: 50px;              /* 设置 show 的 ul 列表项 li 边框圆角半径为 50px */
    padding-left: 50px;               /* 设置 show 的 ul 列表项 li 左内边距为 50px */
    background:url(../img/show_icon.png) 15px 0 no-repeat; /* 设置 show 的 ul 列表项 li 符号图标 */
}
.show ul li a{
    color: #000;                      /* 设置 show 的 ul 列表项 li 的文字颜色为黑色 */
}
```

保存文件,刷新浏览器,页面效果如图 3.109 所示。

3. 构建主页主体内容上左(content-top-left)中“联系我们”版块的结构(内容)和样式

从图 3.111 中可以看到,该版块中除了标题,包含了三部分内容:服务图像、一组服务电话信息和一对联系按钮。其中服务图像直接通过标签<img>插入该图片,在一行的左侧,添加向左浮动类名(fl);一组服务电话包含了多条信息,因此使用无序列表实现,在一行的右侧,添加向右浮动类(fr);一对联系按钮用有序列表实现,因为前两项内容已经浮动,所以此项内容亦左浮动,添加向左浮动类名(fl)。

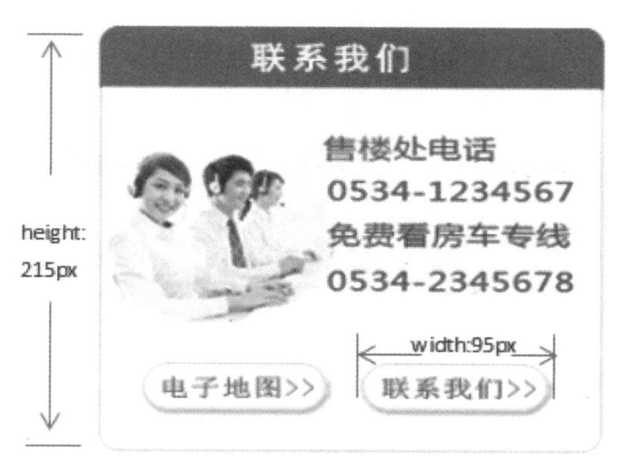

图 3.111

(1) 构建 HTML 结构和内容。

```
<div class = "contact - us content - bg mgt10">
        <h2 class = "content - h2">联系我们</h2>
        <img src = "img/service - tel.png" width = "125" height = "98px" class = "fl" />
        <ul class = "fr">
            <li>售楼处电话：</li>
            <li class = "tel - red">0534 - 1234567 </li>
            <li>免费看房车：</li>
            <li class = "tel - red">0534 - 2345678 </li>
        </ul>
        <ol class = "fl">
            <li><a href = "#">电子地图<span>>></span></a></li>
            <li><a href = "#">联系我们<span>>></span></a></li>
        </ol>
</div>
```

保存文件，刷新浏览器，页面效果如图 3.112 所示。

图 3.112

(2) 设置 CSS 样式。

从图 3.109 中可以看到，“联系我们”版块整体高度为 215px，宽度继承父元素 content-top-left 的宽度，每个按钮的宽度为 95px。设置 CSS 代码如下所示。

① 设置“联系我们”版块整体样式。

```
.contact - us{
     height: 215px;                    /* 设置 contact - us 区域的高度为 215px */
}
```

② 设置服务图像和服务电话样式。

```
.contact - us img, .contact - us ul{
margin - top: 20px;                    /* 设置 contact - us 区域的 img 和 ul 上外边距为 20px */
}
.contact - us ul{
```

```
        margin-right: 10px;             /*设置contact-us区域的ul右外边距为20px*/
}
.contact-us ul li{
        line-height: 26px;              /*设置contact-us区域的ul中li项行间距为26px*/
}
.tel-red{
        color: #b10808;                 /*设置contact-us区域的tel-red字体颜色为#b10808*/
}
```

③ 设置联系按钮样式,使之呈现带阴影的按钮效果。

```
.contact-us>ol{
        margin: 20px 0 0 20px;          /*设置contact-us区域的ol上、左外边距都为20px*/
}
.contact-us>ol>li{
        float: left;                    /*设置contact-us区域的ol中li项向左浮动*/
        margin-right: 15px;             /*设置contact-us区域的ol中li项右外边距为15px*/
}
.contact-us>ol>li>a{
        display: block;                 /*设置a转换为块元素*/
        width: 95px;                    /*设置a的宽度为95px*/
        height: 25px;                   /*设置a的高度为95px*/
        color: #000;                    /*设置a的字体颜色为黑色*/
        font-size: 12px;                /*设置a的字体大小为12px*/
        line-height: 25px;              /*设置a的行间距为25px*/
        text-align: center;             /*设置a的文本水平方向居中*/
        background: #fefdfd;            /*设置a的背景颜色为#fefdfd*/
        border-radius: 50px;            /*设置a的圆角半径为50px*/
        box-shadow: 1px 2px 2px;        /*设置a的阴影*/
}
.contact-us>ol>li>a>span{
        color: #b10808;                 /*设置a的span字体颜色为#b10808*/
}
```

保存文件,刷新浏览器,页面效果如图3.111所示。

4. 构建主页主体内容上中(content-top-mid)中"项目介绍"版块的结构(内容)和样式

从图3.113中可以看到,该版块中除了标题,还包含两个内容:一张图片和一段文字,属于图文混排。因此,从结构和内容上来说,只需直接插入图像和使用段落标签即可。从样式上,图像在一行的左侧,添加向左浮动类名(fl);文字在一行的右侧,添加向右浮动类名(fr)。

图 3.113

（1）构建 HTML 结构和内容。

```
<div class = "controduce">
        < h3 class = "content - h3">< span >< a href = " # "> MORE + </a ></span >< b >项目</b >介绍</h3 >
        < img src = "img/house_1.jpg" width = "180px" height = "130px" class = "fl">
        < p class = "fr">盛和景园小区位于德州经济技术开发区,地处三总站核心商圈内,开车只需 5 分钟便
可到达汽车站、火车站。紧邻 102、104 等国省主干道路,是理想的居住之地……</p >
</div >
```

保存文件,刷新浏览器,页面效果如图 3.114 所示。

项目介绍　　MORE+

盛和景园小区位于德州经济技术开发区，地处三总站核心商圈内，开车只需5分钟便可到达汽车站、火车站。紧邻102、104等国省主干道路，是理想的居住之地……

图　3.114

（2）设置 CSS 样式。

文字段落宽度为 260px,行间距为 28px,首行缩进 2 字符(text-indent:2rem)。设置 CSS 样式如下。

① 设置“项目介绍”版块整体样式。

```
.controduce{
        height: 220px;                          /* 设置 controduce 的高度为 220px */
        border - bottom:1px dashed #F00;        /* 设置 controduce 的下边框为 1px,红色虚线 */
}
```

② 设置图片样式。

```
.controduce img{
        margin: 25px 0 0 10px;                  /* 设置 controduce 的图像外边距 */
        border: 1px solid #ccc;                 /* 设置 controduce 的图像边框为 1px,#ccc 颜色实线 */
}
```

③ 设置文字段落样式,首行缩进 2 字符。

```
.controduce p{
        margin: 25px 10px 0 0;                  /* 设置 controduce 的文字段落外边距 */
        width: 260px;                           /* 设置 controduce 的文字段落宽度为 260px */
        line - height: 28px;                    /* 设置 controduce 的文字段落行间距为 28px */
        text - indent: 2rem;                    /* 设置 controduce 的文字段落首行缩进 2 字符 */
}
```

保存文件,刷新浏览器,页面效果如图3.113所示。

视频讲解

5. 构建主页主体内容(content-top-mid)中"新闻信息"版块的结构(内容)和样式

从图3.115可以看到,该版块中除了标题,包含了两组列表信息,分别是"动态新闻"和"优惠活动",每条信息由图标、文字、日期组成;在初始状态,应该只显示"动态新闻"列表信息,所以"优惠活动"应该是被隐藏的(display:none);当鼠标指针滑上"优惠活动"后应显示应显示其下的信息,隐藏"动态新闻",这一效果就是选项卡效果,需要通过JavaScript脚本语言实现,因此该区域的HTML标签命名会更多地使用id进行命名,即使用id选择器。

动态新闻　优惠活动　+

» 盛和景园年底交房,70-120现房发售　[2020-02-14]

» 盛和景园年底交房,70-120现房发售　[2020-02-14]

» 盛和景园年底交房,70-120现房发售　[2020-02-14]

» 盛和景园年底交房,70-120现房发售　[2020-02-14]

» 盛和景园年底交房,70-120现房发售　[2020-02-14]

图 3.115

(1) 构建HTML结构和内容。

```
<div class = "news mgt10">
    <div id = "Menubox">
        <ul>
          <li id = "menu1" onmouseover = "setTab('menu',1,2)" class = "hover">动态新闻</li>
          <li id = "menu2" onmouseover = "setTab('menu',2,2)">优惠活动</li>
        </ul>
    </div>
    <div id = "Contentbox">
        <div id = "con_menu_1" class = "hover">
          <ul>
            <li><span>[2013 - 12 - 25]</span><a href = "#">盛和景园年底交房,70 - 120 现房发
售</a></li>
          <li><span>[2013 - 12 - 25]</span><a href = "#">盛和景园年底交房,70 - 120 现房发售
</a></li>
          <li><span>[2013 - 12 - 25]</span><a href = "#">盛和景园年底交房,70 - 120 现房发售
</a></li>
          <li><span>[2013 - 12 - 25]</span><a href = "#">盛和景园年底交房,70 - 120 现房发售
</a></li>
          <li><span>[2013 - 12 - 25]</span><a href = "#">盛和景园年底交房,70 - 120 现房发售
</a></li>
        </ul>
      </div>
      <div id = "con_menu_2" style = "display: none;">
        <ul>
          <li><a href = "#">盛和景园年底交房,120 - 220 现房发售</a><span>[2014 - 12 - 25]
</span></li>
```

```
                <li><a href="#">盛和景园年底交房,120-220 现房发售</a><span>[2014-12-25]
</span></li>
                <li><a href="#">盛和景园年底交房,120-220 现房发售</a><span>[2014-12-25]
</span></li>
                <li><a href="#">盛和景园年底交房,120-220 现房发售</a><span>[2014-12-25]
</span></li>
                <li><a href="#">盛和景园年底交房,120-220 现房发售</a><span>[2014-12-25]
</span></li>
              </ul>
            </div>
        </div>
</div>
```

保存文件,刷新浏览器,页面效果如图 3.116 所示。

动态新闻
优惠活动

[2013-12-25]盛和景园年底交房，70-120现房发售
[2013-12-25]盛和景园年底交房，70-120现房发售
[2013-12-25]盛和景园年底交房，70-120现房发售
[2013-12-25]盛和景园年底交房，70-120现房发售
[2013-12-25]盛和景园年底交房，70-120现房发售

图　3.116

(2) 设置 CSS 样式。

每条信息的下画线通过下边框(border-bottom)实现。设置 CSS 代码如下所示。

① 设置“新闻”信息版块整体样式。

```
.news{
    height:215px;                          /* 设置 news 的高度为 215px */
    border-bottom:1px dashed #F00;         /* 设置 news 的下边框为 1px 红色虚线 */
}
```

② 设置选项卡样式,默认白底黑字,加上下画线后显示为红底白字。

```
#Menubox{
    height: 32px;                          /* 设置 Menubox 的高度为 32px */
    border-bottom: 2px solid #b10808;      /* 设置 Menubox 的下边框为 2px,#b10808 颜色实线 */
}
#Menubox>ul>li{
    float: left;                           /* 设置 Menubox 的 ul 中 li 项向左浮动 */
    display: block;                        /* 设置 Menubox 的 ul 中 li 项转换为块 */
    padding: 0 15px;                       /* 设置 Menubox 的 ul 中 li 项内边距 */
    margin-left:10px;                      /* 设置 Menubox 的 ul 中 li 项左外边距 */
    font-family: "黑体";                   /* 设置 Menubox 的 ul 中 li 项字体为黑体 */
    font-size: 16px;                       /* 设置 Menubox 的 ul 中 li 项字体大小为 16px */
    color: #000;                           /* 设置 Menubox 的 ul 中 li 项字体颜色为黑色 */
    line-height: 32px;                     /* 设置 Menubox 的 ul 中 li 项行间距为 32px */
```

```
}
#Menubox > ul > li.hover{
    background: #b10808;                    /* 设置滑上 li 项后背景颜色 */
    color: #fff;                            /* 设置滑上 li 项后字体颜色 */
    border-radius: 5px 5px 0 0;             /* 设置滑上 li 项后圆角半径 */
}
```

③ 设置选项卡下内容样式,标题在左侧,时间在右侧。

```
#Contentbox{
    width: 470px;                           /* 设置 Contentbox 的宽度为 470px */
    margin: 10px auto 0;                    /* 设置 Contentbox 的外边距 */
}
#Contentbox ul li{
    padding-left: 20px;                     /* 设置 Contentbox 的 ul 中 li 项左内边距为 20px */
    line-height: 30px;                      /* 设置 Contentbox 的 ul 中 li 项行间距为 30px */
    border-bottom: 1px dashed #ccc;         /* 设置 Contentbox 的 ul 中 li 项下边框线 */
    background: url(../img/li_icon.gif) 5px 12px no-repeat;
                                            /* 设置 Contentbox 的 ul 中 li 项背景即图标 */
}
#Contentbox ul li a{
    color: #000;                            /* 设置 Contentbox 的 ul 中 li 项文字颜色为黑色 */
    }
#Contentbox ul li span{
    float: right;                           /* 设置 Contentbox 的 ul 中 li 项 span 向右浮动 */
}
```

保存文件,刷新浏览器,页面效果如图 3.113 所示。

视频讲解

6. 构建主页主体内容上右(content-top-right)中"公告"版块的结构(内容)和样式

从图 3.117 中可以看到,该版块中除了标题,只包含一组公告信息,且纵向排列,因日期以特殊效果显示,所以要将日期和公告标题文字内容单独划分。

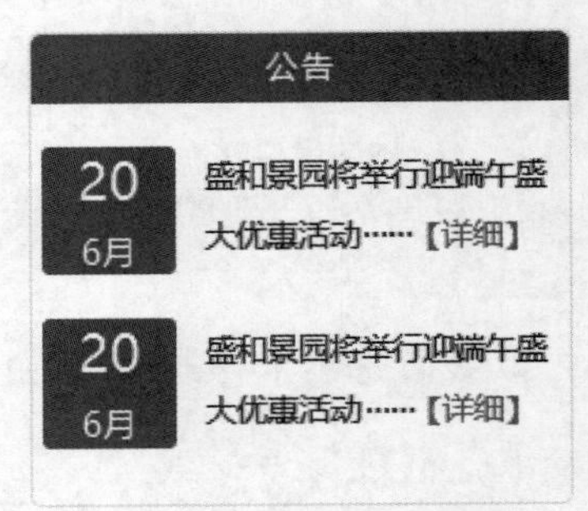

图 3.117

(1) 构建 HTML 结构和内容。

日期划分到 notice-time 区域,公告标题文字内容划分到 notice-text 区域。

```
<div class="notice content-bg">
    <h2 class="content-h2">公告</h2>
    <div class="notice-list">
        <div class="notice-time">
            <span class="day">20</span><br>
            <span class="month">6月</span>
    </div>
    <div class="notice-text">盛和景园将举行迎端午盛大优惠活动……<span>【详细】</span></div>
    </div>
```

```
    <div class = "notice - list">
        <div class = "notice - time">
          <span class = "day"> 20 </span><br>
          <span class = "month"> 6 月</span>
        </div>
    <div class = "notice - text">盛和景园将举行迎端午盛大优惠活动……<span>【详细】</span></div>
    </div>
</div>
```

保存文件,刷新浏览器,页面效果如图 3.118 所示。

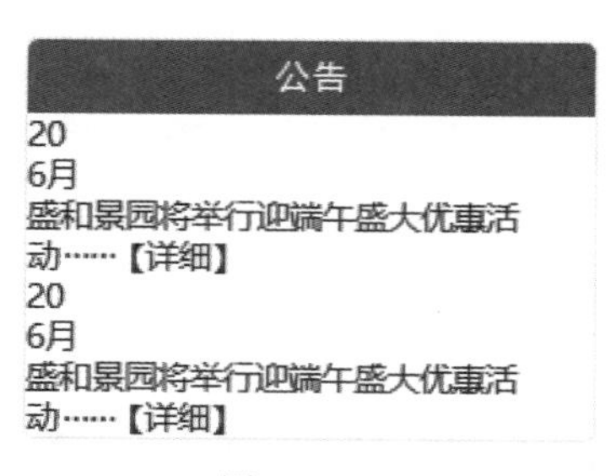

图　3.118

(2) 设置 CSS 样式。

① 设置“公告”版块整体样式。

```
.notice{
      height: 220px;                     /* 设置 notice 的高度为 220px */
}
```

② 设置日期样式。

```
/* 设置公告列表项样式 */
.notice - list{
      margin:20px 5px;                  /* 设置 notice - list 的外边距 */
      height: 60px;                     /* 设置 notice - list 的外边距 */
      }
.notice - list .notice - time{
      float:left;                       /* 设置 notice - time 向左浮动 */
      width:60px;                       /* 设置 notice - time 宽度为 60px */
      height:60px;                      /* 设置 notice - time 高度为 60px */
      margin - right:10px;              /* 设置 notice - time 右外边距 */
      font - size:16px;                 /* 设置 notice - time 字体大小为 16px */
      text - align:center;              /* 设置 notice - time 文本水平居中对齐 */
      line - height:30px;               /* 设置 notice - time 行间距为 30px */
      color:#fff;                       /* 设置 notice - time 字体颜色为白色 */
      background:#b10808;               /* 设置 notice - time 背景颜色 */
      border - radius:4px;              /* 设置 notice - time 圆角半径 */
      }
.notice - list .notice - time .day{
      font - size:24px;                 /* 设置 day 的字体大小为 24px */
      }
```

③ 设置文字内容样式。

```
.notice - list .notice - text{
      float: right;                    /* 设置 notice - text 向右浮动 */
      width: 160px;                    /* 设置 notice - text 宽度为 160px */
      line - height: 28px;             /* 设置 notice - text 行间距为 28px */
      }
.notice - text span{
      color: #F00;                     /* 设置 notice - text 的 span 字体颜色为红色 */
      }
```

保存文件，刷新浏览器，页面效果如图 3.117 所示。

7. 构建主页主体内容上右(content-top-right)中“登录”版块的结构(内容)和样式

从图 3.119 可以看到，该版块中除了标题，包含了两个内容：登录和注册。登录时需要先输入用户的信息，然后单击“登录”按钮即可登录，这一功能需使用表单。因此，从结构上来说，主要包括表单域和独立的标题(h4)链接。

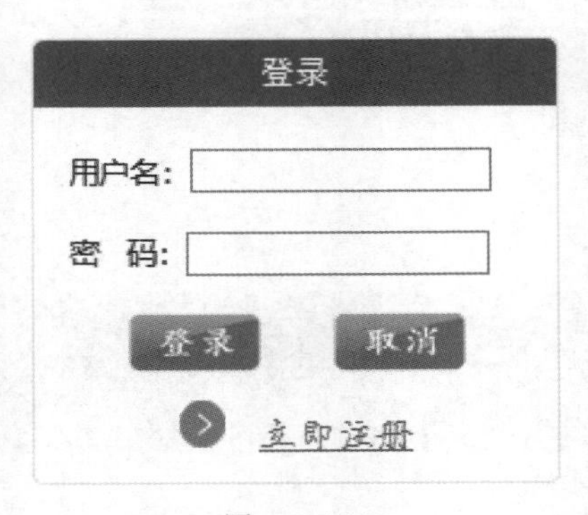

图 3.119

(1) 构建 HTML 结构和内容。

视频讲解

```
<div class = "login content - bg mgt10">
      <h2 class = "content - h2">登录</h2>
      <form>
            <p>用户名: <input type = "text" name = "username" id = "username" size = "20" /></p>
            <p>密    码: <input type = "password" name = "password" id = "password" size =
"20" /></p>
            <div class = "btn">
               <input type = "image" src = "img/submit.png" alt = "提交" />
               <input type = "image" src = "img/cancle.png" alt = "取消">
            </div>
      </form>
      <h4><img src = "img/login - icon.png"><a href = "#">立即注册</a></h4>
</div>
```

保存文件，刷新浏览器，页面效果如图 3.120 所示。

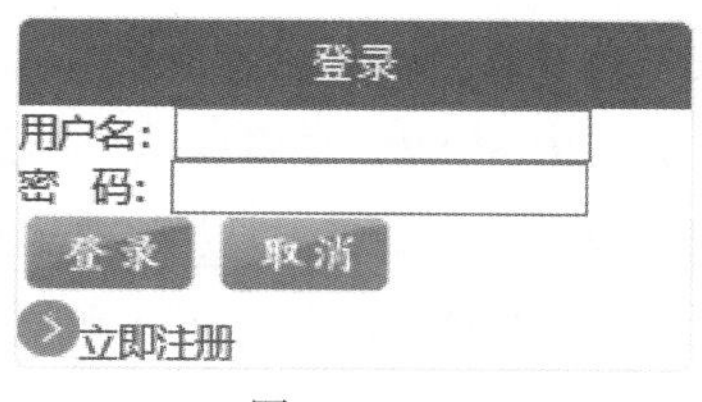

图 3.120

视频讲解

(2) 设置 CSS 样式。

① 设置“登录”版块整体样式

```
.login{
        height: 215px;                          /* 设置 login 的高度为 215px */
}
```

② 设置“登录”表单域内容样式。

```
.login form{
        margin: 20px auto 10px;                 /* 设置 login 的表单域外边距 */
        width: 210px;                           /* 设置 login 的表单域宽度为 210px */
}
.login p{
        height: 40px;                           /* 设置 login 的 p 高度为 40px */
}
/* 属性选择器设置文本框和密码框 */
.login > form input[type = "text"],form input[type = "password"]{
        width: 140px;
        height: 22px;
        border: 1px solid #fc4f2d;
        color: #555;
}
/* 属性选择器设置按钮图形 */
input[type = "image"]{
        margin - left:25px;
}
.login h4{
        margin - top:5px;                       /* 设置 login 的 h4 上外边距为 5px */
        font - family: myFont;                  /* 设置字体为引用字体 myFont */
        font - size: 18px;                      /* 设置字体大小为 18px */
        text - align:center;                    /* 设置文本水平对齐方式为居中对齐 */
        }
.login h4 img{
        margin - right: 15px;                   /* 设置 h4 中图形右外边距为 15px */
}
```

③ 设置“注册”链接样式。

```
.login h4 a{
        color: #f01a1a;                         /* 设置 h4 中超链接字体颜色为#f01a1a */
        font - weight: 400;                     /* 设置 h4 中超链接字体粗细为 400 */
        text - decoration: underline;           /* 设置 h4 中超链接 */
}
```

保存文件,刷新浏览器,页面效果如图 3.119 所示。

8. 构建主页主体内容下(content-bottom)中“实景展示”版块的结构(内容)和样式

从图 3.121 我们可以看到,该版块中除了标题,只包含了一组图片内容,且当鼠标指针滑上图片后会有提示信息显示。因此,从结构上来说,主要包括标题(h4)和无序列表(ul);在样式上,图片组横向排列,鼠标指针滑上后会有文字提示信息出现在半透明背景上。

实景展示

图 3.121

(1) 构建 HTML 结构和内容。

```
<div class = "content - bottom mgt10">
        <h3 class = "content - h3"><span><a href = "#"> MORE + </a></span><b>实景</b>展示</h3>
        <ul class = "clearfix">
                <li><a href = ""><img src = "img/house.jpg">
                        <p>给你一个大自然的家,一个属于你自己真正的家,在自己的家里尽情徜徉吧,让自己
的身心得到最大的满足。</p>
                        </a>
                </li>
                <li><a href = ""><img src = "img/house.jpg">
                        <p>给你一个大自然的家,一个属于你自己真正的家,在自己的家里尽情徜徉吧,让自己
的身心得到最大的满足。</p>
                        </a>
                </li>
                <li><a href = ""><img src = "img/house.jpg">
                        <p>给你一个大自然的家,一个属于你自己真正的家,在自己的家里尽情徜徉吧,让自己
的身心得到最大的满足。</p>
                        </a>
                </li>
                <li><a href = ""><img src = "img/house.jpg">
                        <p>给你一个大自然的家,一个属于你自己真正的家,在自己的家里尽情徜徉吧,让自己
的身心得到最大的满足。</p>
                        </a>
                </li>
        </ul>
</div>
```

保存文件,刷新浏览器,页面效果如图 3.122 所示。

(2) 设置 CSS 样式。

① 设置“实景展示”信息版块整体样式。

实景展示
MORE+

给你一个大自然的家,一个属于你自己真正的家,在自己的家里尽情徜徉吧，让自己的身心得到最大的满足。

图　3.122

```
.content - bottom{
    padding - bottom: 10px;                /* 设置 content - bottom 的下内边距 10px */
    border - bottom:1px dashed #F00;       /* 设置 content - bottom 下边框 */
}
```

② 设置“实景展示”内容样式。

在完成结构内容后,从图 3.122 中可以看到无序列表中的图片以原始文件大小按默认从上向下排列,需对每个列表项设置向左浮动,并且限定每个列表项的宽度。

```
.content - bottom ul{
      margin - left: 10px;        /* 设置 content - bottom 的 ul 左外边距为 10px */
}
.content - bottom ul li{
      position: relative;         /* 设置 content - bottom 的 ul 中 li 定位为相对定位 */
      float: left;                /* 设置 content - bottom 的 ul 中 li 向左浮动,实现在一行显示效果 */
      width: 235px;               /* 设置 content - bottom 的 ul 中 li 宽度为 235px */
      margin - right:10px;        /* 设置 content - bottom 的 ul 中 li 右外边距为 10px */
```

```
}
.content - bottom ul li img{
   width:100 % ;                       /* 设置 content - bottom 的 ul 中 li 图像宽度为 100 % */
      border - radius: 5px;             /* 设置 content - bottom 的 ul 中 li 图像圆角半径为 5px */
}
```

视频讲解

当鼠标指针滑上图片后可以显示一个半透明背景的文字提示信息,初始状态提示信息是隐藏的。此内容作为一个独立的内容相对于图片进行定位,因此需进行绝对定位实现。

```
.content - bottom ul li p{
      display: none;                 /* 设置 content - bottom 的 ul 中 li 段落文字初始状态隐藏 */
}
.content - bottom ul li a:hover p {
        position: absolute;          /* 设置 content - bottom 的 ul 中 li 段落文字为绝对定位 */
          display: block;            /* 设置 content - bottom 的 ul 中 li 段落文字显示 */
          width: 235px;              /* 设置 content - bottom 的 ul 中 li 段落文字宽度为 235px */
          height:40px;               /* 设置 content - bottom 的 ul 中 li 段落文字高度为 40px */
          bottom:0;                  /* 设置 content - bottom 的 ul 中 li 段落文字定位在底端 */
          padding: 0 6px;            /* 设置 content - bottom 的 ul 中 li 段落文字内边距 */
          overflow:hidden;           /* 设置 content - bottom 的 ul 中 li 段落文字溢出部分被隐藏,内容
                                        不可见 */
          white - space: nowrap;     /* 设置 content - bottom 的 ul 中 li 段落文字不换行,直到遇到<br>
                                        为止 */
          text - overflow:ellipsis;  /* 设置显示省略号来代替被隐藏的文字 */
          line - height:40px;        /* 设置 content - bottom 的 ul 中 li 段落文字行间距为 40px */
          background: # fff;         /* 设置 content - bottom 的 ul 中 li 段落文字背景颜色为白色 */
          opacity:.5;                /* 设置 content - bottom 的 ul 中 li 段落文字背景不透明度为 50 % */
          font - size: 12px;         /* 设置 content - bottom 的 ul 中 li 段落文字大小为 12px */
      }
```

保存文件,刷新浏览器,页面效果如图 3.121 所示。

3.3.13 制作首页页脚部分

如图 3.123 所示,首页页脚部分只有两段文字,是一个全屏的效果,背景颜色为渐变颜色的填充。

盛和景园 版权所有 鲁ICP备1111111 售楼处电话:0534-1234567 24小时垂询电话:18200000000
开发商:德州天元房地产开发有限公司 项目地址:德州经济技术开发区

图 3.123

1. 构建 HTML 结构和内容

```
<div class = "footer">
  <p>盛和景园 版权所有   鲁 ICP 备 1301770   售楼处电话:0534 - 2251651/52   24 小时垂询电话:
18205341234 </p>
  <p>开发商:德州天元房地产开发有限公司   项目地址:德州经济技术开发区</p>
</div>
```

2. 设置页脚部分的样式

```
.footer{
        padding-top: 10px;                              /*设置 footer 的上内边距为 10px*/
        height:100px;                                   /*设置 footer 的高度为 100px*/
        width:100%;                                     /*设置 footer 的宽度为 100%即为全屏*/
        filter: progid:DXImageTransform.Microsoft.gradient(GradientType=0, startColorstr=#
f42a28, endColorstr=#b90409);                           /*设置支持 IE9 以下的渐变*/
        background:linear-gradient(#f42a28,#b90409); /*设置 footer 的背景为线性渐变*/
        }
.footer p{
        line-height:28px;                               /*设置 footer 的 p 行间距为 28px*/
        font-size:12px;                                 /*设置 footer 的 p 字体大小为 12px*/
        color:#fff;                                     /*设置 footer 的 p 字体颜色为白色*/
        text-align:center;                              /*设置 footer 的 p 水平对齐方式为居中*/
        }
```

保存文件，刷新浏览器，页面效果如图 3.123 所示。

3.4 课后实践

1. “万豪装饰有限公司”网站首页制作

1）实践任务

制作图 2.144 所示“万豪装饰有限公司”网站首页。

2）实践目的

通过实践使学生更加熟练应用 DIV 划分页面结构、使用 DIV+CSS 完成页面布局，理解“结构与表现相分离”的重要思想，制作符合 Web 标准的网站。

3）实践要求

(1) 使用 HBuilder X 制作“万豪装饰有限公司”网站首页。

(2) 使用 DIV+CSS 技术对网页进行布局。

(3) 分别在 IE、火狐(Firefox)、谷歌浏览器(Google Chrome)进行测试，保证网页拥有良好的兼容性。

2. “山东华宇工学院”网站首页制作

1）实践任务

制作图 2.145 所示“山东华宇工学院”网站首页。

2）实践目的

通过实践使学生更加熟练应用 DIV 划分页面结构、使用 DIV+CSS 完成页面布局，理解“结构与表现相分离”的重要思想，制作符合 Web 标准的网站。

3）实践要求

(1) 使用 HBuilder X 制作“山东华宇工学院”网站首页。

(2) 使用 DIV+CSS 技术对网页进行布局。

(3) 分别在IE、火狐(Firefox)、谷歌浏览器(Google Chrome)进行测试,保证网页拥有良好的兼容性。

3. "汇烁有限公司"网站制作

1) 实践任务

制作图2.146所示"汇烁有限公司"网站首页。

2) 实践目的

通过实践使学生更加熟练应用DIV划分页面结构、使用DIV+CSS完成页面布局,理解"结构与表现相分离"的重要思想,制作符合Web标准的网站。

3) 实践要求

(1) 使用HBuilder X制作"汇烁有限公司"网站首页。

(2) 使用DIV+CSS技术对网页进行布局。

(3) 分别在IE、火狐(Firefox)、谷歌浏览器(Google Chrome)进行测试,保证网页拥有良好的兼容性。

第4章

制作“盛和景园”网站交互行为

【导读】

如今，缺乏交互和网页特效的网站已经没有市场，网站必须以新颖的方式与用户互动，页面交互性和动态特效已经是商业 Web 应用开发的必备能力。随着浏览器 JavaScript 引擎性能的提升，未来在 Web 图像、音频及视频处理、虚拟现实、游戏开发等方面前途无量。因此，要想成为 Web 开发工程师，掌握 JavaScript 是必不可少的。

4.1 项目实现

项目目标

（1）实现 banner 区域大图轮播效果。

（2）实现“动态新闻”区域 Tab 标签选项卡效果。

（3）实现“实景展示”区域图片的无缝滚动效果。

项目解析

在 Web 开发中，HTML 定义了网页的结构和内容，CSS 定义了表现样式，而要想实现网页的交互行为和网页特效，比如表单验证、图片轮播、Tab 标签选项卡和无缝滚动等，就需要 JavaScript 脚本语言的支持。

支撑知识

伴随着人们体验感的要求越来越高，人们不再满足于单纯浏览网页上的信息，而是要与网站进行交流、互动，即交互效果。此时就需要 JavaScript。使用 JavaScript 可以让网页内容动起来、样式变化起来，从而实现动态的、可交互的网页效果。

JavaScript 是一种脚本编程语言，它的基本语法与 C 语言、Java 语言类似，因此对于学习过 C 语言和 Java 语言的读者来说，是比较容易接受的，但是它在运行过程中不需要单独编译，而是逐行解释执行，运行速度快。JavaScript 具有跨平台性，与操作环境无关，只依赖于浏览器本身，支持 JavaScript 的浏览器就能正确执行。

1. 标识符

程序开发中,经常需要自定义一些名字来标记一些对象,如常量名、变量名、函数名等,这些名字被称为标识符。

标识符进行定义时,遵循以下规则:

- 由大小写字母、数字、下画线和美元符号($)组成。
- 不能以数字开头。
- 严格区分大小写。
- 不能使用 JavaScript 中的关键字命名。
- 尽量要做到"见名知意"。

企业指导

当标识符中需要多个单词进行表示时,常见的表示方式有下画线法(如 user_name)、驼峰法(如 userName)和帕斯卡法(如 UserName)。读者可根据开发需求统一规范命名的方式,如下画线方式通常应用于变量的命名,驼峰法通常应用于函数名的命名等。

2. 关键字

关键字是指在 JavaScript 语言中被事先定义好并赋予特殊含义的单词,每个关键字都有特殊的作用。具体如下所示。

break	case	catch	continue	default	delete	do
else	finally	for	function	if	in	instanceof
new	return	switch	this	throw	try	typeofvar
void	while	with				

除此之外,JavaScript 中还有一些保留关键字,也就是预留的,未来可能会成为关键字的单词,具体如下所示。

abstract	boolean	byte	char	class	const	debugger
double	enum	export	extends	final	float	goto
implements	import	int	interface	long	native	package
private	protected	public	short	static	super	synchronized
throws	transient	volatile				

3. 数据类型

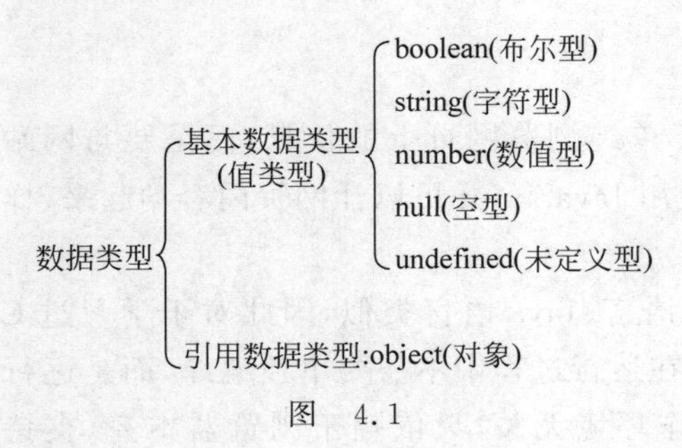

图 4.1

每一种计算机语言都有自己所支持的数据类型,JavaScript 也不例外,与 C 语言和 Java 语言不同的是,JavaScript 可以在使用或赋值时根据设置的具体内容再确定对应的类型。它所支持的类型分为两大类:基本数据类型和引用数据类型,如图 4.1 所示。

1) 基本数据类型

(1) 数值型。

JavaScript 中的数值型并不区分整数和浮点数,所有数字都是数值型。

- 添加“－ ”符号表示负数。
- 添加“＋ ”符号表示正数(通常情况下省略“＋”)。
- 设置为 NaN 表示非数值。

如：

```
var oct = 036;                          //八进制数表示的 36
var dec = 28;                           //十进制数 28
var hex = 0x1a;                         //十六进制数表示的 26
var fnum1 = 7.13;                       //标准格式
var fnum2 = 3.14E6;                     //科学记数法格式为 3.14 * 106
```

(2) 字符型。

字符型是由 Unicode 字符、数字等组成的字符序列，一般将其称为字符串。

作用：表示文本数据类型。

语法：程序中的字符型数据包含在单引号('')或双引号("")。

如：

```
var slogan = 'collage';                 //单引号,存放一个单词
var str = "huayu is a collage.";        //双引号,存放一个句子
```

使用单引号、双引号或反斜杠(\)，则需要使用转义字符“\”转义。

JavaScript 常用转义字符如表 4.1 所示。

表　4.1

特殊字符	含　　义	特殊字符	含　　义
\'	单引号	\"	双引号
\n	回车换行	\v	跳格(Tab、水平)
\t	Tab 符号	\r	换行
\f	换页	\\	反斜杠(\)
\b	退格	\0	Null 字节
\xhh	由两位十六进制数字 hh 表示的 ISO 8859-1 字符。如"\x61"表示"a"	\uhhhh	由四位十六进制数字 hhhh 表示的 Unicode 字符。如"\u597d"表示“好”

(3) 布尔型。

布尔型是 JavaScript 中较常用的数据类型之一，通常用于逻辑判断。逻辑为“真”，对应 true；逻辑为“假”，对应 false。

说明：表示事物的“真”和“假”，严格遵循大小写，因此 true 和 false 值只有全部小写时才表示布尔型。

(4) 空值。

空型只有一个特殊的 null 值，用于表示一个不存在的或无效的对象与地址。

说明：JavaScript 中大小写敏感，因此变量值只有是小写的 null 时才表示空型(Null)。

(5) 未定义型(未设置初值)。

未定义型用于声明的变量还未被初始化时，变量的默认值为 undefined。

与 null 不同的是，undefined 表示没有为变量设置值，而 null 则表示变量（对象或地址）不存在或无效。

说明：null 和 undefined 与空字符串('')和 0 都不相等。

2）引用数据类型

引用类型指向一个对象，不是原始值，指向对象的变量是引用变量。

4. 常量

常量可以理解为在脚本运行过程中值始终不变的量。

ES 6 中新增了 const 关键字，用于实现常量的定义。

命名规则：遵循标识符命名规则，习惯上常量名称总是使用大写字母表示。

值：常量在赋值时可以是具体的数据，也可以是表达式的值或变量。

如：

```
const  PI = 3.14;       //常量在声明时必须为其指定某个值
```

5. 变量

变量可以看作是存储数据的容器。

JavaScript 中变量通常利用 var 关键字声明，并且变量名的命名规则与标识符相同。

如：

```
var sales;              //未赋初始值的变量，默认值会被设定为 undefined
var sales = 10;
```

JavaScript 中变量虽然可以不事先声明，直接省略 var 关键字为变量赋值。但由于 JavaScript 采用的是动态编译，程序运行时不容易发现代码中的错误，所以推荐读者养成在使用变量前先声明的良好习惯。

6. 运算符

要利用程序来处理数据，而对于数据的处理就是对数据的运算。为此，JavaScript 提供了很多类型的运算符。所谓运算符就是专门用于告诉程序执行特定运算或逻辑操作的符号。在 JavaScript 中一共包括以下 7 类运算符。

(1) 算术运算符。

算术运算符用于对数值类型的变量及常量进行算术运算。常用算术运算符如表 4.2 所示。

表 4.2

运算符	运　算	运算符	运　算
+	加	**	幂运算
−	减	++	自增(前置)
*	乘	++	自增(后置)
/	除	−−	自减(前置)
%	求余	−−	自减(后置)

（2）赋值运算符。

赋值运算符是将运算符右边的值赋给左边的变量。常用赋值运算符如表4.3所示。

表　4.3

运算符	运　　算	运算符	运　　算
=	赋值	** =	幂运算并赋值
+=	加并赋值	<<=	左移位赋值
-=	减并赋值	>>=	右移位赋值
* =	乘并赋值	>>>=	无符号右移位赋值
/=	除并赋值	&=	按位与赋值
%=	模并赋值	^ =	按位异或赋值
+=	连接并赋值	|=	按位或赋值

（3）比较运算符。

比较运算符用来对两个数值或变量进行比较，其结果是布尔类型的true或false。常用比较运算符如表4.4所示。

表　4.4

运算符	运　　算	运算符	运　　算
==	等于	>	大于
!=	不等于	>=	大于或等于
===	全等	<	小于
!==	不全等	<=	小于或等于

说明：

① 不同类型的数据进行比较时，首先会自动将其转换为相同类型的数据后再进行比较。

② 运算符“==”和“!=”在比较时，只比较值是否相等。

③ 运算符“===”与“!==”要比较数值和其数据类型是否相等。

（4）逻辑运算符。

逻辑运算符是在程序开发中用于逻辑判断的符号，其结果是布尔类型的true或false。常用逻辑运算符如表4.5所示。

表　4.5

运算符	运　　算	运算符	运　　算
&&	与	!	非
||	或		

（5）字符串运算符。

JavaScript中，“+”操作的两个数据中只要有一个是字符型，则“+”就表示字符串运算符，用于返回两个数据拼接后的字符串。

```
var color = 'blue';
var str = 'The sky is ' + color;
console.log(str);    //输出结果为：The sky is blue
```

(6) 条件运算符。

条件运算符是一种需要三个操作数的运算符,运算的结果由给定条件决定。先求条件表达式的值,如果为 true,则返回表达式 1 的执行结果;如果条件表达式的值为 false,则返回表达式 2 的执行结果。

条件运算符的语法格式如下:

```
条件表达式 ? 表达式 1 : 表达式 2
```

(7) 运算符优先级。

前面介绍了 JavaScript 的各种运算符,那么在进行一些比较复杂的运算时,首先要明确表达式中所有运算符参与运算的先后顺序,这种顺序称为运算符的优先级,如表 4.6 所示。

表 4.6

运 算 符	描 述
. [] ()	字段访问、数组下标、函数调用以及表达式分组
++ -- - ~ ! delete new typeof void	一元运算符、返回数据类型、对象创建、未定义值
* / %	乘法、除法、取模
+ - +	加法、减法、字符串连接
<< >> >>>	移位
< <= > >= instanceof	小于、小于或等于、大于、大于或等于、instanceof
== != === !==	等于、不等于、严格相等、非严格相等
&	按位与
^	按位异或
|	按位或
&&	逻辑与
||	逻辑或
? :	条件
= 运算符=	赋值、运算赋值
,	多重求值

7. 表达式

表达式就是用各种运算符连接各种类型的数据、变量和运算符的集合。最简单的表达式可以是一个变量。

```
var x, y, z;            //声明变量
x = 1;                  //将表达式"1"的值赋给变量 x
y = 2 + 3;              //将表达式"2 + 3"的值赋给变量 y
z = y = x;              //将表达式"y = x"的值赋给变量 z
```

8. 结构化程序设计

JavaScript 也采用结构化程序设计,主要包括顺序结构、选择结构和循环结构。顺序结构即自上而下执行代码的顺序。

1）选择结构

选择结构语句需要根据给出的条件进行判断来决定执行对应的代码。常用的选择结构语句有单分支(if)、双分支(if…else)、多分支(if…else 嵌套、switch)语句共 3 种。

（1）单分支语句。

if 条件判断语句也称为单分支语句，当满足某种条件时，就进行某种处理。

格式如下：

```
if ( 判断条件 ) {
      代码段
}
```

（2）双分支语句。

if…else 语句也称为双分支语句，当满足某种条件时，就进行某种处理，否则进行另一种处理。

格式如下：

```
if ( 判断条件 ) {
      代码段 1;
} else {
      代码段 2;
}
```

（3）switch 多分支语句。

switch 多分支语句的功能与 if 系列条件语句相同，不同的是它只能针对某个表达式的值做出判断，从而决定执行哪一段代码。

格式如下：

```
switch (表达式) {
 case 值 1: 代码段 1; break;
 case 值 2: 代码段 2; break;
 …
 default: 代码段 n;
}
```

2）循环结构

所谓循环语句就是可以实现一段代码的重复执行。

（1）while 循环语句。

while 循环语句是根据循环条件来判断是否重复执行一段代码。

格式如下：

```
while ( 循环条件 ) {
  循环体
  …
}
```

（2）do…while 循环语句。

while 语句是先判断条件后再执行循环体，而 do…while 语句会无条件执行一次循环体后再判断条件。

格式如下：

```
do {
  循环体
  …
} while (循环条件);
```

（3）for 循环语句。

for 循环语句是最常用的循环语句，它适合循环次数已知的情况。

格式如下：

```
while ( 表达式 1;表达式 2;表达式 3 ) {
  循环体
  …
}
```

表达式 1：初始化表达式。

表达式 2：循环条件。

表达式 3：表达式变化。

9. 函数

函数是用于封装一段完成特定功能的代码。

（1）自定义函数。

自定义函数相当于将一条或多条语句组成的代码块包裹起来，用户在使用时只需关心参数和返回值，就能完成特定的功能，而不用了解具体的实现。

格式如下：

```
function 函数名([参数 1, 参数 2, …])
{
      函数体…
}
```

函数的定义由函数头和函数体两部分组成。其中，函数头包括关键字 function、函数名、参数；函数体主要包括的是实现函数功能的语句。

（2）内置函数。

JavaScript 中除了自定义函数之外，系统还内置了非常多的常用函数。这些函数在 JavaScript 中直接可以调用。如：parseFloat()、parseInt()、isNaN()等。

（3）函数的调用。

当函数定义完成后，要想在程序中发挥函数的作用，必须调用这个函数。函数的调用非常简单,只需引用函数名,并传入相应的参数即可。

格式如下:

```
函数名称([参数 1, 参数 2, …])
```

10. DOM

通过前面的学习已经知道了什么是 DOM 以及 DOM 的结构,在这里主要学习有关 DOM 的操作。

1) HTML 元素操作

(1) 获取操作的元素。

① 利用 document 对象的方法。

document 对象提供了一些查找元素的方法,可以根据元素的 id、name 和 class 属性以及标签名称的方式获取操作的元素。document 对象的具体方法如表 4.7 所示。

表　4.7

方　法	说　明
document.getElementById()	返回对拥有指定 id 的第一个对象的引用
document.getElementsByName()	返回带有指定名称的对象集合
document.getElementsByTagName()	返回带有指定标签名的对象集合
document.getElementsByClassName()	返回带有指定类名的对象集合(不支持 IE 6～IE 8)

HTML5 中为更方便地获取操作的元素,为 document 对象新增了两个方法,分别为 querySelector()和 querySelectorAll()。

- querySelector()方法用于返回文档中匹配到指定的元素或 CSS 选择器的第一个对象的引用。
- querySelectorAll()方法用于返回文档中匹配到指定的元素或 CSS 选择器的对象集合。

② 利用 document 对象的属性。document 对象的属性如表 4.8 所示。

表　4.8

属　性	说　明
document.body	返回文档的 body 元素
document.documentElement	返回文档的 html 元素
document.forms	返回对文档中所有 Form 对象引用
document.images	返回对文档中所有 Image 对象引用

③ Element 对象的方法和属性。

在 DOM 操作中,元素对象也提供了获取某个元素内指定元素的方法,常用的两个方法分别为 getElementsByClassName()和 getElementsByTagName()。它们的使用方式与 document 对象中同名方法相同。

(2) 元素内容。

在 JavaScript 中,若要对获取的元素内容进行操作,则可以利用 DOM 提供的属性和方法实现。元素内容属性和方法如表 4.9 所示。

表 4.9

分类	名称	说明
属性	innerHTML	设置或返回元素开始和结束标签之间的 HTML
	innerText	设置或返回元素中去除所有标签的内容
	textContent	设置或者返回指定节点的文本内容
方法	document. write()	向文档写入指定的内容
	document. writeln()	向文档写入指定的内容后并换行

(3) 元素。

在 DOM 中,为了方便 JavaScript 获取、修改和遍历指定 HTML 中元素的相关属性,提供了操作的属性和方法。元素属性和方法如表 4.10 所示。

表 4.10

分类	名称	说明
属性	attributes	返回一个元素的属性集合
方法	setAttribute(name, value)	设置或者改变指定属性的值
	getAttribute(name)	返回指定元素的属性值
	removeAttribute(name)	从元素中删除指定的属性

(4) 元素样式。

通过元素属性的操作修改样式。元素样式属性具体如表 4.11 所示。

语法:style. 属性名称。

要求:需要去掉 CSS 样式名里的中横线"-",并将第二个英文首字母大写。

表 4.11

名称	说明
background	设置或返回元素的背景属性
backgroundColor	设置或返回元素的背景色
display	设置或返回元素的显示类型
height	设置或返回元素的高度
left	设置或返回定位元素的左部位置
listStyleType	设置或返回列表项标记的类型
overflow	设置或返回如何处理呈现在元素框外面的内容
textAlign	设置或返回文本的水平对齐方式
textDecoration	设置或返回文本的修饰
textIndent	设置或返回文本第一行的缩进
transform	向元素应用 2D 或 3D 转换

2) DOM 节点操作

(1) 获取节点。

由于 HTML 文档可以看作一棵节点树,因此,可以利用操作节点的方式操作 HTML 中的元素。节点属性如表 4.12 所示。

表　4.12

属　　性	说　　明
firstChild	访问当前节点的首个子节点
lastChild	访问当前节点的最后一个子节点
nodeName	访问当前节点名称
nodeValue	访问当前节点的值
nextSibiling	返回同一树层级中指定节点之后紧跟的节点
previousSibling	返回同一树层级中指定节点的前一个节点
parentNode	访问当前元素节点的父节点
childNodes	访问当前元素节点的所有子节点的集合

(2) 节点追加。

在获取元素的节点后，还可以利用 DOM 提供的方法实现节点的添加，如创建一个 li 元素节点、为 li 元素节点创建一个文本节点等。节点追加方法如表 4.13 所示。

表　4.13

方　　法	说　　明
document.createElement()	创建元素节点
document.createTextNode()	创建文本节点
document.createAttribute()	创建属性节点
appendChild()	在指定元素的子节点列表的末尾添加一个节点
insertBefore()	为当前节点增加一个子节点(插入到指定子节点之前)
getAttributeNode()	返回指定名称的属性节点
setAttributeNode()	设置或者改变指定名称的属性节点

(3) 节点删除。

利用 removeChild()和 removeAttributeNode()方法实现。

11. 事件

JavaScript 以事件驱动来实现页面的交互，与 HTML 之间的交互是通过事件实现的。事件是文档或浏览器窗口中发生的一些特定的交互行为，如页面加载、单击、输入、选择等。当事件发生时，浏览器会自动生成事件对象(event)，并沿着 DOM 节点有序进行传播，直到被脚本捕获，执行脚本产生事件的结果。这种模式确保了 JavaScript 与 HTML 保持松散的耦合。

1) 事件概述

(1) 事件处理程序。

事件处理程序指的就是 JavaScript 为响应用户行为所执行的程序代码。如，用户单击 button 按钮，这个行为就会被 JavaScript 中的 click 事件侦测到；然后让其自动执行为 click 事件编写的程序代码。

(2) 事件驱动式。

事件驱动式是指在 Web 页面中 JavaScript 的事件侦测到的用户行为，并执行相应的事件处理程序的过程。

(3) 事件流。

事件发生时,会在发生事件的元素节点与 DOM 树根节点之间按照特定的顺序进行传播,这个事件传播的过程就是事件流。

知识分享

事件流的传播顺序解决方案:网景公司提出了"事件捕获方式"、微软公司提出了"事件冒泡方式"。

(1) 事件捕获方式。

事件流传播的顺序应该是从 DOM 树的根节点到发生事件的元素节点,如图 4.2 所示。

(2) 事件冒泡方式。

事件流传播的顺序应该是从发生事件的元素节点到 DOM 树的根节点,如图 4.3 所示。

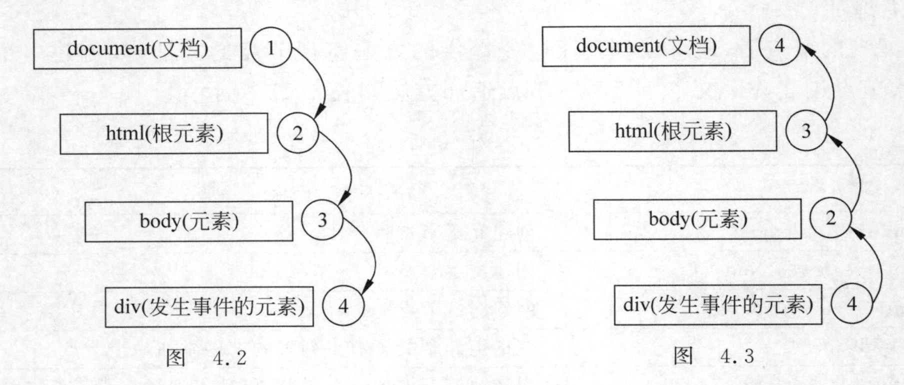

图 4.2

图 4.3

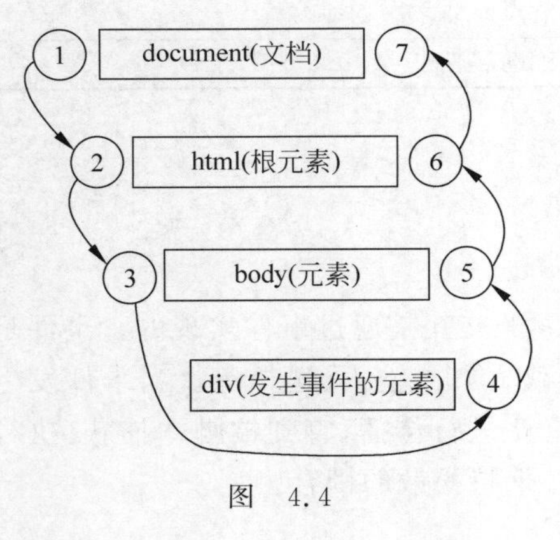

图 4.4

(3) W3C 的解决方案。

其规定事件发生后,先实现事件捕获,但不会对事件进行处理。接着进行到目标阶段,执行当前元素对象的事件处理程序,但它会被看成是冒泡阶段的一部分。最后实现事件的冒泡,逐级对事件进行处理。

2) 事件的绑定方式

事件绑定指的是为某个元素对象的事件绑定事件处理程序。

(1) 行内绑定式。

事件的行内绑定式是通过 HTML 标签的属性设置实现的,如图 4.4 所示。

格式如下:

```
<标签名 事件="事件的处理程序">
```

说明: 由于开发中提倡 JavaScript 代码与 HTML 代码分离,因此,不建议使用行内式绑定事件。

(2) 动态绑定式。

在 JavaScript 代码中,为需要事件处理的 DOM 元素对象添加事件与事件处理程序。

格式如下：

```
DOM元素对象.事件 = 事件的处理程序;
```

(3) 事件监听式。

为了给同一个DOM对象的同一个事件添加多个事件处理程序，DOM2事件模型引入了事件流的概念，可以让DOM对象通过事件监听的方式实现事件的绑定。

格式如下：

```
DOM对象.addEventListener(type, callback, [capture]);
```

- 参数type指的是DOM对象绑定的事件类型，它是由事件名称设置的，如click。
- 参数callback表示事件的处理程序。
- 参数capture默认值为false，表示在冒泡阶段完成事件处理；将其设置为true时，表示在捕获阶段完成事件处理。

移出事件监听：

```
DOM对象.removeEventListener(type, callback); //标准浏览器
```

3) 事件对象

(1) 获取事件对象。

当发生事件时，都会产生一个事件对象event。这个对象中包含所有与事件相关的信息，包括发生事件的DOM元素、事件的类型以及其他与特定事件相关的信息。

(2) 常用属性和方法。

在事件发生后，事件对象event中不仅包含与特定事件相关的信息，还包含一些事件都有的属性和方法。事件对象属性和方法如表4.14所示。

表　4.14

分　　类	属性/方法	描　　述
公有的	type	返回当前事件的类型，如click
标准浏览器事件对象	target	返回触发此事件的元素(事件的目标节点)
	currentTarget	返回其事件监听器触发该事件的元素
	bubbles	表示事件是否是冒泡事件类型
	cancelable	表示事件是否取消默认动作
	eventPhase	返回事件传播的当前阶段。1表示处于捕获阶段，2表示处于目标阶段，3表示处于冒泡阶段
	stopPropagation()	阻止事件冒泡
	preventDefault()	阻止默认行为
早期版本IE浏览器事件对象	srcElement	返回触发此事件的元素(事件的目标节点)
	cancelBubble	阻止事件冒泡，默认为false，表示允许；设置为true则表示阻止
	returnValue	阻止默认行为，默认为true，表示允许；设置为false则表示阻止

4）事件分类

(1) 页面事件。

若在页面还未加载完成的情况下，就使用 JavaScript 操作 DOM 元素，会出现语法错误。

解决办法：页面事件可以改变 JavaScript 代码的执行时机。

load 事件：用于 body 内所有标签都加载完成后才触发，又因其无须考虑页面加载顺序的问题，常常在开发具体功能时添加。

unload 事件：用于页面关闭时触发，经常用于清除引用避免内存泄漏。

(2) 焦点事件。

在 Web 开发中，焦点事件多用于表单验证功能，是最常用的事件之一。如，文本框获取焦点改变文本框的样式，文本框失去焦点时验证文本框内输入的数据等。焦点事件如表 4.15 所示。

表 4.15

事件名称	事件触发时机
focus	当获得焦点时触发(不会冒泡)
blur	当失去焦点时触发(不会冒泡)

(3) 鼠标事件。

鼠标事件是 Web 开发中最常用的一类事件。鼠标事件如表 4.16 所示。

例如，鼠标滑过时，切换 Tab 栏显示的内容；利用鼠标拖曳状态框，调整它的显示位置等。这些常见的网页效果都会用到鼠标事件。

表 4.16

事件名称	事件触发时机
click	当按下并释放任意鼠标按键时触发
dblclick	当鼠标双击时触发
mouseover	当鼠标进入时触发
mouseout	当鼠标离开时触发
change	当内容发生改变时触发，一般多用于 select 对象
mousedown	当按下任意鼠标按键时触发
mouseup	当释放任意鼠标按键时触发
mousemove	在元素内当鼠标移动时持续触发

(4) 键盘事件。

键盘事件是指用户在使用键盘时触发的事件。键盘事件如表 4.17 所示。

表 4.17

事件名称	事件触发时机
keypress	键盘按键(Shift、Fn、CapsLock 等非字符键除外)按下时触发
keydown	键盘按键按下时触发
keyup	键盘按键弹起时触发

(5) 表单事件

表单事件指的是对 Web 表单操作时发生的事件。例如，表单提交前对表单的验证，表单重置时的确认操作等。JavaScript 提供了相关的表单事件。具体表单事件如表 4.18 所示。

表　4.18

事件名称	事件触发时机	事件名称	事件触发时机
submit	当表单提交时触发	reset	当表单重置时触发

项目实现

1. 轮播图

轮播(Carousel)有人称其为旋转轮播，也有人称其为焦点图，还有人称其为幻灯片。无论是淘宝、京东、苏宁等购物网站，还是中国政府网、凤凰网、人民网等政府新闻网站，轮播图几乎成了所有网站的标配，也是网站的一大看点和亮点。轮播默认情况下是循环向右(向后)轮播，如果单击某个指示块，会直接跳转到所单击的轮播图，并且标题及轮播指示器会同步跳转。如何高效、便捷地设计轮播图的 HTML 结构、样式排版以及 JavaScript 控制轮播行为及交互，成了前端工程师修炼的基本功。本任务完成后的轮播效果如图 4.5 所示。

图　4.5

(1) 构建 HTML 结构和内容。

本轮播效果内容包括轮播的图片、标题以及指示器，共有 5 组。其中，图片和标题放置到 item 容器，指示器放置到 carousel-indicators 容器，最后左右控制按钮分别放置到 carousel-control left、carousel-control right。

```
<div class = "carousel - banner">
<div class = "carousel - inner">
     <div class = "item">
          <a href = "#" target = "_blank">
          <img src = "img/banner01.jpg" title = "山水大盘 敬请驾临">
          <div class = "carousel - caption">山水大盘 敬请驾临</div>
          </a>
     </div>
     <div class = "item">
          <a href = "#" target = "_blank">
          <img src = "img/banner02.jpg" title = "山水大盘 敬请驾临">
          <div class = "carousel - caption">山水大盘 敬请驾临</div>
          </a>
     </div>
     <div class = "item">
```

```
            <a href = "#" target = "_blank">
            <img src = "img/banner03.jpg" title = "山水大盘 敬请驾临">
            <div class = "carousel - caption">山水大盘 敬请驾临</div>
            </a>
        </div>
        <div class = "item">
            <a href = "#" target = "_blank">
            <img src = "img/banner04.jpg" title = "山水大盘 敬请驾临">
            <div class = "carousel - caption">山水大盘 敬请驾临</div>
            </a>
        </div>
        <div class = "item">
            <a href = "#" target = "_blank">
            <img src = "img/banner05.jpg" title = "山水大盘 敬请驾临">
            <div class = "carousel - caption">山水大盘 敬请驾临</div>
            </a>
        </div>
        <div class = "carousel - indicators">
            <dd></dd>
            <dd></dd>
            <dd></dd>
            <dd></dd>
            <dd></dd>
        </div>
        <div class = "carousel - control left"> &lsaquo;</div>
        <div class = "carousel - control right"> &rsaquo;</div>
</div>
</div>
```

(2) 设置 CSS 样式。

轮播样式主要包括轮播区域(carousel-banner)、轮播图文(carousel-inner)、轮播指示器(carousel-indicators)以及轮播左右控制按钮(carousel-control)。布局主要使用了绝对定位。

```
.carousel - banner{
    width: 100 % ;
}
.carousel - inner {
  position: relative;
  overflow: hidden;
}
.carousel - inner > .item {
  position: relative;
  display: none;
  transition: .6s ease - in - out left;
}
.carousel - inner > .active {
  display: block;
  left: 0;
```

```
    -webkit-transform: translate3d(0,0,0);
    transform: translate3d(0,0,0);
}
.carousel-inner > .item > a > img {
    display: block;
    width: 100%;
    height: 420px;
    line-height: 1;
    vertical-align: middle;
    border: 0;
}
.carousel-caption {
    position: absolute;
    right: 15%;
    bottom: 40px;
    left: 15%;
    z-index: 10;
    padding: 20px 0;
    color: #fff;
    text-align: center;
    text-shadow: 0 1px 2px rgba(0,0,0,.6);
}
.carousel-indicators {
    position: absolute;
    bottom: 10px;
    left: 50%;
    z-index: 15;
    width: 60%;
    padding-left: 0;
    margin-left: -30%;
    text-align: center;
    list-style: none;
}
.carousel-indicators > dd {
    display: inline-block;
    width: 10px;
    height: 10px;
    margin: 1px;
    text-indent: -999px;
    cursor: pointer;
    background-color: rgba(0,0,0,0);
    border: 1px solid #fff;
    border-radius: 10px;
}
.carousel-indicators > dd.active {
    width: 12px;
    height: 12px;
    margin: 0;
    background-color: #fff;
```

```
}
.carousel - control {
  position: absolute;
  top: 50 % ;
  transform: translateY( - 50 % );
  color: #fff;
  font - size: 72px;
  line - height: 72px;
  text - align: center;
  text - shadow: 0 1px 2px rgba(0,0,0,.6);
  width: 72px;
  z - index: 10;
  cursor: pointer;
}
.carousel - control.left {
  left: 0;
}
.carousel - control.right {
  right: 0;
}
```

(3) 编写 JavaScript 代码。

代码需要实现自动轮播、鼠标单击指示器切换到当前图片和轮播前后翻页功能，自动轮播是通过 setInterval()方法来实现的。

```
//获取所有图片项目
var innerItems = document.getElementsByClassName("item");
//获取所有指示器项目
var indicatorsLists = document.getElementsByTagName("dd");
//获取导航控制左链接对象
var controlLeft = document.getElementsByClassName("left")[0];
//获取导航控制右链接对象
var controlRight = document.getElementsByClassName("right")[0];
//设置初始化时从第一张图片开始
var current = 0;
//添加 active 样式实现初始化图片的显示
innerItems[current].className = "item active";
//添加 active 样式实现为初始化图片对应的指示器填充白色
indicatorsLists[current].className = "active";
//轮播函数开始
function slide() {
    for (var i = 0, len = indicatorsLists.length; i < len; i++) {
        //设置所有图片不可见
        innerItems[i].className = "item";
        //设置所有指示不高亮
        indicatorsLists[i].className = "";
        indicatorsLists[i].index = i;
        //给所有指示器添加单击事件
```

```
            indicatorsLists[i].onclick = function () {
                //如果单击的指示器跟当前页相同,则停止执行,返回
                if (this.index == current) {
                    return false;
                } else {
                    current = this.index;
                    slide();
                }
            }
        }
        innerItems[current].className = "item active";
        indicatorsLists[current].className = "active";
        console.log(current);
    }

    //对导航控制左链接绑定单击事件,实现后退
    controlLeft.onclick = function () {
        current--;
        if (current == -1) {
            current = indicatorsLists.length - 1;
        }
        slide();
    }
    //对导航控制右链接绑定单击事件,实现前进
    controlRight.onclick = function () {
        current++;
        if (current == indicatorsLists.length) {
            current = 0;
        }
        slide();
    }
    //开始自动轮播
    var timer = setInterval(controlRight.onclick, 6000);

    //鼠标移入导航控制链接上时停止轮播
    controlLeft.onmouseover = controlRight.onmouseover = function () {
        clearInterval(timer);
        controlLeft.style.opacity = 1;
        controlRight.style.opacity = 1;
    }

    //鼠标移出导航控制链接上时恢复轮播
    controlLeft.onmouseout = controlRight.onmouseout = function () {
        timer = setInterval(controlRight.onclick, 3000);
        controlLeft.style.opacity = 0;
        controlRight.style.opacity = 0;
    }
```

2. 选项卡

选项卡组件是 Web 页面中常用功能,类似于 Windows 操作系统的选项卡,单击一个标签项,就切换到该标签对应的面板,而对于网页,其行为也非常类似。选项卡的优势在于一个区域可以展示更多不同主题内容,从而在页面有限空间内展示更多内容。本任务完成后的选项卡效果如图 4.6 所示。

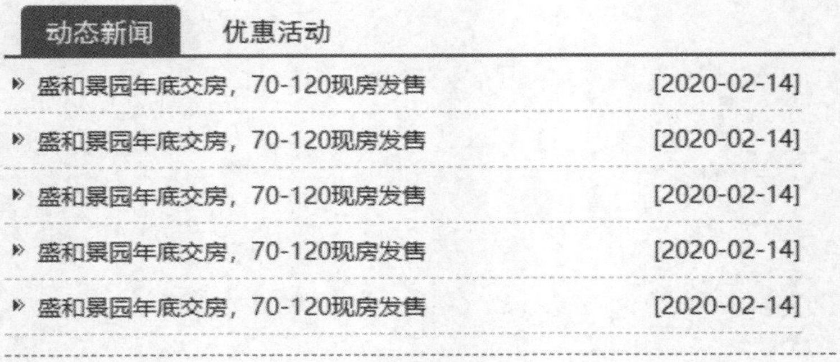

动态新闻　优惠活动

盛和景园年底交房，70-120现房发售　[2020-02-14]

盛和景园年底交房，70-120现房发售　[2020-02-14]

盛和景园年底交房，70-120现房发售　[2020-02-14]

盛和景园年底交房，70-120现房发售　[2020-02-14]

盛和景园年底交房，70-120现房发售　[2020-02-14]

图　4.6

(1) 构建 HTML 结构和内容。

选项卡主要包括标题和每个标题所对应的内容,标题放置到 Menubox 容器,标题包含多个,使用无序列表表示,内容放置到 Contentbox 容器。

```
<div class = "news mgt10">
    <div id = "Menubox">
        <ul>
            <li id = "menu1" onmouseover = "setTab('menu',1,2)" class = "hover">动态新闻</li>
            <li id = "menu2" onmouseover = "setTab('menu',2,2)">优惠活动</li>
        </ul>
    </div>
    <div id = "Contentbox">
        <div id = "con_menu_1" class = "hover">
            <ul>
             <li><span>[2013 - 12 - 25]</span><a href = "#">盛和景园年底交房,70 - 120 现房发售</a
></li>
             <li><span>[2013 - 12 - 25]</span><a href = "#">盛和景园年底交房,70 - 120 现房发售</a
></li>
             <li><span>[2013 - 12 - 25]</span><a href = "#">盛和景园年底交房,70 - 120 现房发售</a
></li>
             <li><span>[2013 - 12 - 25]</span><a href = "#">盛和景园年底交房,70 - 120 现房发售</a
></li>
             <li><span>[2013 - 12 - 25]</span><a href = "#">盛和景园年底交房,70 - 120 现房发售</a
></li>
            </ul>
        </div>
        <div id = "con_menu_2" style = "display: none;">
            <ul>
```

```
                <li><a href="#">盛和景园年底交房,120-220现房发售</a><span>[2014-12-25]
</span></li>
                <li><a href="#">盛和景园年底交房,120-220现房发售</a><span>[2014-12-25]
</span></li>
                <li><a href="#">盛和景园年底交房,120-220现房发售</a><span>[2014-12-25]
</span></li>
                <li><a href="#">盛和景园年底交房,120-220现房发售</a><span>[2014-12-25]
</span></li>
                <li><a href="#">盛和景园年底交房,120-220现房发售</a><span>[2014-12-25]
</span></li>
            </ul>
         </div>
       </div>
     </div>
```

（2）设置CSS样式。

设置选项卡标题样式以及内容的显示样式。

```
.news{
    height:215px;
    border-bottom:1px dashed #F00;
}
#Menubox{
    height: 30px;
    border-bottom: 2px solid #b10808;
}
#Menubox>ul>li{
    float: left;
    display: block;
    padding: 0 15px;
    line-height: 25px;
    margin-top: 5px;
    font-family: "黑体";
    font-size: 16px;
    color: #000;
    cursor: pointer;
    margin-left: 10px;
}
#Menubox>ul>li.hover{
    background: #b10808;
    color:#fff;
    border-radius: 5px 5px 0 0;
}
#Contentbox{
    width: 460px;
    margin: 10px auto;
}
#Contentbox ul li{
```

```
    line-height: 32px;
    padding-left: 20px;
    border-bottom: 1px dashed #ccc;
    background: url(../images/li_icon.gif) 5px 12px no-repeat;

}
#Contentbox ul li a{
    color:#000;
    }
#Contentbox ul li span{
    float: right;
}
```

(3) 编写 JavaScript 代码。

代码需要实现当页面载入完成后，首先显示第一个选项卡内容，然后监听选项卡上的鼠标 mouseover 事件，当鼠标指针滑上某个选项卡时，对应的内容显示，其他选项卡内容隐藏。

```
function setTab(name,cursel,n){
    var i;
    for (i=1;i<=n;i++) {
          var menu=document.getElementById(name+i);              //获取选项卡标题
          var con=document.getElementById("con_"+name+"_"+i);//获取选项卡内容
          menu.className=i==cursel?"hover":"";                   //设置滑上选项卡标题使用样式
          con.style.display=i==cursel?"block":"none";            //设置滑上选项卡内容的显示情况
    }
}
```

3. 滚动图片

无缝滚动图片效果是多张图片连续滚动，以吸引用户的注意，同时也能让用户看到更多的图片资源信息。本任务完成后的选项卡效果如图 4.7 所示。

实景展示

图 4.7

(1) 构建 HTML 结构和内容。

该部分的 HTMl 代码已在第 3 章中完成，这里需要特别注意的是，要实现图片的无缝滚动，需要将图片的数量增至 5 个，代码如下所示。

```
<div id="content-bottom" class="mgt10">
    <h3 class="content-h3"><span><a href="#">MORE+</a></span><b>实景</b>展示</h3>
```

```
<ul>
            <li>
<a href=""><img src="img/house.jpg">
            <p>给你一个大自然的家,一个属于你自己真正的家,在自己的家里尽情徜徉吧,让自己的身心得到最大的满足。</p></a>
</li>
            <li>
<a href=""><img src="img/house.jpg">
            <p>给你一个大自然的家,一个属于你自己真正的家</p>
            </a>
</li>
<li>
<a href=""><img src="img/house.jpg">
            <p>给你一个大自然的家,一个属于你自己真正的家</p>
            </a>
</li>
<li>
<a href=""><img src="img/house.jpg">
            <p>给你一个大自然的家,一个属于你自己真正的家</p>
            </a>
</li>
<li>
<a href=""><img src="img/house.jpg">
            <p>给你一个大自然的家,一个属于你自己真正的家</p>
            </a>
</li>
      </ul>
</div>
```

(2) 设置 CSS 样式。

设置标题样式以及内容的显示样式。

```
#content-bottom{
    position: relative;
    width: 1000px;
    height: 200px;
    overflow:hidden
    padding-bottom:10px;
    border-bottom:1px dashed #F00;
}
#content-bottom ul {
            position:absolute
     }
#content-bottom ul li{
    float: left;
```

```
    width: 235px;
    height: 200px;
    position: relative;
    margin: 20px 0 0 10px;
}
#content-bottom ul li a img{
  width:100%;
    border-radius: 5px;
}
#content-bottom ul li p{
    display: none;
}
#content-bottom ul li a:hover p {
            display: block;
            width: 235px;
            height:40px;
            position: absolute;
            top:120px;
            left:0;
            bottom:0;
            padding: 0 6px;
            overflow:hidden;
            white-space: nowrap;
            text-overflow:ellipsis;
            line-height:40px;
            background: #fff;
            opacity:.6;
            font-size: 12px;
    }
```

(3) 编写 JavaScript 代码。

代码需要实现当页面载入完成后，图片自左向右滚动，当鼠标滑上图片时，图片会停止滚动，且当单击后会跳转到图片对应的详细信息页面。

```
window.onload = function() {
        var content = document.getElementById("content-bottom")
        var ul = content.getElementsByTagName("ul")[0]
        var li = ul.getElementsByTagName("li")
        var speed = 1;
        ul.innerHTML += ul.innerHTML
        ul.style.width = li.length * li[0].offsetWidth + "px"
        function run() {
            if (ul.offsetLeft < -ul.offsetWidth / 2) {
                ul.style.left = 0
            } else if (ul.offsetLeft > 0) {
```

```
                ul.style.left = -ul.offsetWidth / 2 + "px"
            }
            ul.style.left = ul.offsetLeft + speed + "px"
        }
        timer = setInterval(run, 30)

        content.onmouseover = function() {
            clearInterval(timer)
        }
        content.onmouseout = function() {
            timer = setInterval(run, 30)
        }
    }
```

4.2 课后实践

1.“万豪装饰有限公司”网站首页设计

1）实践任务

使用 HBuilder X 软件，完成图 2.144 所示“万豪装饰有限公司”网站首页中显示数字的图片切换效果。

2）实践目的

(1) 理解、掌握应用 JavaScript 进行交互行为的编程。

(2) 熟练应用 HBuilder X 进行 JavaScript 编程。

3）实践要求

按照交互行为实现流程，对“万豪装饰有限公司”网站首页交互效果进行编程实现。

2.“山东华宇工学院网站”首页设计

1）实践任务

使用 HBuilder X 软件，完成图 2.145 所示“山东华宇工学院”网站首页大图轮播效果和“校园美景”图片无缝滚动效果。

2）实践目的

(1) 理解、掌握应用 JavaScript 进行交互行为的编程。

(2) 熟练应用 HBuilder X 进行 JavaScript 编程。

3）实践要求

按照交互行为实现流程，对“山东华宇工学院”网站首页交互效果进行编程实现。

3.“汇烁有限公司”网站首页设计

1）实践任务

使用 HBuilder X 软件，完成图 2.146 所示“汇烁有限公司”网站首页大图轮播及“推荐产品”滚动效果。

2）实践目的

（1）理解、掌握应用 JavaScript 进行交互行为的编程。

（2）熟练应用 HBuilder X 进行 JavaScript 编程。

3）实践要求

按照交互行为实现流程，对“汇烁有限公司”网站首页交互效果进行编程实现。

第5章

制作响应式“盛和景园”网站

【导读】

现代社会中，网站用户的浏览设备日益多样化，如iPad、iPhone、Android移动设备、平板电脑、台式计算机等，不同形式的显示屏幕的出现，使得网页无法灵活适应各种设备的尺寸。

2010年5月，著名网页设计师伊桑·马科特(Ethan Marcotte)首次提出了响应式的设计概念，可以让网页根据屏幕宽度变化而响应，这是打破网页固有形态和限制的灵活设计方法。

响应式网页设计采用CSS的媒体查询(media query)技术，将三种已有的开发技巧——弹性布局、弹性图片和媒体查询整合在一起。

网页采用流体＋断点(break point)模式，配合流体布局((fluid grids)和可以自适应的图片、视频等资源，遇到断点改变页面样式，页面显示效果随着窗口的大小自动调整。

在进行响应式网页设计时，应遵循以下原则：

- 简洁的菜单方便用户迅速找到所需功能。
- 选择系统字体和响应式图片设计，使得网页尽快加载。
- 清晰简短的表单项、便捷的自动填写功能，方便用户填写内容并提交。
- 相对单位让网页能够在各种视口规格任意转换。
- 多种行为“召唤”组件，避免弹出窗口。

项目目标

(1) 实现“盛和景园”网站的响应式设计

(2) 快速搭建Web前端页面

项目解析

在第3章中开发的“盛和景园”网站的宽度是固定宽度，为1440px，这种设计期望给所有终端用户带来较为一致的浏览体验，其在高分辨率显示器上显示刚刚好，如图5.1所示。

但在手机或平板电脑上浏览时，这样的页面就会变得非常小，如图5.2所示，根本无法看清页面内容，此时要对页面不断进行放大操作，才能看清对应区域内容，这对用户是不友好的。

那么如何解决上述问题，使得网站对所有的用户都是友好显示的呢？答案就是通过响应式设计，而要实现响应式设计需要弹性布局、弹性图片、媒体查询三种技术的支持。

图 5.1

咨询电话：0534-1234567
设置首页
友情链接
联系我们
网站首页
项目介绍
户型展示
购房指南
新闻中心
团购活动
在线咨询
联系我们
友情链接
温馨家园
爱的港湾
项目介绍
公告
20
6月
登录/注册
用户名：
密 码：
实景展示

图 5.2

支撑知识

先来看一个例子。

例 5.1　普通布局。

网页的结构和内容代码如下所示。

```
<div class = "box clear">
        <aside>
                <h2>古诗词赏析</h2>
                <ul>
                 <li><a href = "#">《春晓》</a></li>
                 <li><a href = "#">《过故人庄》</a></li>
                 <li><a href = "#">《宿建德江》</a></li>
                 <li><a href = "#">《与诸子登岘山》</a></li>
                </ul>
        </aside>
        <article>
                <p>首页>正文</p>
        <div>
                <h3>孟浩然〔唐代〕</h3>
                <p class = "poetry">
                春眠不觉晓,处处闻啼鸟。<br>
                夜来风雨声,花落知多少。
                </p>
                <p>《春晓》这首诗是诗人隐居在鹿门山时所做,意境十分优美。诗人抓住春天的早晨刚刚醒
来时的一瞬间展开描写和联想,生动地表达了诗人对春天的热爱和怜惜之情。此诗没有采用直接叙写眼前
春景的一般手法,而是通过"春晓"(春天早晨)自己一觉醒来后瞬间的听觉感受和联想,捕捉典型的春天气
息,表达自己喜爱春天和怜惜春光的情感。
                </p>
                <p>诗的前两句写诗人因春宵梦酣,天已大亮了还不知道,一觉醒来,听到的是屋外处处鸟儿
的欢鸣。诗人惜墨如金,仅以一句"处处闻啼鸟"来表现充满活力的春晓景象。但人们由此可知就是这些鸟
儿的欢鸣把懒睡中的诗人唤醒,可以想见此时屋外已是一片明媚的春光,可以体味到诗人对春天的赞美。
                </p>
                <p>正是这可爱的春晓景象,使诗人很自然地转入诗的第三、四句的联想：昨夜我在朦胧中曾
听到一阵风雨声,现在庭院里盛开的花儿到底被摇落了多少呢?联系诗的前两句,夜里这一阵风雨不是疾风
暴雨,而当是轻风细雨,它把诗人送入香甜的梦乡,把清晨清洗得更加明丽,并不可恨。但是它毕竟要摇落春
花,带走春光,因此一句"花落知多少",又隐含着诗人对春光流逝的淡淡哀怨以及无限遐想。
                </p>
                <p>宋人叶绍翁《游园不值》诗中的"春色满园关不住,一枝红杏出墙来",是古今传诵的名句。
其实,在写法上是与《春晓》有共同之处的。叶诗是通过视觉形象,由伸出墙外的一枝红杏,把人引入墙内、让
人想象墙内；孟诗则是通过听觉形象,由阵阵春声把人引出屋外、让人想象屋外。只用淡淡的几笔,就写出了
晴方好、雨亦奇的繁盛春意。两诗都表明,那盎然的春意,自是阻挡不住的,你看,它不是冲破了围墙屋壁,展
现在你的眼前、萦回在你的耳际了吗?
                </p>
```

```
                <p>这首小诗仅仅四行二十个字,写来却曲径通幽,回环波折。首句破题,"春"字点明季节,写春眠的香甜。"不觉"是朦朦胧胧不知不觉。在这温暖的春夜中,诗人睡得真香,以至旭日临窗,才甜梦初醒。流露出诗人爱春的喜悦心情。次句写春景,春天早晨的鸟语。"处处"是指四面八方。鸟噪枝头,一派生机勃勃的景象。"闻啼鸟"即"闻鸟啼",古诗为了押韵,词序作了适当的调整。三句转为写回忆,诗人追忆昨晚的潇潇春雨。末句又回到眼前,联想到春花被风吹雨打、落红遍地的景象,由喜春翻为惜春,诗人把爱春和惜春的情感寄托在对落花的叹息上。爱极而惜,惜春即是爱春——那潇潇春雨也引起了诗人对花木的担忧。时间的跳跃、阴晴的交替、感情的微妙变化,都很富有情趣,能给人带来无穷兴味。
                </p>
                <p>《春晓》的语言平易浅近,自然天成,一点也看不出人工雕琢的痕迹。而言浅意浓,景真情真,就像是从诗人心灵深处流出的一股泉水,晶莹透澈,灌注着诗人的生命,跳动着诗人的脉搏。读之,如饮醇醪,不觉自醉。诗人情与境会,觅得大自然的真趣,大自然的神髓。"文章本天成,妙手偶得之",这是最自然的诗篇,是天籁。
                </p>
                </div>
        </article>
</div>
```

CSS 样式代码如下所示。

```
 * {
        margin: 0;
        padding: 0;
    }
.box {
        width: 1000px;
        margin: 20px auto 0;
        }
aside {
        float: left;
        width: 280px;
        padding-right: 20px;
        border-right: 5px solid aqua;
       }
aside a {
        color: #000;
        font-size:14px;
}
aside h2 {
        font-size: 18px;
        line-height: 30px;
        }
article{
         float:right;
         width: 650px;
```

```
        }
h3{
        text - align: center;
        }
.poetry{
        text - align: center;
        text - indent: 0;
        }
article div p {
        text - indent: 2em;
        padding: 0 10px;
        font - size: 16px;
        line - height: 24px;
        }
.time {
        line - height: 50px;
        color: ＃636362;
        }
```

在 PC 端浏览器中显示效果如图 5.3 所示，显示效果是友好的。

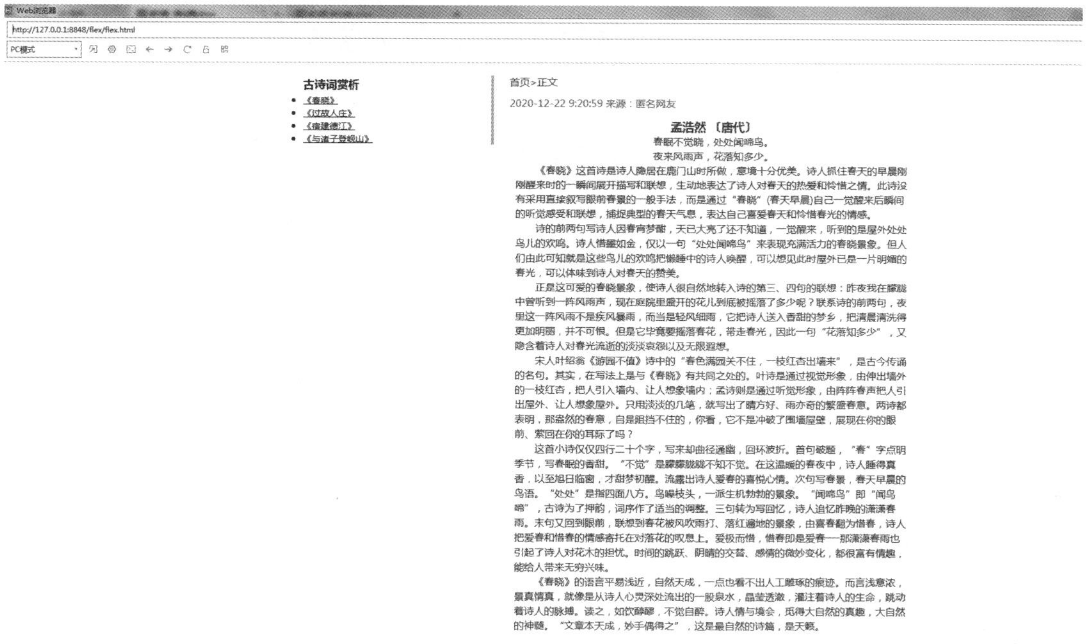

图　5.3

再看看例 5.1 在平板电脑或手机上是如何显示的。在 HBuilder 的浏览模式中选择 iPhone 6/7/8，效果如图 5.4 所示，网页中有一部分内容被遮挡，且内容明显变少了，需要进行缩放才能看清。这样的浏览效果对于用户的体验是非常不友好的。

古诗词赏析

首页>正文

2020-12-22 9:20:59 来源：匿名网友

孟浩然 〔唐代〕

春眠不觉晓，处处闻啼鸟。

夜来风雨声，花落知多少。

《春晓》这首诗是诗人隐居在鹿门山时所做，意境十分优美。诗人抓住春天的早晨刚刚醒来时的一瞬间展开描写和联想，生动地表达了诗人对春天的热爱和怜惜之情。此诗没有采用直接叙写眼前春景的一般手法，而是通过"春晓"(春天早晨)自己一觉醒来后瞬间的听觉感受和联想，捕捉典型的春天气息，表达自己喜爱春天和怜惜春光的情感。

诗的前两句写诗人因春宵梦酣，天已大亮了还不知道，一觉醒来，听到的是屋外处处鸟儿的欢鸣。诗人惜墨如金，仅以一句"处处闻啼鸟"来表现充满活力的春晓景象。但人们由此可知就是这些鸟儿的欢鸣把懒睡中的诗人唤醒，可以想见此时屋外已是一片明媚的春光，可以体味到诗人对春天的赞美。

正是这可爱的春晓景象，使诗人很自然地转入诗的第三、四句的联想：昨夜我在朦胧中曾听到一阵风雨声，现在庭院里盛开的花儿到底被摇落了多少呢？联系诗的前两句，夜里这一阵风雨不是疾风暴雨，而当是轻风细雨，它把诗人送入香甜的梦乡，把清晨清洗得更加明丽，并不可恨。但是它毕竟要摇落春花，带走春光，因此一句"花落知多少"，又隐含着诗人对春光流逝的淡淡哀怨以及无限遐想。

宋人叶绍翁《游园不值》诗中的"春色满园关不住，一枝红杏出墙来"，是古今传诵的名句。其实，在写法上是与《春晓》有共同之处的。叶诗是通过视觉形象，由伸出墙外的一枝红杏，把人引入墙内、让人想象墙内；孟诗则是通过听觉形象，由阵阵春声把人引出屋外、让人想象屋外。只用淡淡的几笔，就写出了晴方好、雨亦奇的繁盛春意。两诗都表明，那盎然的春意，自是阻挡不住的，你看，它不是冲破了围墙屋壁，展现在你的眼前、萦回在你的耳际了吗？

这首小诗仅仅四行二十个字，写来却曲径通幽，回环波折。首句破题，"春"字点明季节，写春眠的香甜。"不觉"是朦朦胧胧不知不觉。在这温暖的春夜中，诗人睡得真香，以至旭日临窗，才甜梦初醒。流露出诗人爱春的喜悦心情。次句写春景，春天早晨的鸟语。"处处"是指四面八方。鸟噪枝头，一派生机勃勃的景象。"闻啼鸟"即"闻鸟啼"，古诗为了押韵，词序作了适当的调整。三句转为写回忆，诗人追忆昨晚的潇潇春雨。末句又回到眼前，联想到春花被风吹雨打、落红遍地的景象，由喜春翻为惜春，诗人把爱春和惜春的情感寄托在对落花的叹息上。爱极而惜，惜春即是爱春—那潇潇春雨也引起了

图 5.4

5.1 弹性布局——Flex 布局

Flex 布局是在 CSS3 中引入的。该模型决定一个盒子在其他盒子中的分布方式以及如何处理可用空间，用来为盒状模型提供最大的灵活性。

Flex 布局的功能：

- 在屏幕和浏览器窗口大小发生改变时，可以灵活地调整布局。
- 控制元素在页面的布局方向。
- 按照不同于 DOM 所指定的排序方式对屏幕上的元素重新排序。

如何在网页中使用弹性布局呢？要开启弹性盒模型，只需要设置盒子的 display 属性值为

flex，即 display：flex。

例 5.2　弹性布局。

使用弹性布局对例 5.1 进行修改。结构和内容代码不变，修改关键的 CSS 代码如下所示。

```
.box {
  display: flex;
}
aside {
  margin - left: 20px;
  padding - right: 20px;
  border - right: 5px solid aqua;
}
article {
margin - left: 20px;
}
```

在 PC 端浏览器中的显示效果如图 5.5 所示，在平板电脑或手机上显示的效果如图 5.6 所示。

图　5.5

从图 5.6 中可以看出，网页中的内容可以实现自动伸缩。虽然没有对 side 盒子和 article 盒子设置浮动，但是两个盒子自动排在一行，且两个盒子的高度相同。

因此，Flex 布局具有如下优势：

- 可以让盒子里面的元素排在一行。
- 盒子里面的元素高度相同。

虽然弹性盒模型可以解决网页内容适应浏览器窗口大小自动伸缩的问题，可是依然会发现

古诗词赏析

《春晓》
《过故人庄》
《宿建德江》
《与诸子登岘山》

首页>正文

2020-12-22 9:20:59 来源：匿名网友

孟浩然（唐代）

春眠不觉晓，处处闻啼鸟。
夜来风雨声，花落知多少。

《春晓》这首诗是诗人隐居在鹿门山时所做，意境十分优美。诗人抓住春天的早晨刚刚醒来时的一瞬间展开描写和联想，生动地表达了诗人对春天的热爱和怜惜之情。此诗没有采用直接叙写眼前春景的一般手法，而是通过“春晓”(春天早晨)自己一觉醒来后瞬间的听觉感受和联想，捕捉典型的春天气息，表达自己喜爱春天和怜惜春光的情感。

诗的前两句写诗人因春宵梦酣，天已大亮了还不知道，一觉醒来，听到的是屋外处处鸟儿的欢鸣。诗人惜墨如金，仅以一句“处处闻啼鸟”来表现充满活力的春晓景象。但人们由此可知就是这些鸟儿的欢鸣把懒睡中的诗人唤醒，可以想见此时屋外已是一片明媚的春光，可以体味到诗人对春天的赞美。

正是这可爱的春晓景象，使诗人很自然地转入诗的第三、四句的联想：昨夜我在朦胧中曾听到一阵风雨声，现在庭院里盛开的花儿到底被摇落了多少呢？联系诗的前两句，夜里这一阵风雨不是疾风暴雨，而当是轻风细雨，它把诗人送入香甜的梦乡，把清晨清洗得更加明丽，并不可恨。但是它毕竟要摇落春花，带走春光，因此一句“花落知多少”，又隐含着诗人对春光流逝的淡淡哀怨以及无限遐想。

宋人叶绍翁《游园不值》诗中的“春色满园关不住，一枝红杏出墙来”，是古今传诵的名句。其实，在写法上是与《春晓》有共同之处的。叶诗是通过视觉形象，由伸出墙外的一枝红杏，把人引入墙内、让人想象墙内；孟诗则是通过听觉形象，由阵阵春声把人引出屋外、让人想象屋外。只用淡淡的几笔，就写出了晴方好、雨亦奇的繁盛春意。两诗都表明，那盎然的春意，自是阻挡不住的，你看，它不是冲破了围墙屋壁，展现在你的眼前、萦回在你的耳际了吗？

这首小诗仅仅四行二十个字，写来却曲径通幽，回环波折。首句破题，“春”字点明季节，写春眠的香甜。“不觉”是朦朦胧胧不知不觉。在这温暖的春夜中，诗人睡得真香，以至旭日临窗，才甜梦初醒。流露出诗人爱春的喜悦心情。次句写春景，春天早晨的鸟语。“处处”是指四面八方。鸟噪枝头，一派生机勃勃的景象。“闻啼鸟”即“闻鸟啼”，古诗为了押韵，词序作了适当的调整。三句转为写回忆，诗人追忆昨晚的潇潇春雨。末句又回到眼前，联想到春花被风吹雨打、落红遍地的景象，由喜春翻为惜春，诗人把爱春和惜春的情感寄托在对落花的叹息上。爱极而惜，惜春即是爱春——那潇潇春雨也引起了

图 5.6

aside 和 article 两栏是以最小宽度显示的，两栏的内容在水平方向是靠左显示等。那么如何来解决这些问题呢？下面来学习其他属性。

1. 主轴对齐(justify-content)

justify-content 属性定义了项目在主轴上的对齐方式，即横向对齐方式。格式如下所示。

```
justify-content: flex-start | flex-end | center | space-between | space-around;
```

它可能取 5 个值，具体对齐方式与轴的方向有关。假设主轴为从左到右，则其对齐方式如图 5.7 所示。

- flex-start(默认值)：左对齐。
- flex-end：右对齐。
- center：居中。
- space-between：两端对齐，项目之间的间隔都相等。

- space-around：每个项目两侧的间隔相等。所以，项目之间的间隔比项目与边框的间隔大一倍。

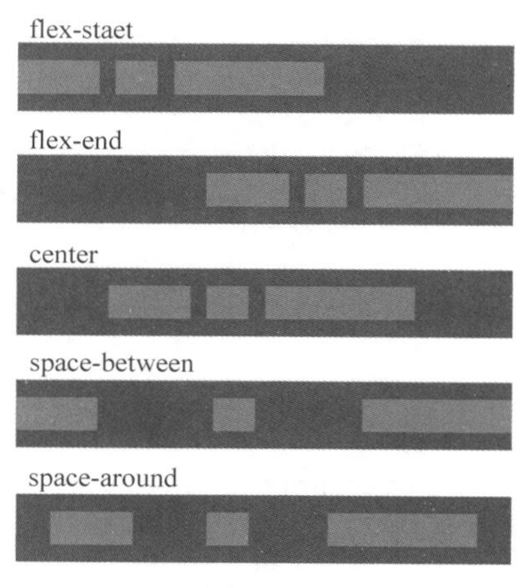

图　5.7

例 5.3　主轴对齐。

修改例 5.1 中的关键 CSS 代码如下所示。

```
.box {
        display: flex;
        justify-content: center;
        }                                    }
```

在 PC 端浏览器中显示效果如图 5.8 所示，此时可以看到 box 盒子中的内容在水平方向上是居中对齐显示的。

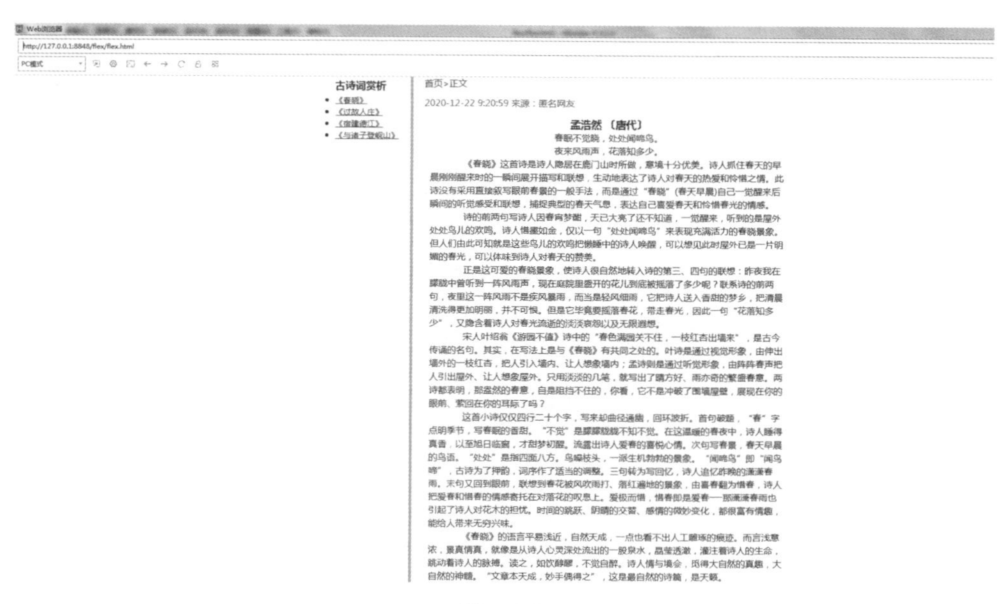

图　5.8

2. 侧轴对齐(align-items)

align-items 属性定义项目在侧轴(交叉轴)上的对齐方式,即纵向对齐方式。格式如下所示。

```
align-items: flex-start | flex-end | center | baseline | stretch;
```

它可能取 5 个值。具体的对齐方式与侧轴的方向有关。假设侧轴方向为从上到下,则其对齐方式如图 5.9 所示。

- flex-start：侧轴的起点对齐。
- flex-end：侧轴的终点对齐。
- center：侧轴的中点对齐。
- baseline：项目的第一行文字的基线对齐。
- stretch(默认值)：如果项目未设置高度或设为 auto,将占满整个容器的高度。

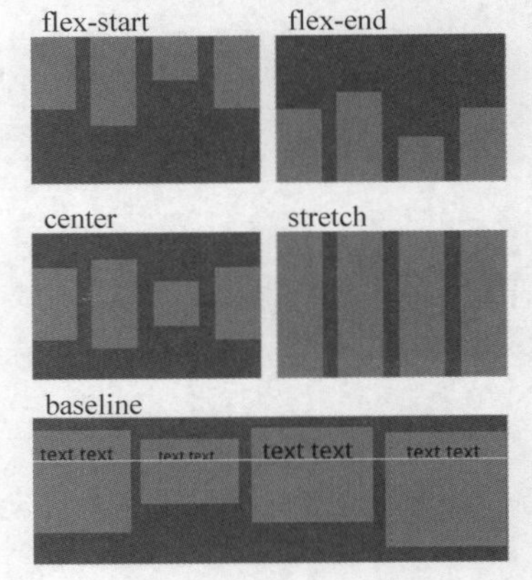

图 5.9

例 5.4 侧轴对齐。

修改例 5.1 中关键 CSS 代码,如下所示。

```
.box {
        display: flex;
        justify-content: center;
        align-items: center;
        }
```

在 PC 端浏览器中显示效果如图 5.10 所示,此时可以看到 box 盒子中的内容在垂直方向上是居中对齐显示的。

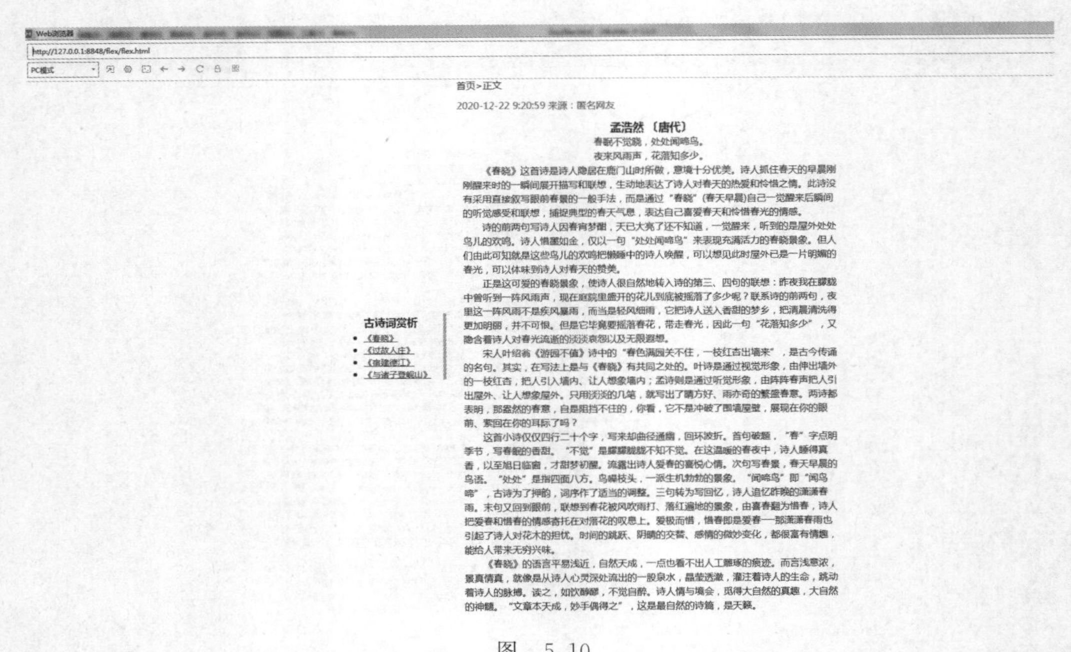

图 5.10

3. 伸缩性

伸缩性可以让项目的大小是可伸缩的,即让伸缩项目的宽度或高度自动填充。

例 5.5 伸缩性。

修改例 5.1 中关键 CSS 代码,如下所示。

```
aside {
        flex: 1;
        margin-left: 20px;
        border-right: 5px solid aqua;
        padding-right: 20px;
    }
article {
        flex: 1;
        margin-left: 20px;
    }
```

在 PC 端浏览器上的显示效果如图 5.11 所示。可以发现,flex 属性的具体数值并不代表具体的宽度值,而是一个比例值,即在父容器的空间中按比例去分配自己的宽度。aside 和 article 的 flex 的值如果都是 1,表示宽度比例为 1∶1,所以无论浏览器宽度如何都能保持内容宽度以 1∶1 显示。如果比例值变为 1∶2,也就是说 article 的宽度是 aside 的两倍,且不受浏览器宽度的影响。

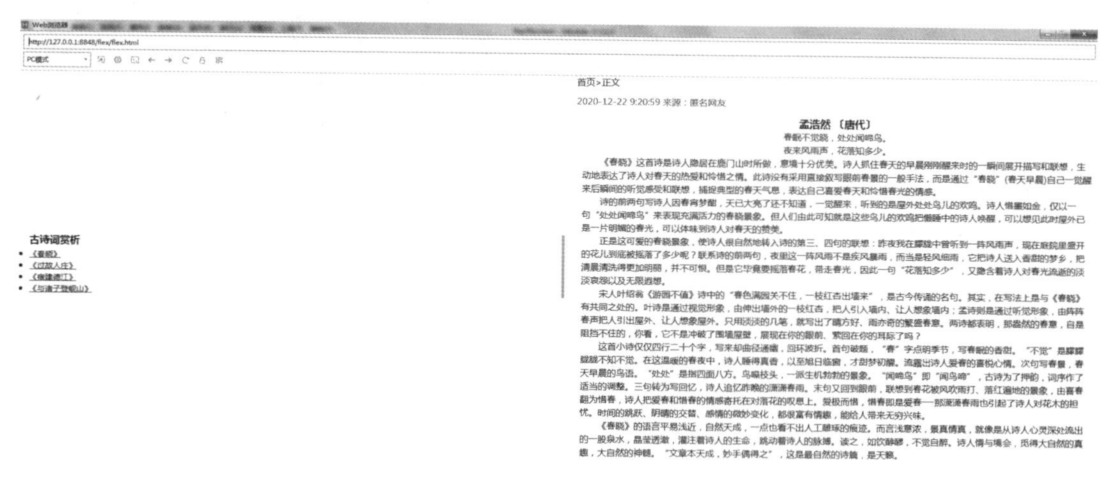

图 5.11

4. 伸缩流方向(flex-direction)

flex-direction 属性决定主轴的方向(即项目的排列方向),可以很简单地将多个元素的排列方向从水平方向修改为垂直方向,或者从垂直方向修改为水平方向,项目默认沿主轴排列。

容器默认存在两个轴:水平的主轴(main axis)和垂直的交叉轴(cross axis)。主轴的开始位置(与边框的交叉点)叫作 main start,结束位置叫作 main end;交叉轴的开始位置叫作 cross start,结束位置叫作 cross end。

单个项目占据的主轴空间叫作 main size，占据的交叉轴空间叫作 cross size，如图 5.12 所示。

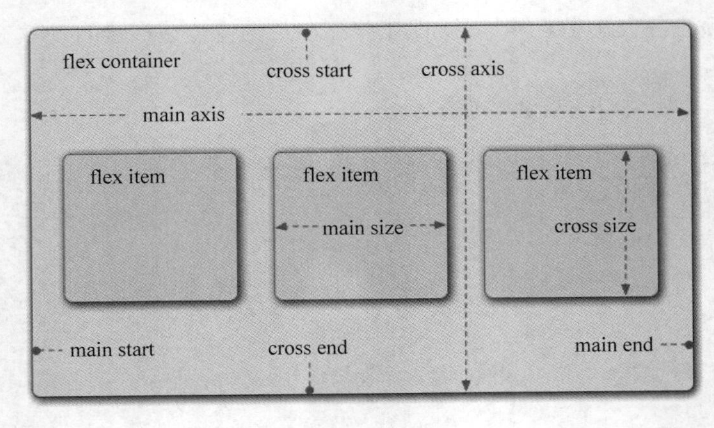

图 5.12

flex-direction 属性决定主轴的方向(即项目的排列方向)，如图 5.13 所示。格式如下所示。

```
flex-direction: row | row-reverse | column | column-reverse;
```

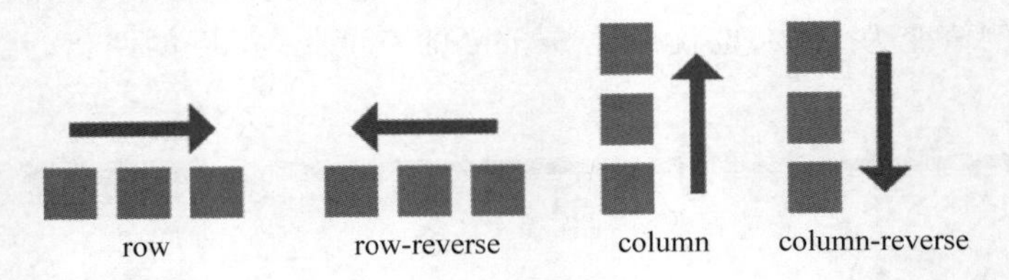

图 5.13

它可能有 4 个值。

- row(默认值)：主轴为水平方向，起点在左端。
- row-reverse：主轴为水平方向，起点在右端。
- column：主轴为垂直方向，起点在上沿。
- column-reverse：主轴为垂直方向，起点在下沿。

例 5.6 伸缩流方向——行相反方向。

修改例 5.1 中的关键 CSS 代码，如下所示。

```
.box {
        display: flex;
        flex-direction: row-reverse;
        border: 1px solid seagreen;
    }
```

在 PC 端浏览器中的显示效果如图 5.14 所示。可以看出，设置 flex-direction：row-reverse 后，aside 和 article 两列的排列顺序与之前相比完全相反。

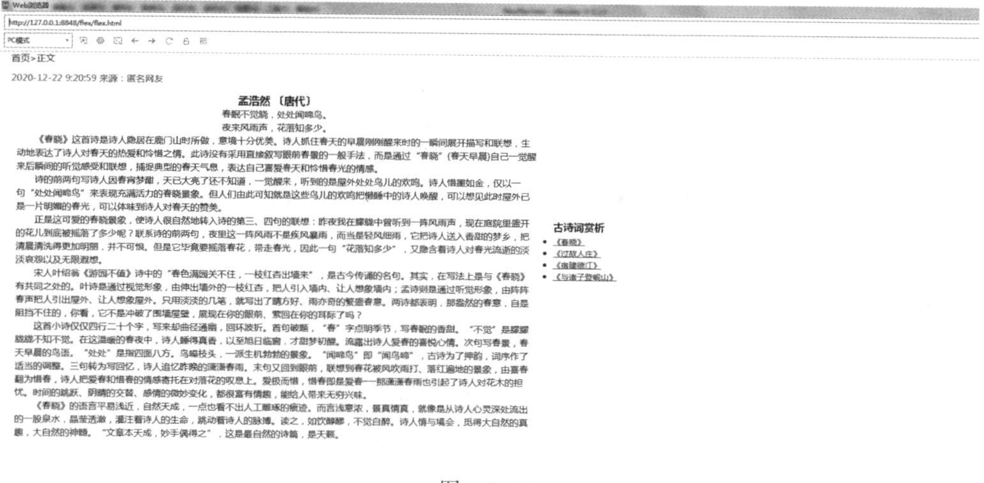

图　5.14

例 5.7　伸缩流方向——列方向。

修改例 5.1 中的关键 CSS 代码，如下所示。

```
.box {
        display: flex;
        flex-direction: column;
        border: 1px solid seagreen;
    }
```

在 PC 端浏览器中的显示效果如图 5.15 所示。可以看出，设置 flex-direction: column 后，aside 和 article 两列由水平方向排列变为垂直方向排列。

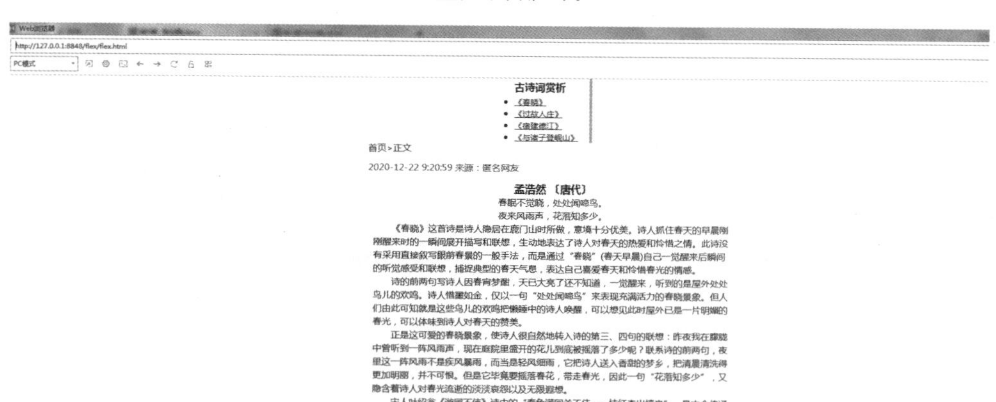

图　5.15

5. 伸缩换行(flex-wrap)

默认情况下,项目都排在一条线(又称轴线)上。flex-wrap 属性定义了如果一条轴线排不下,如何换行。

flex-direction 属性决定主轴的项目是一行显示还是多行显示。格式如下所示。

```
flex-wrap: nowrap | wrap | wrap-reverse;
```

(1) nowrap(默认):不换行,如图 5.16 所示。

(2) wrap:换行,第一行在上方,如图 5.17 所示。

(3) wrap-reverse:换行,第一行在下方,颠倒行的顺序显示,如图 5.18 所示。

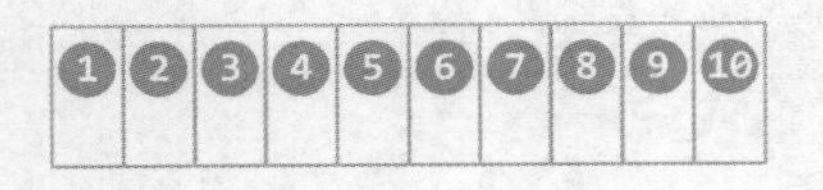

图 5.16

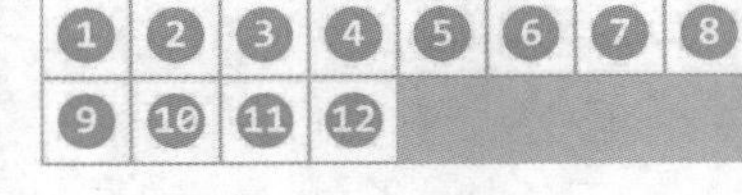

图 5.17

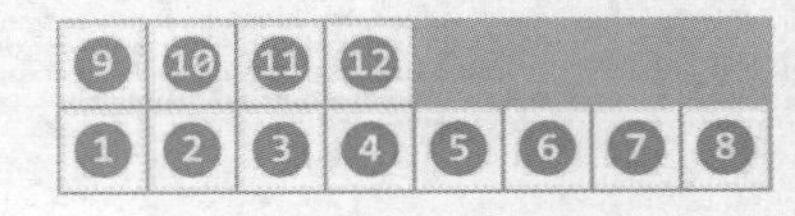

图 5.18

5.2 媒体查询

媒体查询(media query)是实现响应式设计的核心技术,它是 CSS 的一项重要功能,可以根据不同的媒体特性(如视口宽度、屏幕比例、设备方向)为其设置相应的 CSS 样式,在不改变页面内容的情况下为不同终端设备提供不同的显示效果,从而使网页在不同终端设备上都能够合理布局并呈现所达到的效果。

1. 媒体查询的语法

在 CSS 中定义的媒体查询语法格式常用的有以下两种类型。

(1) 内嵌式。

内嵌式是将媒体查询的样式和通用样式写在一起。语法格式如下所示。

```
@media 媒体类型{
选择器{/* 样式代码写在这里… */}
}
```

(2) 外联式(link)。

外联式就是在<link>标签引用样式时,通过<link>标签中的 media 属性来制定不同的媒体类型。语法格式如下所示。

```
<link rel="stylesheet" href="style1.css" media="媒体类型"/>
```

2. 媒体类型

媒体类型(media type)在 CSS3 中是一个常见的属性,也是一个非常有用的属性,可以通过媒体类型对不同的设备指定不同的样式。

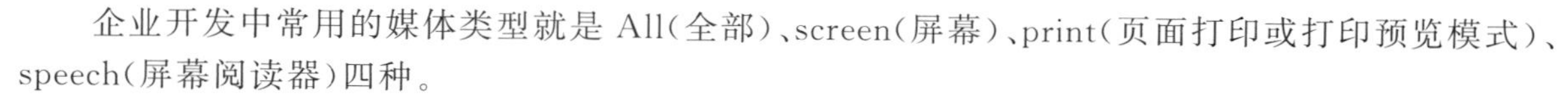

企业开发中常用的媒体类型就是 All(全部)、screen(屏幕)、print(页面打印或打印预览模式)、speech(屏幕阅读器)四种。

3. 媒体特性

媒体特性(media query)是 CSS3 对媒体类型(media type)的增强,可以将 media query 看成是“media type(判断条件)+CSS(符合条件的样式规则)”。

W3C 共列出 13 种 CSS 3 中常用的媒体特性,常用的如表 5.1 所示。

表　5.1

属　　性	值	min/max	描　　述
device-width	length	Yes	屏幕的输出宽度
device-height	length	Yes	屏幕的输出高度
width	length	Yes	渲染界面的宽度
height	length	Yes	渲染界面的高度
orientation	portrait/landscape	No	横屏或竖屏
resolution	分辨率(dpi/dpcm)	Yes	分辨率
color	整数	Yes	每种色彩的字节数
color-index	整数	Yes	色彩表中的色彩数

媒体特性能在不同的条件下使用不同的样式,使页面在不同终端设备下达到不同的渲染效果。

媒体特性是通过 min/max 来表示大于、小于、等于、小于或等于及大于或等于逻辑判断,而不是只用小于(<)和大于(>)这样的符号来判断。使用媒体特性时必须要以@media 开头,然后指定媒体类型,最后指定媒体特性。

语法格式为:

```
@media  媒体类型  and  (媒体特性){CSS 样式}
```

4. 逻辑关键词

媒体特性有的不只一个,当出现多个条件并存时就需要通过关键词连接。

(1) and 关键词,表示同时满足这两者时生效。如:

```
@media sreen and(max - width:1200px){样式代码 … }
```

表示样式代码将被使用在屏幕小于 1200px 的所有设备中。

(2) only 关键词,用来指定某种特定的媒体类型,可以用来排除不支持媒体查询的浏览器。only 很多时候用来对不支持媒体特性却支持媒体类型的设备隐藏样式表。例如,IE 8 能成功解读媒体类型,却无法解读 and 后面的媒体特性语句,就会连带媒体类型一起忽略,为了让不识别媒体特性的浏览器依然能够识别媒体类型,可以使用 only 关键字。如:

```
<link  rel = "stylesheet"  href = "style1.css"  media = "only screen and (max - width:500px)"/>
```

(3) not 关键词,用来排除某种指定的媒体类型,也就是排除符合表达式的设备。换句话说,not 关键词表示对后面的表达式执行取反操作。如:

```
@media not print and(max - width:1200px){样式代码 … }
```

表示样式代码将被使用在除打印机设备和屏幕小于1200px的所有设备中。

5.3 Bootstrap

视频讲解

1. Bootstrap 概述

Bootstrap 来自 Twitter，是当前非常受欢迎的前端组件库。Bootstrap 是基于 HTML、CSS、JavaScript 的，简洁灵活，使得 Web 开发更加快捷，而且支持响应式 Web 开发。

在前面已经学习过制作响应式网页来适配各种终端，不过通过媒体查询，针对要适配的每种终端都得设置相应的样式甚至是改变网页结构，开发和维护起来很麻烦。

而 Bootstrap 库具备了如下优势。

- 移动设备优先：Bootstrap 4 重写了整个框架，使其一开始就是对移动设备友好的。这次不是简单的增加一些可选的针对移动设备的样式，而是直接融合进了框架的内核。
- 浏览器支持：所有的主流浏览器都支持 Bootstrap。
- 容易上手：只要具备 HTML、CSS 和 JavaScript 的基础知识，就可以开始学习 Bootstrap。
- 响应式设计：Bootstrap 的响应式能够自适应于台式计算机、平板电脑和手机。
- 包含了功能强大的内置组件，易于定制，且开源。

目前使用较广的是 Bootstrap 3 和 Bootstrap 4，本书使用 Bootstrap 4。

2. Bootstrap 的使用方法

1）获取

在浏览器地址中输入网址 https://www.bootcss.com/，按 Enter 键，此时就会打开如图 5.19 所示的 Bootstrap 中文官方网站。

Bootstrap相关优质项目推荐

这些项目或者是对Bootstrap进行了有益的补充，或者是基于Bootstrap开发的

图 5.19

单击“Bootstrap 4 中文文档”，打开如图 5.20 所示的页面，在这里单击“下载 Bootstrap”按钮，下载当前最新版本 4.6.0。

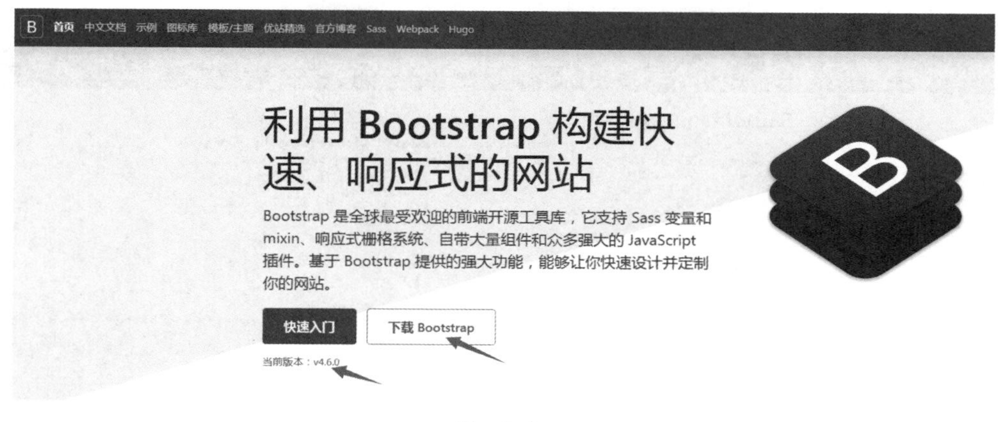

图　5.20

Bootstrap 解压后的目录结构如图 5.21 所示。

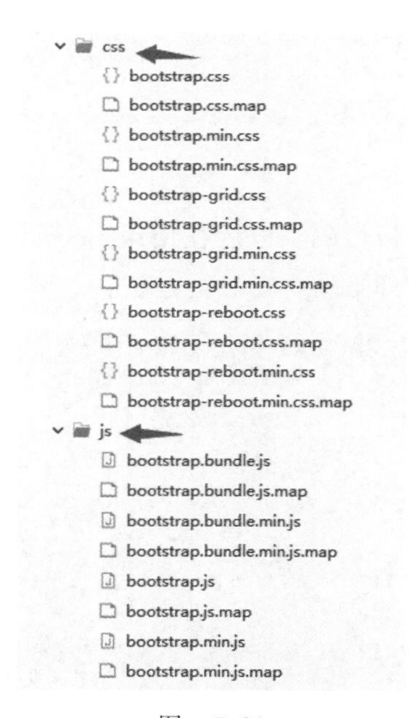

图　5.21

在如图 5.21 所示的目录中真正要用的文件只有 4 个：bootstrap.css、bootstrap.min.css、bootstrap.bundle.js 和 bootstrap.bundle.min.js。其中，包含 min 表示经过压缩的文件，可以用于生产过程，即实际开发中；而不包含 min 表示未经压缩的文件，便于开发中阅读、学习和分析。

2）引用

已经下载的 Bootstrap 文件在实际项目中如何引用呢？首先需要把图 5.21 中的目录文件放到项目目录中。

接下来，如果要创建一个新的网页，并且要使用 Bootstrap 进行页面制作，可以使用 Bootstrap

库所提供的初始模板。在图 5.20 中,单击“快速入门”链接或顶部导航中的“中文文档”,打开 Bootstrap 4 的中文文档页面,单击左侧的“简介”选项,在右侧的窗口中找到“Starter template(初始模板)”,如图 5.22 所示。

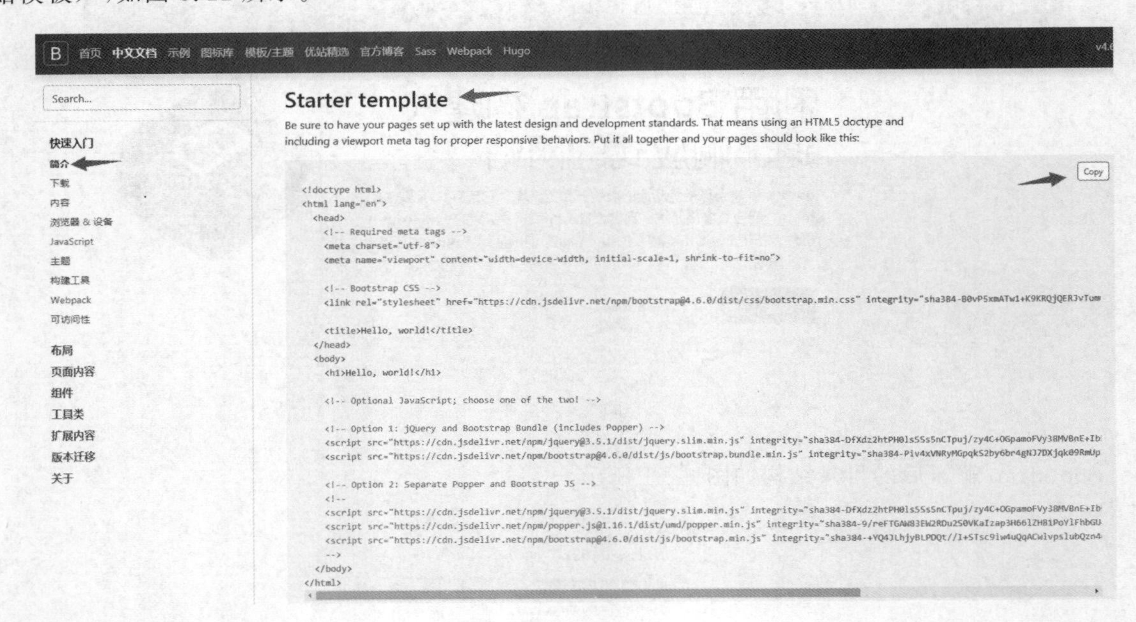

图 5.22

单击右侧的 copy 按钮,复制模板代码。以后在使用 Bootstrap 库所提供的其他代码、组件、插件等方法时也如此。模板具体代码如下所示。

```
<!doctype html><html lang = "zh - CN">
  <head>
    <!-- 必需的<meta>标签 -->
    <meta charset = "utf - 8">
    <meta name = "viewport" content = "width = device - width, initial - scale = 1, shrink - to - fit =
no">

    <!-- Bootstrap 的 CSS 文件 -->
    <link rel = "stylesheet" href = "https://cdn.jsdelivr.net/npm/bootstrap@4.6.0/dist/css/
bootstrap.min.css" integrity = "sha384 - B0vP5xmATw1 + K9KRQjQERJvTumQW0nPEzvF6L/
Z6nronJ3oUOFUFpCjEUQouq2 + 1" crossorigin = "anonymous">

    <title>Hello, world!</title>
  </head>
  <body>
    <h1>Hello, world!</h1>

    <!-- JavaScript 文件是可选的。从以下两个选项中选择一个即可。-->

    <!-- 选项 1: jQuery 和 Bootstrap 集成包(集成了 Popper) -->
```

```
<script src="https://cdn.jsdelivr.net/npm/jquery@3.5.1/dist/jquery.slim.min.js" integrity="sha384-DfXdz2htPH0lsSSs5nCTpuj/zy4C+OGpamoFVy38MVBnE+IbbVYUew+OrCXaRkfj" crossorigin="anonymous"></script>
<script src="https://cdn.jsdelivr.net/npm/bootstrap@4.6.0/dist/js/bootstrap.bundle.min.js" integrity="sha384-LCPyFKQyML7mqtS+4XytolfqyqSlcbB3bvDuH9vX2sdQMxRonb/M3b9EmhCNNNrV" crossorigin="anonymous"></script>

<!-- 选项 2: Popper 和 Bootstrap 的 JavaScript 插件各自独立 -->
<!-- <script src="https://cdn.jsdelivr.net/npm/jquery@3.5.1/dist/jquery.slim.min.js" integrity="sha384-DfXdz2htPH0lsSSs5nCTpuj/zy4C+OGpamoFVy38MVBnE+IbbVYUew+OrCXaRkfj" crossorigin="anonymous"></script><script src="https://cdn.jsdelivr.net/npm/popper.js@1.16.1/dist/umd/popper.min.js" integrity="sha384-9/reFTGAW83EW2RDu2S0VKaIzap3H66lZH81PoYlFhbGU+6BZp6G7niu735Sk7lN" crossorigin="anonymous"></script><script src="https://cdn.jsdelivr.net/npm/bootstrap@4.6.0/dist/js/bootstrap.min.js" integrity="sha384-gRC4eoaRyQ8xv2X6Mnf+eOIrtON3wId3dAkwO0HQX26OrFBoLpjX/XWOJacSiZhL" crossorigin="anonymous"></script> -->
</body></html>
```

说明：

(1) 为了确保所有设备的渲染和触摸效果，必须在网页的<head>部分添加一个响应式的<meta>标签，即<meta name="viewport" content="width=device-width, initial-scale=1, shrink-to-fit=no">。这个<meta>标签用于设置文档视口(viewport)的大小，其中，width=device-width 表示视口的宽度采用设备宽度，shrink-to-fit=no 的作用是禁止用户对页面进行手动缩放。设置这些参数将有助于在移动设备上查看网页内容。

(2) 要在网页中使用 Bootstrap，需要引用相关的 CSS 文件和 JavaScript 文件。

① 引用 Bootstrap CSS 文件可以使用<link>标签来完成。

在开发过程中，可以引用本地的 Bootstrap CSS 文件，格式如下所示。

```
<link rel="stylesheet" href="../css/bootstrap.css">
```

部署项目时，可以使用 CDN 上的 Bootstrap CSS 文件，初始模板中使用的就是 CDN 引用方式。

② 引用 JavaScript 文件。

使用 Bootstrap 提供的 JavaScript 插件时，还需要引用 JavaScript 文件。而 Bootstrap 的所有 JavaScript 插件都依赖于 jQuery，因此 jQuery 必须在 JavaScript 文件之前引入。

本地开发格式如下。

```
<script src="../js/jquery.js"></script>
<script src="../js/bootstrap.bundle.min.js"></script>
```

部署项目时，也可以使用 CDN 上的 Bootstrap JavaScript 文件，初始模板中使用的就是 CDN 引用方式。

知识分享

(1) CDN 是构建在现有网络基础之上的智能虚拟网络，依靠部署在各地的边缘服务器，通过中心平台的负载均衡、内容分发、调度等功能模块，使用户就近获取所需内容，降低网络拥塞，提高用户访问响应速度和命中率。

（2）下拉菜单、工具提示等需要 popper. js 库的支持，在 4. 6. 0 版本中已集成在 bootstrap. bundle. min. js 中，所以直接使用即可，在本书中采用此库。

视频讲解

3. Bootstrap 的构成

大多数 Bootstrap 的使用者都认为其只提供了 CSS 组件和 JavaScript 插件，其实 CSS 组件和 JavaScript 插件只是 Bootstrap 库的表现形式而已，它们都是构建在基础平台之上的，它的整体架构如图 5. 23 所示。

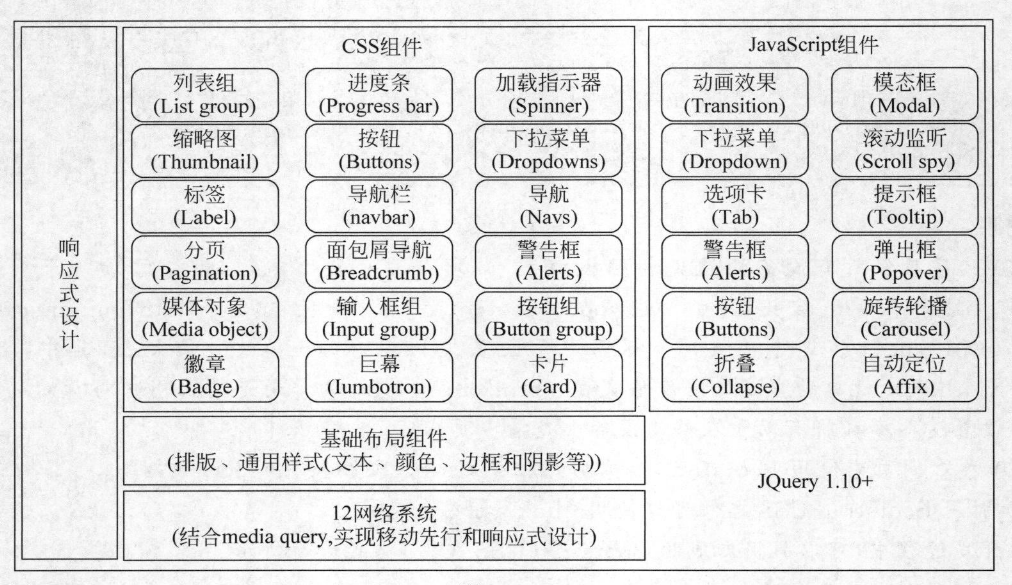

图 5. 23

响应式设计是一个理念，而非功能，这里把它放在整个架构的左边，是因为 Bootstrap 的所有内容都是以响应式设计为设计理念来实现的。

图 5. 23 共包括 6 大部分，除了 CSS 组件和 JavaScript 组件外，其他都是基础支撑。

（1）12 网格系统。

网格是以规则的网格列阵来指导和规范网页中的版面布局以及信息分布的。

Bootstrap 的 12 网格系统就是把网页中的行(row)平均分为 12 份，开发人员可以自由地按份组合，对页面进行布局。

（2）基础布局组件。

在 12 网格系统的基础上，Bootstrap 提供了多种基础布局组件，比如排版、文本、颜色、边框和阴影等。

（3）jQuery。

Bootstap 中所有的 JavaScript 插件都依赖于 jQuery 1. 10 以上版本库，如果要使用这些插件，就必须先引用 jQuery 库。

（4）响应式设计。

页面的设计开发应当根据用户行为以及设备环境（系统平台、屏幕尺寸、屏幕定向等）进行相

应的响应和调整。

(5) CSS 组件。

在最新的 Bootstrap 4. x 版本中提供了 20 种 CSS 组件，分别是下拉菜单(Dropdowns)、按钮组(Button group)、按钮下拉菜单(Button dropdown)、导航(Navs)、导航条(Navbar)、面包屑导航(Breadcrumb)、分页(Pagination)、标签(Label)、徽章(Badge)、排版(Typography)、缩略图(Tumbnail)、警告框(Alerts)、进度条(Progress bar)、媒体对象(Media object) 等。

(6) JavaScript 组件。

JavaScript 组件有 12 种，包括过渡效果(Transition)、模态框(Modal)、下拉菜单(Dropdowns)、滚动监听(Scroll spy)、弹出框(Popovers)、按钮(Buttons)等。

对 Bootstrap 有一个基本的了解之后，接下来介绍如何使用 Bootstrap 进行网页制作。

4. 使用 Bootstrap 网格系统进行页面布局

视频讲解

1) 网格系统概述

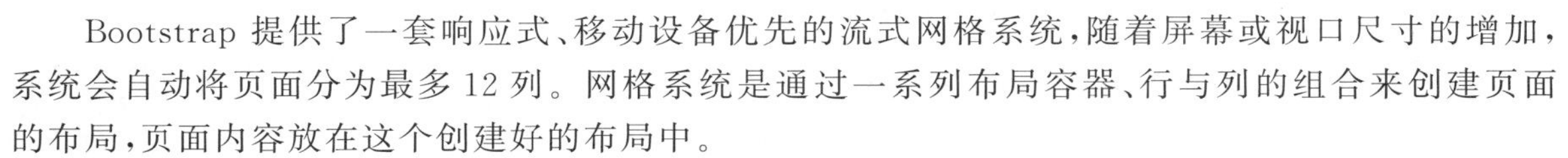

Bootstrap 提供了一套响应式、移动设备优先的流式网格系统，随着屏幕或视口尺寸的增加，系统会自动将页面分为最多 12 列。网格系统是通过一系列布局容器、行与列的组合来创建页面的布局，页面内容放在这个创建好的布局中。

2) 布局容器

使用 Bootstrap 网格系统时，要求整个网格布局放在布局容器中，这也是使用网格系统的必要条件。Bootstrap 4 提供了以下三种类型的布局容器。

(1) .container 类用于固定宽度并支持响应式布局的容器。格式如下所示。

```
<div class = "container">
   …
</div>
```

(2) .container-{breakpoint}是 Bootstrap 4 中新增的容器类，其中 breakpoint 表示断点类型，用 sm、md、lg 或 xl 表示，对应的视口最小宽度分别为 576px、768px、992px 和 1200px。

此类容器到达到指定断点之前，其宽度一直为 100%(与视口同宽)，达到断点时将设置 max-width，此后将应用每个较高断点的 max-width。格式如下所示。

```
<div class = "container - sm|md|lg|xl">
   …
</div>
```

(3) .container-fluid 类用于 100% 宽度，占据全部视口的容器。格式如下所示。

```
<div class = "container - fluid">
   …
</div>
```

3) 网格布局实现原理

Bootstrap 网格系统使用一系列布局容器、行和列来布局和对齐内容，它是使用弹性框构建的，并且具有完全的响应式能力。

其工作原理如下所示。

- 行必须放置在布局容器内,以便获得适当的对齐(alignment)和内边距(padding),一行内最多包含 12 列。
- 使用行来创建列的水平组,内容应该放置在列内,且唯有列可以是行的直接子元素。
- 列通过内边距来创建列内容之间的间隙。每列都由水平填充内边距,其 padding-right 和 padding-left 均为 15px,也称为装订线,用于控制它们之间的间距。一行中的第一列和最后一列的水平填充与该行的负边距刚好抵消。这样,列中的所有内容在视觉上都是左对齐的。
- 预定义的网格类,如 .row 和 .col-xs-4,可用于快速创建网格布局。

4)媒体查询实现响应式网格

媒体查询是非常别致的"有条件的 CSS 规则"。它只适用于一些基于某些规定条件的 CSS。如果满足那些条件,则应用相应的样式。

Bootstrap 中的媒体查询允许基于视口大小移动、显示并隐藏内容。

```
/* 小屏幕(手机,大于或等于 576px) */
@media (min-width: @screen-sm-min) { … }
/* 小屏幕(平板,大于或等于 768px) */
@media (min-width: @screen-md-min) { … }
/* 中等屏幕(桌面显示器,大于或等于 992px) */
@media (min-width: @screen-lg-min) { … }
/* 大屏幕(大桌面显示器,大于或等于 1200px) */
@media (min-width: @screen-xl-min) { … }
```

5)网格参数

通过表 5.2 可以详细查看 Bootstrap 的网格系统是如何在多种屏幕设备上工作的。

表 5.2

	小屏幕(≥576px)	中型屏幕(≥768px)	大型屏幕(≥992px)	超大型屏幕(≥1200px)
.container 最大宽度	540	720px	960px	1140px
类前缀	.col-sm-	.col-md-	.col-lg-	.col-xl-
列数	12			
列间隙	30px(每列左右均有 15px)			
可嵌套	是			
偏移	是			
列排序	是			

说明:

(1) 针对不同的设备,container 的宽度不同。

- 当屏幕<576px 时,container 使用最大宽度,即全屏,内容按从上向下排列。
- 当 576px≤屏幕<768px 时,container 的宽度为 540px。
- 当 768px≤屏幕<992px 时,container 的宽度为 720px。
- 当 992≤屏幕<1200px 时,container 的宽度为 960px。
- 当屏幕≥1200px 时,container 的宽度为 1140px。

(2) 行是列的容器,最多只能放 12 列。以 col-*-* 为例,用来表示不同屏幕下所占 12 列中的

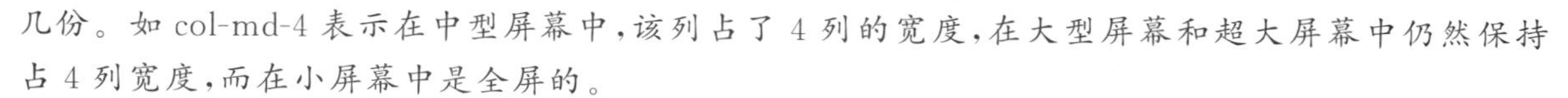

几份。如 col-md-4 表示在中型屏幕中，该列占了 4 列的宽度，在大型屏幕和超大屏幕中仍然保持占 4 列宽度，而在小屏幕中是全屏的。

（3）布局容器（.container）的宽度是一个相对固定宽度，其会随着视口的大小自动调整，如在中型屏幕中其宽度为 720px，而在大型屏幕中其宽度为 960px，在超大型屏幕中其宽度为 1140px。

6）网格系统的使用

因为网格系统就是通过行和列的组合来进行页面布局的，而行是按默认从上向下排列的，所以网格系统的使用更多的是列的各种组合，主要包括列组合、列偏移、列排序、列嵌套。

（1）列组合。

列组合是通过更改数字来合并列的，类似表格中的合并列。

例 5.8　列组合。

结构和内容代码如下所示。

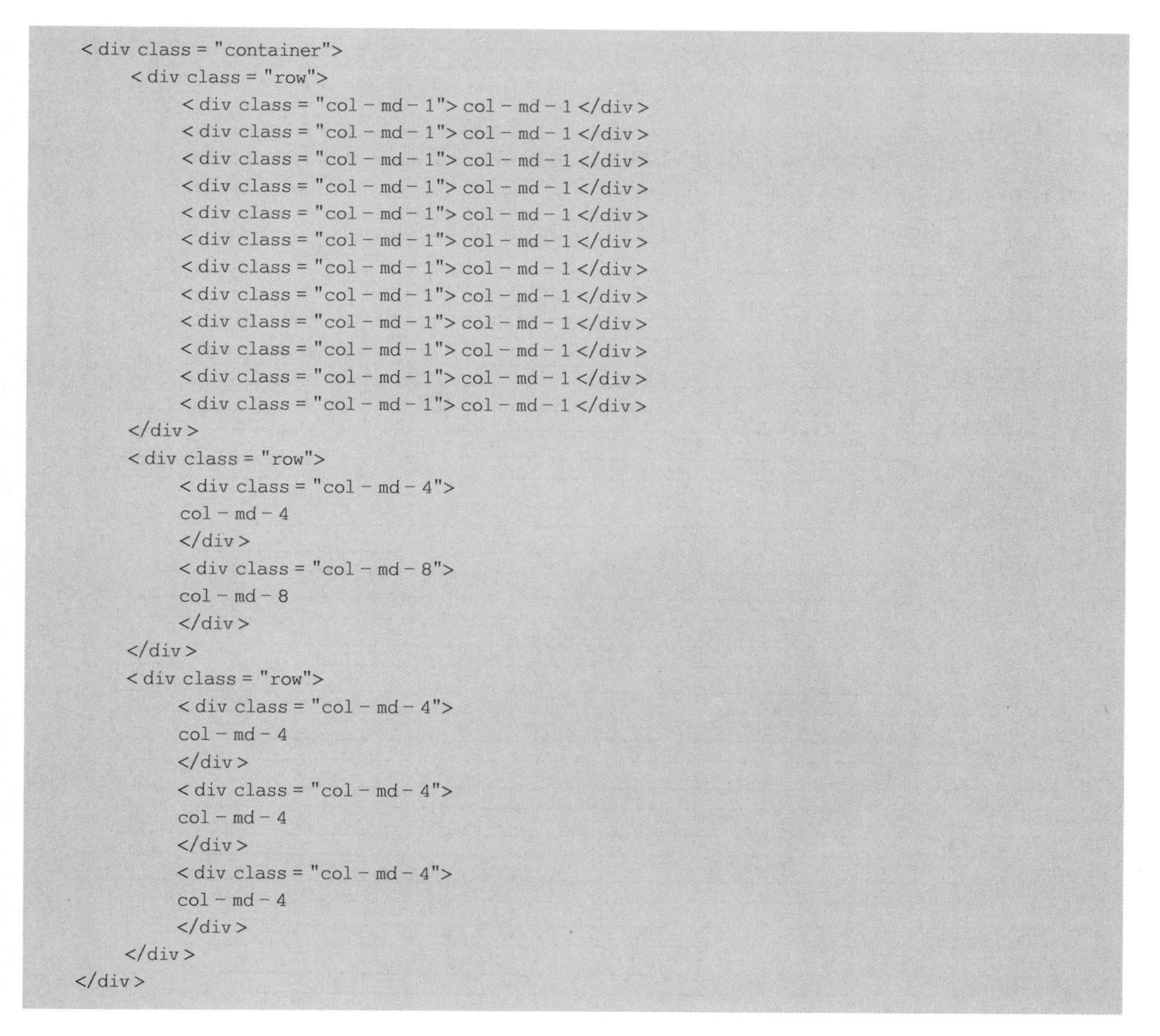

```
<div class = "container">
    <div class = "row">
        <div class = "col - md - 1"> col - md - 1 </div>
        <div class = "col - md - 1"> col - md - 1 </div>
        <div class = "col - md - 1"> col - md - 1 </div>
        <div class = "col - md - 1"> col - md - 1 </div>
        <div class = "col - md - 1"> col - md - 1 </div>
        <div class = "col - md - 1"> col - md - 1 </div>
        <div class = "col - md - 1"> col - md - 1 </div>
        <div class = "col - md - 1"> col - md - 1 </div>
        <div class = "col - md - 1"> col - md - 1 </div>
        <div class = "col - md - 1"> col - md - 1 </div>
        <div class = "col - md - 1"> col - md - 1 </div>
        <div class = "col - md - 1"> col - md - 1 </div>
    </div>
    <div class = "row">
        <div class = "col - md - 4">
        col - md - 4
        </div>
        <div class = "col - md - 8">
        col - md - 8
        </div>
    </div>
    <div class = "row">
        <div class = "col - md - 4">
        col - md - 4
        </div>
        <div class = "col - md - 4">
        col - md - 4
        </div>
        <div class = "col - md - 4">
        col - md - 4
        </div>
    </div>
</div>
```

样式代码如下所示。

```
<style type="text/css">
        * {
            margin: 0;
            padding: 0;
            }
            .row div {
            margin-top: 20px;
            border: 1px solid #f00;
            }
</style>
```

在中型屏幕及以上屏幕中的效果如图 5.24 所示。

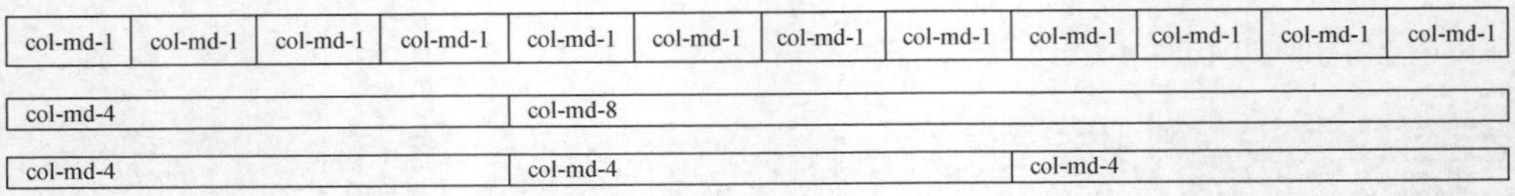

col-md-1	col-md-1	col-md-1	col-md-1	col-md-1	col-md-1	col-md-1	col-md-1	col-md-1	col-md-1	col-md-1	col-md-1
col-md-4				col-md-8							
col-md-4				col-md-4				col-md-4			

图 5.24

从图 5.24 可以看到，每一行的宽度是相对固定的，在大于或等于临界点 768px 后，每一行中的列是按所占的列宽自动分布的。

在小屏幕中效果如图 5.25 所示。可以看到，在小于临界点 768px 后，每一列都是全屏显示的。

col-md-1
col-md-1
col-md-1
col-md-1
col-md-1
col-md-1
col-md-1
col-md-1
col-md-1
col-md-1
col-md-1
col-md-1
col-md-4
col-md-8
col-md-4
col-md-4
col-md-4

图 5.25

（2）列偏移。

如果不想让相邻的两列紧挨在一起，此时可以通过列偏移实现。如.offset-md-2，其作用是在中等屏幕中将该列向右移动两个列宽。

例 5.9　列偏移。

修改例 5.8 中第 3 行结构代码如下所示。

```
<div class = "container">
    <div class = "row">
        <div class = "col - md - 4">
        col - md - 4
        </div>
        <div class = "col - md - 2 offset - md - 2">
        col - md - 4
        </div>
        <div class = "col - md - 2 offset - md - 2">
        col - md - 4
        </div>
    </div>
</div>
```

在中型屏幕及以上屏幕中的效果如图 5.26 所示。可以看到，第 3 行的第 2 列与第 1 列是分隔开的，且间隔了两列；第 3 列与第 2 列也是如此。

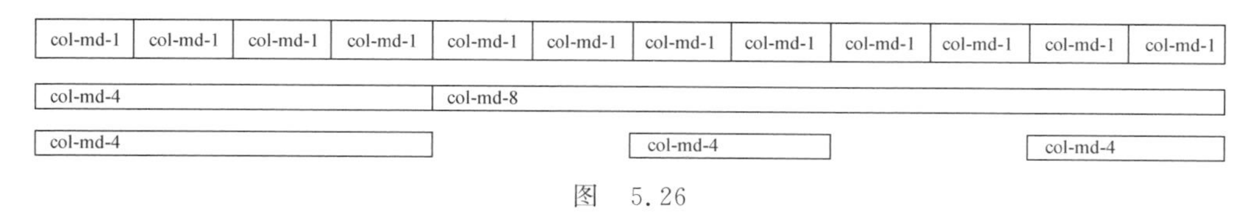

图　5.26

在小屏幕中每一列都是全屏的，列偏移不再起作用。

（3）列排序。

排序类.order-＊用来控制网格行中列的排列顺序，这些类都是响应式的，因此可以按断点来设置排列顺序(例如.order-1 .order-md-2)，包括对所有 5 个网格断点从 1 到 12 的支持。此外，还有响应式的排序类.order-first 和.order-last，它们分别将列更改为首列和末列。

例 5.10　列排序。

修改例 5.8 中第 2 行和第 3 行结构代码如下所示。

```
<div class = "container">
    <div class = "row">
        <div class = "col - md - 4 order - last">
        col - md - 4
        </div>
        <div class = "col - md - 8 order - first">
        col - md - 8
        </div>
    </div>
```

```
    <div class="row">
        <div class="col-md-4 order-3">
        col-md-3
        </div>
        <div class="col-md-4 order-2">
        col-md-2
        </div>
        <div class="col-md-4 order-1">
        col-md-1
        </div>
    </div>
</div>
```

在中型屏幕及以上屏幕中的效果如图 5.27 所示。可以看到，第 2 行中第 1 列和第 2 列交换了位置，即实现了左右浮动，第 3 行按定义的顺序进行了排序。

col-md-1	col-md-1	col-md-1	col-md-1	col-md-1	col-md-1	col-md-1	col-md-1	col-md-1	col-md-1	col-md-1	col-md-1

col-md-8	col-md-4

col-md-1	col-md-2	col-md-4

图 5.27

在小屏幕中效果如图 5.28 所示。

col-md-1
col-md-1
col-md-1
col-md-1
col-md-1
col-md-1
col-md-1
col-md-1
col-md-1
col-md-1
col-md-1
col-md-1
col-md-8
col-md-4
col-md-1
col-md-2
col-md-3

图 5.28

(4) 列嵌套。

网格系统支持列的嵌套,即在一个列中可以创建一行或多行。

注:内部所嵌套的行的宽度为 100%,也就是当前所在列的宽度。

例 5.11 列嵌套。

修改例 5.8 第 2 行结构代码如下所示。

```
<div class = "container">
      <div class = "row">
          <div class = "col - md - 4">
          col - md - 4
          </div>
          <div class = "col - md - 8">
          col - md - 8
            <div class = "row">
              <div class = "col - md - 6">
              col - md - 8 - 1
              </div>
            <div class = "col - md - 6">
              col - md - 8 - 2
            </div>
          </div>
      </div>
</div>
```

在中型屏幕中的效果如图 5.29 所示。可以看到,第 2 行的第 2 列又多出来一行内容,其又包括等宽的两列,其宽度范围就是在第 2 列的宽度。

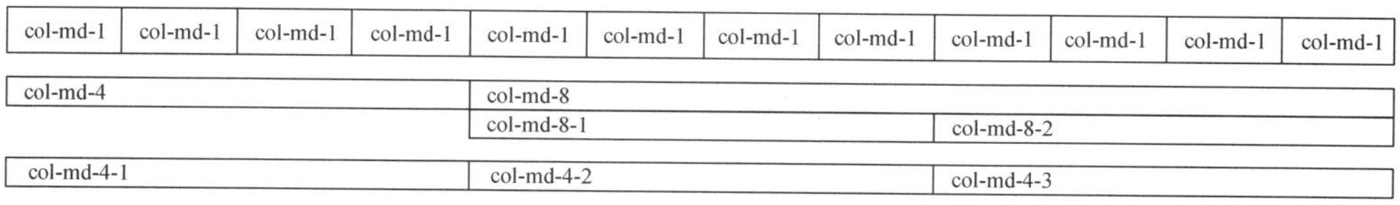

col-md-1	col-md-1	col-md-1	col-md-1	col-md-1	col-md-1	col-md-1	col-md-1	col-md-1	col-md-1	col-md-1	col-md-1

col-md-4	col-md-8	
	col-md-8-1	col-md-8-2

col-md-4-1	col-md-4-2	col-md-4-3

图 5.29

在小屏幕中嵌套行中的列也是全屏显示的。

5. 使用 Bootstrap 进行页面内容制作

为了提供更好的页面显示效果,Bootstrap 4 更新了 html 和 body 元素的一些属性,其中包括以下属性。

- 全局性地将每个元素的 box-sizing 属性都设置为 border-box,以确保不会由于 padding 或 border 而超出元素声明的宽度。
- html 根元素上没有声明 font-size 属性,但被假定为 16px(浏览器默认值),然后在此基础上采用 font-size:1rem 的比例应用于 body 元素,可以通过媒体查询轻松地实现响应式缩放,同时尊重用户的首选项,并且确保使用更方便。
- body 元素上设置了全局性的 font-family、line-height 和 text-align,其下面一些表单元素也继承此属性,以防止字体不一致。

- 为了安全起见，body 元素的 background-color 的默认值赋为 #fff(白色)。
- Bootstrap 4 删除了默认的 Web 字体(Helvetica Neue、Helvetica 和 Arial)，并替换为“本机字体堆栈”，以便在每个设备和操作系统上都以最佳文本呈现。

1) 结构和内容

如第 3 章所述，网页如同一篇文章，首先是标题，然后是段落，段落中可以包含列表和图像等。

(1) 辅助性标题。

当为主标题添加辅助性标题时，可以用< small >标签和. text-muted 类样式搭配，这样可以得到一个字体较小、颜色暗淡的标题。

例 5.12 辅助性标题。

结构和内容代码如下所示。

```
< div class = "text - center">
    < h1 >我是 1 级标题</h1 >
    ----< small class = "text - muted">我是小标题</small >
    < h2 >我是 2 级标题</h2 >
</div >
```

效果如图 5.30 所示。

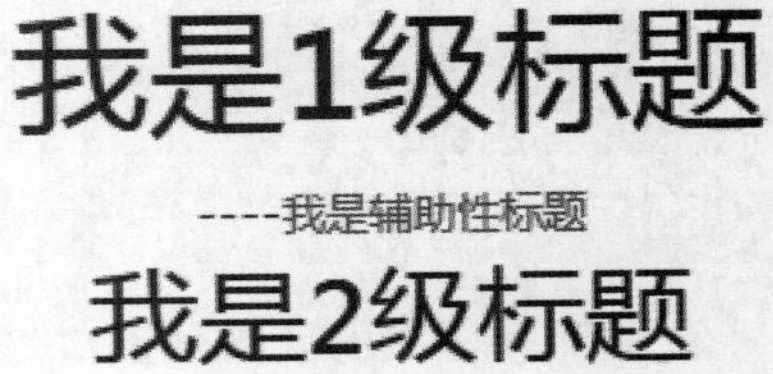

我是1级标题

----我是辅助性标题

我是2级标题

图 5.30

(2) 段落。

Bootstrap 4 将页面的全局字体大小 font-size 设置为 16px，行高 line-height 设置为 1.25rem(1.25 * 16px＝20px)。另外，p 元素还被设置了等于 1/2 行高(10px)的底部外边距。

例 5.13 段落。

结构和内容代码如下所示。

```
< div class = "p text - center">
    < p>我是第 1 个段落</p>
    < p style = "margin - bottom: 0;font - size: 16px;">我是第 2 个段落</p >
    < p>我是第 3 个段落</p>
</div >
```

效果如图 5.31 所示。

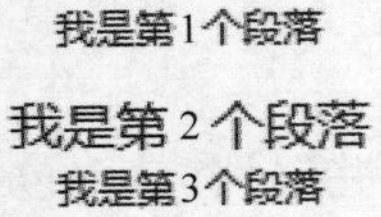

我是第1个段落

我是第2个段落

我是第3个段落

图 5.31

(3) 列表。

① 无样式列表。

在< ul >或< ol >标签上使用. list-unstyled 类样式可以创建无样式列表，其效果为删除列表项目上默认的列表符号和左外边距，但这仅仅影响直接子列表。

例 5.14 列表。

结构和内容代码如下所示。

```
< div class = "fruit">
    < p>我喜欢的水果有: </p>
    < ul class = "list - unstyled">
        < li>苹果
```

```
            <ul>
              <li>印度青</li>
              <li>烟台富士</li>
              <li>金帅</li>
            </ul>
          </li>
          <li>香蕉</li>
          <li>芒果</li>
      </ul>
</div>
```

效果如图 5.32 所示。

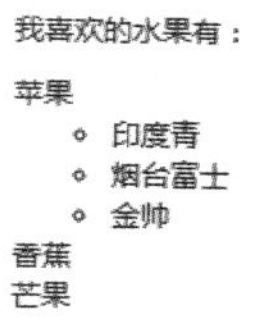

我喜欢的水果有：

苹果

- 印度青
- 烟台富士
- 金帅

香蕉

芒果

图 5.32

② 内联列表。

默认情况下，列表中的项目是按照从上向下的顺序排列的。如果需要把列表沿水平方向按照从左向右的顺序排列，可以使用类样式.list-inline 来创建内联列表。

例 5.15 内联列表。

结构和内容代码如下所示。

```
<div class = "list text - center">
    <ul class = "list - inline">
       <li class = "list - inline - item"><a href = "#">网站首页</a></li>
       <li class = "list - inline - item"><a href = "#">企业产品</a></li>
       <li class = "list - inline - item"><a href = "#">关于我们</a></li>
       <li class = "list - inline - item"><a href = "#">联系我们</a></li>
</ul>
```

效果如图 5.33 所示。

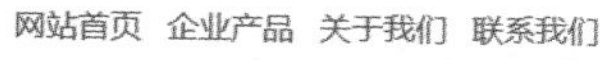

网站首页 企业产品 关于我们 联系我们

图 5.33

（4）图像。

① 响应式图像。

给图像添加类样式.img-fluid，其实质是为图片设置了“max-width：100%”“height：auto;”和“display：block;”属性，从而让图片在其父元素中更好地缩放。

例 5.16 响应式图像。

结构和内容代码如下所示。

```
<div class = "pic">
    <h2 class = "text - center">山珍海味</h2>
    <img src = "img/banner.jpg" class = "img - fluid">
</div>
```

效果如图 5.34 所示。

图　5.34

② 图像形状。

通过为 <img> 标签添加以下相应的类，可以让图片呈现不同的形状。

- img-rounded：获得图像圆角(border-radius：6px)。
- img-circle：整个图像变成圆形(border-radius：500px)。
- img-thumbnail：添加内边距和灰色边框，使图像呈现缩略图样式。

例 5.17　图像形状。

结构和内容代码如下所示。

```
<div class = "pic">
    <img src = "img/1.jpg" class = "img - circle">
    <img src = "img/4.jpg" class = "img - rounded">
    <img src = "img/3.jpg" class = "img - thumbnail">
</div>
```

效果如图 5.35 所示。

图　5.35

(5) 表格。

在早期，主要使用表格进行布局，现在也可以在表格样式非常明显的位置使用表格进行布局。

由于表格在诸如日历和日期选择器之类的第三方小部件中广泛使用，因此将表格设计为“选择加入”。使用时只需将基类.table 添加到<table>标签中即可，然后使用自定义样式或包含的各种修饰符类进行扩展。

① 基本表格。

在 Bootstrap 4 的“中文文档”页面中选择“页面内容”→“表格(Tables)”→Examples 命令，单击 copy 按钮，即可复制一个基本表格，如图 5.36 所示。

说明：在谷歌浏览器中，如果对英文页面不熟悉，可以在该页面右击，在弹出的快捷菜单中选择“翻成中文(简体)”命令，如图 5.37 所示，把整个页面翻译成中文，中文内容仅供参考，因为它只是简单直白的翻译，不一定是英文原文的意思。

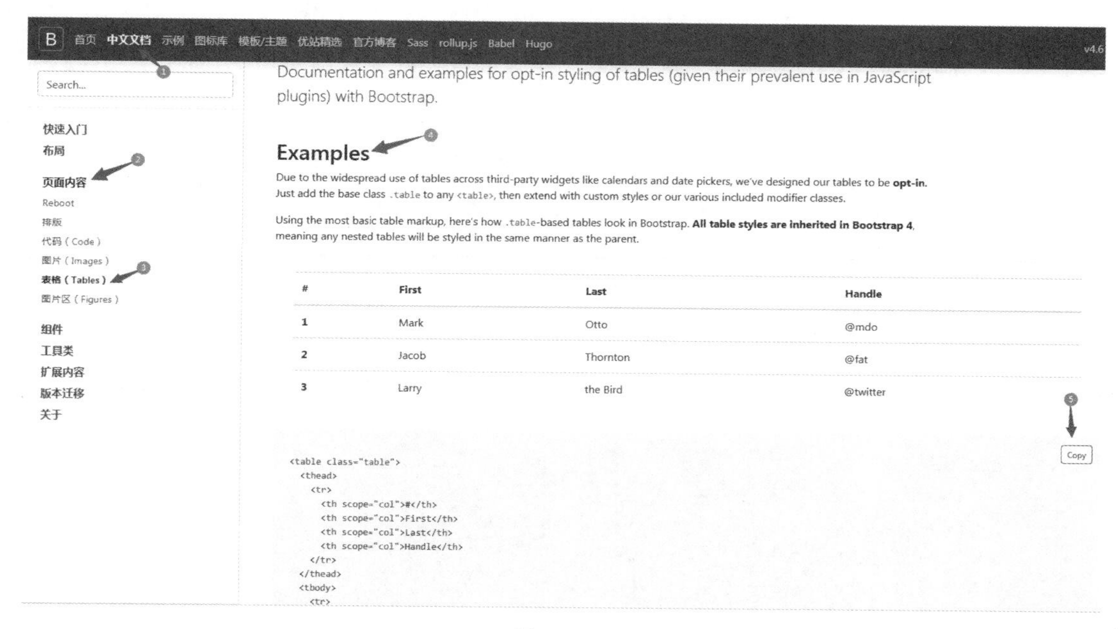

图 5.36

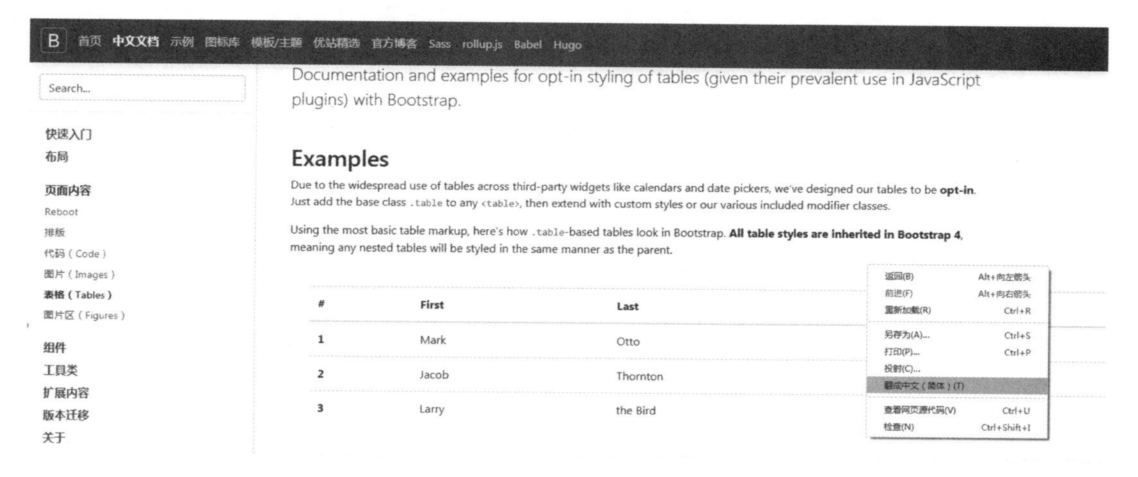

图 5.37

复制表格的代码如下。

```
<table class="table">
  <thead>
    <tr>
      <th scope="col">#</th>
      <th scope="col">First</th>
      <th scope="col">Last</th>
      <th scope="col">Handle</th>
    </tr>
```

```
    </thead>
    <tbody>
        <tr>
            <th scope="row">1</th>
            <td>Mark</td>
            <td>Otto</td>
            <td>@mdo</td>
        </tr>
        <tr>
            <th scope="row">2</th>
            <td>Jacob</td>
            <td>Thornton</td>
            <td>@fat</td>
        </tr>
        <tr>
            <th scope="row">3</th>
            <td>Larry</td>
            <td>the Bird</td>
            <td>@twitter</td>
        </tr>
    </tbody>
</table>
```

表格效果如图 5.38 所示。

#	First	Last	Handle
1	Mark	Otto	@mdo
2	Jacob	Thornton	@fat
3	Larry	the Bird	@twitter

图 5.38

可以根据自己的需求对代码进行修改,如想把上述表格修改为学生信息表,如例 5.18 所示。

例 5.18 学生基本信息表。

代码如下。

```
<h3 class="text-center text-danger font-weight-bold">学生基本信息表</h3>
<table class="table text-center">
    <thead>
        <tr>
            <th scope="col">班级</th>
            <th scope="col">学号</th>
            <th scope="col">姓名</th>
            <th scope="col">性别</th>
        </tr>
    </thead>
```

```
    <tbody>
        <tr>
            <th scope="row">1班</th>
            <td>2020001</td>
            <td>张三</td>
            <td>男</td>
        </tr>
        <tr>
            <th scope="row">2班</th>
            <td>2020002</td>
            <td>李四</td>
            <td>女</td>
        </tr>
        <tr>
            <th scope="row">3班</th>
            <td>2020003</td>
            <td>王五</td>
            <td>男</td>
        </tr>
    </tbody>
</table>
```

效果如图5.39所示。

学生基本信息表

班级	学号	姓名	性别
1班	2020001	张三	男
2班	2020002	李四	女
3班	2020003	王五	男

图　5.39

② 设置表头。

默认情况下，基本表格中的所有单元格均以白底黑字样式显示。在实际应用中，经常要对表头行进行处理，以使其突出显示。为此，可以对<thead>标签添加.thead-light或.thead-dark类样式，从而使表头区域显示出浅灰色或深灰色。

③ 设置条纹行效果。

制作表格时，可以在<table>标签中添加.table-striped类样式，从而产生逐行更改背景颜色的表格样式，即一行呈现浅灰色背景，下一行则呈现白色背景，称为条纹行效果。

例5.19　设置表头和条纹行效果。

代码如下：

```
<h3 class="text-center text-danger font-weight-bold">学生基本信息表</h3>
    <table class="table text-center table-striped">
        <thead class="thead-dark">
            <tr>
```

```
                <th scope = "col">班级</th>
                <th scope = "col">学号</th>
                <th scope = "col">姓名</th>
                <th scope = "col">性别</th>
            </tr>
        </thead>
        <tbody>
            <tr>
                <th scope = "row"> 1 班</th>
                <td> 2020001 </td>
                <td>张三</td>
                <td>男</td>
            </tr>
            <tr>
                <th scope = "row"> 1 班</th>
                <td> 2020002 </td>
                <td>李四</td>
                <td>女</td>
            </tr>
            <tr>
                <th scope = "row"> 2 班</th>
                <td> 2020003 </td>
                <td>王五</td>
                <td>男</td>
            </tr>
        </tbody>
    </table>
```

效果如图 5.40 所示。

学生基本信息表

班级	学号	姓名	性别
1班	2020001	张三	男
2班	2020002	李四	女
3班	2020003	王五	男

图　5.40

④ 设置表格边框。

默认情况下,基本表格中仅显示水平方向的边框线。如果想创建在水平方向和垂直方向都带有边框线的表格,则不仅需要在<table>标签中添加表格基类.table,还需要在此基础上再添加一个.table-bordered 类。若要创建一个不带无边框的表格,则应在添加.table 类的基础上再添加一个.table-borderless 类。

⑤ 设置悬停行效果。

当表格包含的列数比较多时,为了操作上的便利,通常需要设置一种悬停行效果,即当鼠标指针移到某行时会改变该行的背景颜色。若要设置这种悬停行效果,则需要在<table>标签中同时添加.table 和.table-hover 类。

例 5.20 设置悬停行效果。

代码如下：

```
<h3 class="text-center text-danger font-weight-bold">学生基本信息表</h3>
        <table class="table text-center table-bordered table-hover">
            <thead class="thead-dark">
                <tr>
                    <th scope="col">班级</th>
                    <th scope="col">学号</th>
                    <th scope="col">姓名</th>
                    <th scope="col">性别</th>
                </tr>
            </thead>
            <tbody>
                <tr>
                    <th scope="row">1 班</th>
                    <td>2020001</td>
                    <td>张三</td>
                    <td>男</td>
                </tr>
                <tr>
                    <th scope="row">1 班</th>
                    <td>2020002</td>
                    <td>李四</td>
                    <td>女</td>
                </tr>
                <tr>
                    <th scope="row">2 班</th>
                    <td>2020003</td>
                    <td>王五</td>
                    <td>男</td>
                </tr>
            </tbody>
      </table>
```

在谷歌浏览器中浏览效果如图 5.41 所示。

学生基本信息表

班级	学号	姓名	性别
1班	2020001	张三	男
2班	2020002	李四	女
3班	2020003	王五	男

图 5.41

⑥ 创建紧凑表格。

制作紧凑表格时，只需要在<table>标签中同时添加.table 和.table-sm 类即可，这样将使表格单元格(包括 th 和 td)的 padding 值缩减为 0.3rem。

在例 5.17 中添加.table-sm 类样式，效果如图 5.42 所示。

学生基本信息表

班级	学号	姓名	性别
1班	2020001	张三	男
2班	2020002	李四	女
3班	2020003	王五	男

图 5.42

⑦ 表格着色。

Bootstrap 4 提供了一组用于表格的语义状态类样式，可用来对整个表格(< table >)、表头(< thead >)、主体(< tbody >)、行(< tr >)或单元格(< th >、< td >)进行着色处理，这将需要对 border-color 和 background-color 属性进行设置。

用于表格的语义状态类样式如下。

table-active：灰色，用于悬停行效果。

table-primary：蓝色，表示重要操作。

table-secondary：灰色，表示内容不怎么重要。

table-success：绿色，表示允许执行的操作。

table-danger：红色，表示危险操作。

table-warning：橘色，表示需要注意的操作。

table-info：浅蓝色，表示内容已变更。

table-light：浅灰色，用于表格行背景。

table-dark：深灰色，用于表格行背景。

将例 5.18 中第 1 行和第 3 行分别应用类样式 table-primary 和 table-warning，效果如图 5.43 所示。

学生基本信息表

班级	学号	姓名	性别
1班	2020001	张三	男
2班	2020002	李四	女
3班	2020003	王五	男

图 5.43

2) Bootstrap 通用 CSS 样式

视频讲解

Bootstrap 本质是一个 CSS 样式库，它的核心是轻量的 CSS 代码库，定义了丰富的通用样式，包括文本、大小和边距、边框、颜色、阴影、对齐方式、浮动和定位及显示与隐藏等，可用来快速开发响应式移动优先的项目。

按照 CSS 的样式规则，先确定位置，再按照大小、文本、边框和背景等顺序进行介绍。

(1) 设置定位和浮动。

① 定位。

Bootstrap 4 提供了下列定位样式，可以用来快速设置元素的定位方式，但它们不包含响应式支持。

- .position-static：设置静态定位。

- .position-relative：设置相对定位。
- .position-absolute：设置绝对定位。
- .position-fixed：设置固定定位。
- .fixed-top：设置固定在顶部。
- .fixed-bottom：设置固定在底部。

② 浮动。

- .float-left：在所有视口中浮动到左侧。
- .float-right：在所有视口中浮动到右侧。

设置浮动之后，为了不影响页面布局(即高度坍塌)，需要清除容器内的浮动内容，为此在父元素中添加.clearfix类样式即可。

(2) 大小和边距。

① 大小(即宽度和高度)。

元素的大小由宽度(width)和高度(height)决定。在Bootstrap 4中，设置宽度和高度有两种方式：一种方式是相对于父级元素来设置，以百分比为单位；另一种方式是相对于视口来设置，以vw(视口宽度)和vh(视口高度)为单位。

a. 相对于父级元素。

设置相对于父级元素的大小时，元素的宽度用w表示，高度用h表示。下面列出设置元素大小的类样式。

- .w-*：设置元素的宽度(相对于父级宽度的百分比)，其中*表示25、50、75和100。
- .w-auto：设置元素的宽度为auto。
- .h-*：设置元素的高度(相对于父级高度的百分比)，其中*表示25、50、75和100。
- .h-auto：设置元素的高度为auto。
- .mw-100：设置元素的最大宽度为100%(相对于父级宽度的百分比)。
- .mh-100：设置元素的最大高度为100%(相对于父级高度的百分比)。

例5.21　元素大小。

结构和内容代码如下所示。

```
<div class = "container">
    <div class = "w - 25 p - 3" style = "background - color: #eee;"> Width 25 % </div>
    <div class = "w - 50 p - 3" style = "background - color: #eee;"> Width 50 % </div>
    <div class = "w - 75 p - 3" style = "background - color: #eee;"> Width 75 % </div>
    <div class = "w - 100 p - 3" style = "background - color: #eee;"> Width 100 % </div>
    <div class = "w - auto p - 3" style = "background - color: #eee;"> Width auto </div>
    <br>
    <div style = "height: 100px; background - color: rgba(255,0,0,0.1);">
        <div class = "h - 25 d - inline - block" style = "width: 120px; background - color: rgba(0,0,
255,.1)"> Height 25 % </div>
        <div class = "h - 50 d - inline - block" style = "width: 120px; background - color: rgba(0,0,
255,.1)"> Height 50 % </div>
        <div class = "h - 75 d - inline - block" style = "width: 120px; background - color: rgba(0,0,
255,.1)"> Height 75 % </div>
```

```
        <div class = "h - 100 d - inline - block" style = "width: 120px; background - color: rgba(0,0,
255,.1)"> Height 100 % </div>
        <div class = "h - auto d - inline - block" style = "width: 120px; background - color: rgba(0,
0,255,.1)"> Height auto </div>
    </div>
</div>
```

在 PC 端浏览器中显示效果如图 5.44 所示。

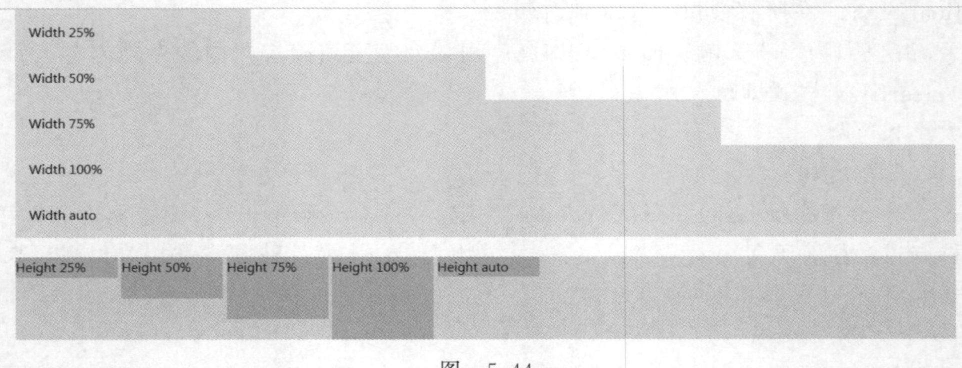

图 5.44

b. 相对于视口。

- . min-vw-100：设置最小宽度等于视口宽度。
- . min-vh-100：设置最小高度等于视口高度。
- . vw-100：设置宽度等于视口宽度。
- . vh-100：设置高度等于视口高度。

② 边距(包括内边距和外边距)。

在 CSS 中，可以用 margin 属性来设置元素的外边距，用 padding 属性来设置元素的内边距(也称为填充)。Bootstrap 4 提供了各种响应式边距和填充类，用于设置元素的外边距和内边距。这些边距和填充类有以下两种命名格式。

- {property}{sides}-{size}：不包含断点缩写，适用于从 xs 到 xl 的所有断点。
- {property}{sides}-{breakpoint}-{size}：包含断点缩写 sm、md、lg 或 xl，适用于指定断点。

其中，property 表示要设置的边距属性，用 m 表示设置 margin 的类，用 p 表示设置 padding 的类。sides 表示要设置元素哪一侧的边距，其值如下。

- t：表示 top，即顶部，用于设置 margin-top 或 padding-top 的类。
- b：表示 bottom，即底部，用于设置 margin-bottom 或 padding-bottom 的类。
- l：表示 left，即左侧，用于设置 margin-left 或 padding-left 的类。
- r：表示 right，即右侧，用于设置 margin-right 或 padding-right 的类。
- x：表示左侧和右侧，用于设置 *-left 和 *-right 的类。例如，px-* 同时设置 padding-left 和 padding-right。
- y：表示顶部和底部，用于 *-top 和 *-bottom 的类。例如，py-* 同时设置 padding-top 和 padding-bottom。

size 表示边距的尺寸规格，可以是下列数字或单词之一。

- 0：设置 margin 或 padding 的值为 0。
- 1：设置 margin 或 padding 为 $ spacer * .25，默认值为 0.25rem。
- 2：设置 margin 或 padding 为 $ spacer * .5，默认值为 0.5rem。
- 3：设置 margin 或 padding 为 $ spacer，默认值为 1rem。
- 4：设置 margin 或 padding 为 $ spacer * 1.5，默认值为 1.5rem。
- 5：设置 margin 或 padding 为 $ spacer * 3，默认值为 3rem。

在 CSS 中，margin 属性可以使用负值，padding 属性则不能。如果要设置负的外边距在数字之前添加字母 n，相应的 Bootstrap 边距类名称如下所示。

- m-nl：设置 margin 为－0.25rem。
- m-n2：设置 margin 为－0.5rem。
- m-n3：设置 margin 为－1rem。
- m-n4：设置 margin 为－1.5rem。
- m-n5：设置 margin 为－3rem。

此外，Bootstrap 还包含一个.mx-auto 类样式将 margin-left 和 margin-right 设置为 auto，用于设置块级内容水平居中。

例 5.22　边距和大小。

结构和内容代码如下所示。

```
<div class = "container">
      <div class = "row">
            <div class = "col">
            <h4 class = "py - 3 text - center">设置外边距</h4>
            </div>
      </div>
      <div class = "row justify - content - center  mb - 2">
            <div class = "col - auto p - 0 bg - light border">
                  <span class = "d - inline - block box ml - 0 bg - success text - white rounded">.ml - 0
</span>
                  <span class = "d - inline - block box ml - 1 bg - success text - white rounded">.ml - 1
</span>
                  <span class = "d - inline - block box ml - 3 bg - success text - white rounded">.ml - 3
</span>
                  <span class = "d - inline - block box ml - 5 bg - success text - white rounded">.ml - 5
</span>
          </div>
      </div>
      <div class = "row justify - content - center  mb - 2">
          <div class = "col - auto p - 0 bg - light border">
                  <span class = "d - inline - block box mr - 0 bg - success text - white rounded">.mr - 0
</span>
                  <span class = "d - inline - block box mr - 1 bg - success text - white rounded">.mr - 1
</span>
                  <span class = "d - inline - block box mr - 3 bg - success text - white rounded">.mr - 3
</span>
```

```
                <span class="d-inline-block box mr-5 bg-success text-white rounded">.mr-5
</span>
            </div>
        </div>
        <div class="row">
            <div class="col">
                <h4 class="py-3 text-center">设置内边距</h4>
            </div>
        </div>
        <div class="row justify-content-center mb-2">
            <div class="col-auto p-0 bg-light border">
                <span class="d-inline-block box pl-0 bg-warning text-white rounded">.pl-0
</span>
                <span class="d-inline-block box pl-1 bg-warning text-white rounded">.pl-1
</span>
                <span class="d-inline-block box pl-2 bg-warning text-white rounded">.pl-2
</span>
                <span class="d-inline-block box pl-3 bg-warning text-white rounded">.pl-3
</span>
                <span class="d-inline-block box pl-5 bg-warning text-white rounded">.pl-5
</span>
            </div>
        </div>
        <div class="row justify-content-center">
            <div class="col-auto p-0 bg-light border">
                <span class="d-inline-block box text-right pr-0 bg-warning text-white
rounded">.pr-0</span>
                <span class="d-inline-block box text-right pr-1 bg-warning text-white
rounded">.pr-1</span>
                <span class="d-inline-block box text-right pr-2 bg-warning text-white
rounded">.pr-2</span>
                <span class="d-inline-block box text-right pr-3 bg-warning text-white
rounded">.pr-3</span>
                <span class="d-inline-block box text-right pr-5 bg-warning text-white
rounded">.pr-5</span>
            </div>
        </div>
        <div class="row">
            <div class="col">
                <h4 class="py-3 text-center">水平居中</h4>
            </div>
        </div>
        <div class="row  mb-2">
            <div class="col">
                <div class="bg-danger border mx-auto" style="width: 31.25rem;" >
                  .mx-auto
                </div>
            </div>
        </div>
</div>
```

在 PC 端浏览器中效果如图 5.45 所示。

设置外边距

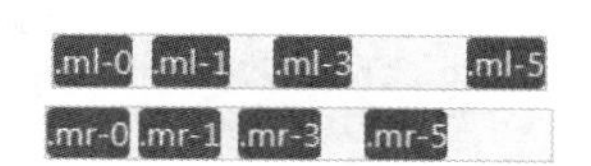

设置内边距

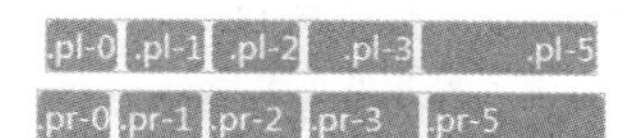

水平居中

.mx-auto

图　5.45

(3) 文本处理。

① 设置文本对齐。

使用下列文本对齐类样式可以设置文本的对齐方式。

- .text-left、.text-{breakpoint}-left：左对齐。
- .text-center、.text-{breakpoint}-center：居中对齐。
- .text-right、.text-{breakpoint}-right：右对齐。
- .text-justify、.text-{breakpoint}-justify：两端对齐。

② 换行和溢出。

使用.text-wrap 类包装文本可以使文本换行。使用.text-nowrap 类包装文本则可以防止文本换行，此时文本内容可能会溢出。

对于较长的文本内容，可以添加.text-truncate 类，同时结合 display：inline-block 或 display：block 来使用，可以截断文本并显示省略号。

通过使用.text-break 类会将 word-break 和 overflow-wrap 属性均设置为 break-word，这样可以使文本内容适时换行，从而防止长字符串破坏组件的布局。

③ 字母大小写转换。

- .text-lowercase：将所有字母转换为小写。
- .text-uppercase：将所有字母转换为大写。
- .text-capitalize：将每个单词的首字母转换为大写，其他字母不受影响。

④ 字体粗细和倾斜。

使用 Bootstrap 4 提供的下列类样式可以设置字体的粗细，也可以设置斜体文本或等宽字体堆栈。

- .font-weight-bold：设置粗体文本。
- .font-weight-normal：设置正常粗细文本。
- .font-weight-light：设置较细文本。
- .font-italic：设置斜体文本。
- .text-monospace：设置等宽字体。

⑤ 移除文字装饰。

用.text-decoration-none 类去除文字的装饰。如果应用在超链接文字上，则会移除连接上文本上的下画线。

(4) 设置颜色。

① 设置文本颜色。

下列文本颜色类可以用于设置普通文本、链接文本和悬停文本的字体颜色，其中多数类设置了两个颜色：一个是针对普通文本和链接文本设置的颜色；另一个是针对:hover 和:focus 状态设置的文本颜色。不过也有个别类没有提供链接样式，即鼠标悬停时不会变暗。

- .text-primary：蓝色(＃007bff；＃0056b3)。
- .text-secondary：灰色(＃6c757d；＃494f54)
- .text-success：绿色(＃28a745；＃19692c)。
- .text-danger：红色(＃dc3545；＃a71d2a)。
- .text-warning：橙色(＃ffc107；＃ba8b00)。
- .text-info：浅蓝色(＃17a2b8；＃0f6674)。
- .text-light：浅灰色(＃f8f9fa；＃cbd3da)。
- .text-dark：深灰色(＃343a40；＃121416)。
- .text-body：深灰色(＃212529)。
- .text-muted：灰色(＃6c757d)。
- .text-white：白色(＃fff)。
- .text-black-50：带透明度的深灰色(rgba(0，0，0，0.5))。
- .text-white-50：带透明度的白色(rgba(255，255，255，0.5))。

② 设置背景颜色。

与文本颜色类一样，也可以使用下列背景颜色类来设置元素的背景颜色。多数背景颜色类用于设置两个背景颜色：一个是正常状态下的背景颜色；另一个是悬停和焦点状态下的背景颜色，链接的背景颜色会在悬停时变暗。

- .bg-primary：蓝色(＃007bff；＃0062cc)。
- .bg-secondary：灰色(＃6c757d；＃545b62)。
- .bg-success：绿色(＃28a745；＃1e7e34)。
- .bg-danger：红色(＃dc3545；＃bd2130)。
- .bg-warning：橙色(＃ffc107；＃d39e00)
- .bg-info：浅蓝色(＃17a2b8；＃117a8b)。
- .bg-light：浅灰色(＃f8f9fa；＃dae0e5)。
- .bg-dark：深灰色(＃343a40；＃1d2124)。
- .bg-white：白色(＃fff)。
- .bg-transparent：透明(transparent)。

(5) 设置边框和阴影。

① 添加或移除边框。

若要向元素中添加边框，可选择下列边框类之一。

- .border：在四周添加边框。

- .border-top：仅在顶部添加边框。
- .border-right：仅在右侧添加边框。
- .border-bottom：仅在底部添加边框。
- .border-left：仅在左侧添加边框。

若要从元素中删除边框，可选择下列边框类之一。

- .border-0：删除所有边框。
- .border-top-0：删除顶部边框。
- .border-right-0：删除右侧边框。
- .border-bottom-0：删除底部边框。
- .border-left-0：删除左侧边框。

② 设置边框颜色。

默认情况下，对元素设置的边框均为灰色(#dee2e6)。若要设置边框的颜色，可以在应用某个边框类的基础上再添加下列边框颜色类之一，以覆盖默认的灰色。

- .border-primary：设置边框颜色为蓝色(#007bff)。
- .border-secondary：设置边框颜色为灰色(#6c757d)。
- .border-success：设置边框颜色为绿色(#28a745)。
- .border-danger：设置边框颜色为红色(#dc3545)。
- .border-warning：设置边框颜色为橙色(#ffc107)。
- .border-info：设置边框颜色为浅蓝色(#17a2b8)。
- .border-light：设置边框颜色为浅灰色(#f8f9fa)。
- .border-dark：设置边框颜色为深灰色(#343a40)。
- .border-white：设置边框颜色为白色(#fff)。

③ 设置边框半径。

通过添加下列圆角类来设置元素的边框半径属性(border-radius)，可以实现圆角效果。

- .rounded：设置4个角的圆角半径为0.25rem。
- .rounded-top：设置左上角和右上角的边框半径为0.25rem。
- .rounded-right：设置右上角和右下角的边框半径为0.25rem。
- .rounded-bottom：设置为左下角和右下角的边框半径为0.25rem。
- .rounded-left：设置左上角和左下角的边框半径为0.25rem。
- .rounded-circle：设置4个角的边框半径为50%。
- .rounded-pill：设置4个角的边框半径为50rem。
- .rounded-0：设置4个角的边框半径为0，即移除圆角效果。
- .rounded-lg：设置4个角的边框半径为0.3rem。
- .rounded-sm：设置4个角的边框半径为0.2rem。

例5.23　设置边框半径。

代码如下。

```
<div class = "container - fluid text - center">
    <div class = "row">
```

```
        <div class = "col">
            <img src = "img/house.jpg" class = "rounded" width = "200" alt = "1">
            <img src = "img/house.jpg" class = "rounded-sm" width = "200" alt = "1">
            <img src = "img/house.jpg" class = "rounded-lg" width = "200" alt = "1">
            <img src = "img/house.jpg" class = "rounded-top" width = "200" alt = "2">
            <br>
            <br>
            <img src = "img/house.jpg" class = "rounded-right" width = "200" alt = "3">
            <img src = "img/house.jpg" class = "rounded-bottom" width = "200" alt = "4">
            <img src = "img/house.jpg" class = "rounded-left" width = "200" alt = "5">
            <img src = "img/house.jpg" class = "rounded-circle" width = "200" alt = "6">
            <img src = "img/house.jpg" class = "rounded-pill" width = "200" alt = "7">
        </div>
    </div>
</div>
```

效果如图 5.46 所示。

图　5.46

④ 设置阴影效果。

使用 Bootstrap 4 提供的下列 box-shadow 类,可以对元素添加或删除阴影。

- .shadow：设置标准阴影(box-shadow：0 0.5rem 1rem rgba(0，0，0，0.15))。
- .shadow-lg：设置较大阴影(box-shadow：0 1rem 3rem rgba(0，0，0，0.175))。
- .shadow-sm：设置较小阴影(box-shadow：0 0.125rem 0.25rem rgba(0，0，0，0.075))。
- .shadow-none：移除阴影(box-shadow：none)。

例 5.24　设置阴影效果。

结构和内容代码如下所示。

```
<div class = "container">
    <div class = "row">
        <div class = "col">
            <div class = "shadow-none p-3 mb-5 bg-light rounded">无阴影</div>
            <div class = "shadow-sm p-3 mb-5 bg-white rounded">小阴影</div>
            <div class = "shadow p-3 mb-5 bg-white rounded">常规阴影</div>
            <div class = "shadow-lg p-3 mb-5 bg-white rounded">大阴影</div>
        </div>
    </div>
</div>
```

在 PC 端浏览器中显示效果如图 5.47 所示。

无阴影

小阴影

常规阴影

大阴影

图　5.47

5.4 扩展

1. Bootstrap 图标库

Bootstrap 拥有近 1200 个图标的免费、高质量的开源图标库。可以以任何方式使用它们，例如 SVG 矢量图、SVG sprite 或图标字体形式。使用时并不局限于使用 Bootstrap 前端框架的项目。

在 Bootstrap 4 的“中文文档”页面中单击“图标库”选项，打开“Bootstrap 图标库”页面，如图 5.48 所示。其安装和用法只需要单击页面中的“安装”和“用法”链接，即可跳转到对应的位置，如图 5.49 所示。如果是本地开发，想下载该图标库，只需要单击右上角的“下载”按钮，即可下载图标库。

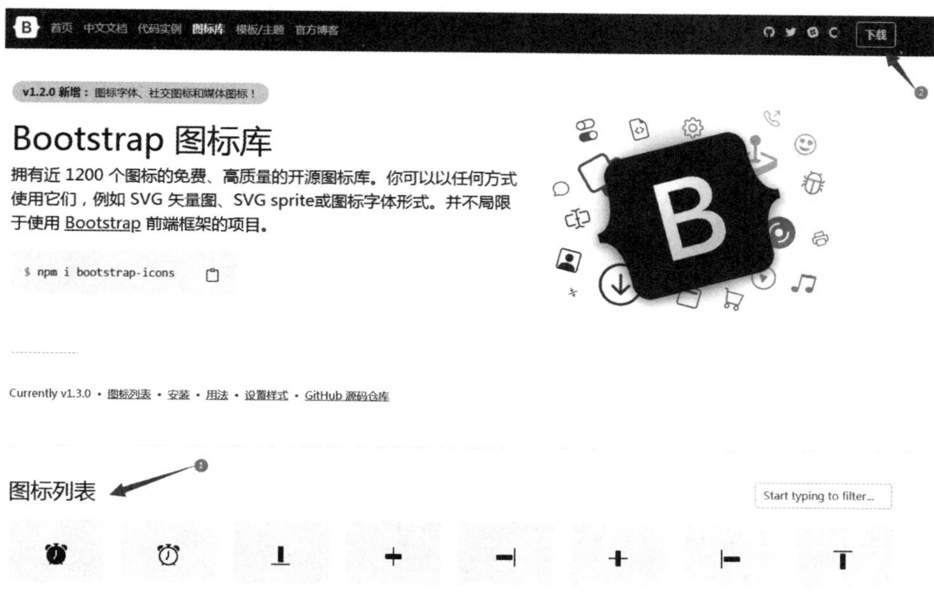

图　5.48

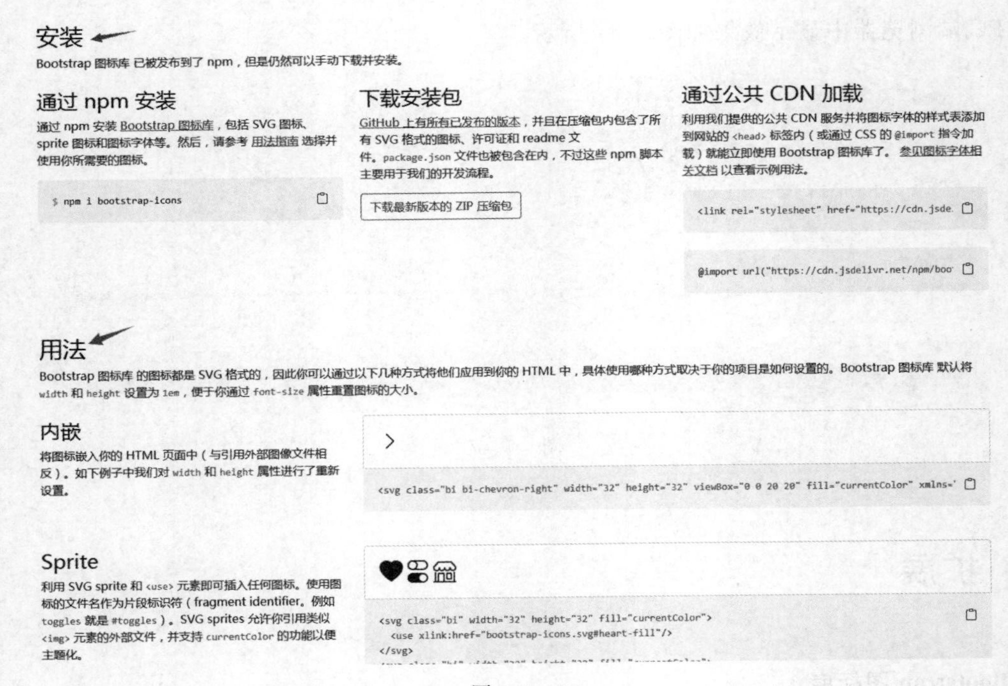

图 5.49

对于下载的图标库，在使用时先把其解压缩，解压后的目录结构如图 5.50 所示。在使用时只需要把其中 font 文件夹中的内容复制到站点项目目录下，然后直接引入即可。其格式如下所示：

```
<link rel="stylesheet" type="text/css" href="../fonts/bootstrap-icons.css">
```

名称	修改日期	类型	大小
.github	2021-1-28 11:56	文件夹	
build	2021-1-28 11:56	文件夹	
docs	2021-1-28 11:56	文件夹	
font	2021-1-28 11:56	文件夹	
icons	2021-1-28 11:56	文件夹	
.browserslistrc	2021-1-8 4:28	BROWSERSLIST...	1 KB
.editorconfig	2021-1-8 4:28	EDITORCONFIG ...	1 KB
.eslintignore	2021-1-8 4:28	ESLINTIGNORE ...	1 KB
.eslintrc.json	2021-1-8 4:28	JSON 文件	1 KB
.fantasticonrc.js	2021-1-8 4:28	JScript Script 文件	1 KB
.gitattributes	2021-1-8 4:28	GITATTRIBUTES ...	1 KB
.gitignore	2021-1-8 4:28	GITIGNORE 文件	1 KB
.stylelintignore	2021-1-8 4:28	STYLELINTIGNO...	1 KB
.stylelintrc	2021-1-8 4:28	STYLELINTRC 文件	1 KB
bootstrap-icons.svg	2021-1-8 4:28	Firefox HTML D...	635 KB
config.yml	2021-1-8 4:28	YML 文件	2 KB
LICENSE.md	2021-1-8 4:28	MD 文件	2 KB
package.json	2021-1-8 4:28	JSON 文件	4 KB
package-lock.json	2021-1-8 4:28	JSON 文件	310 KB
README.md	2021-1-8 4:28	MD 文件	3 KB
svgo.yml	2021-1-8 4:28	YML 文件	2 KB

图 5.50

2. Buttons

Buttons 并不是一个简单的 CSS 制作的 Button 库，而是 Alex Wolfe 和 Rob Levin 基于 Sass 和 Compass 构建的 CSS 按钮样式库。读者可以在 https://www.oschina.net/p/buttons/related 下载文件，下载页面如图 5.51 所示。

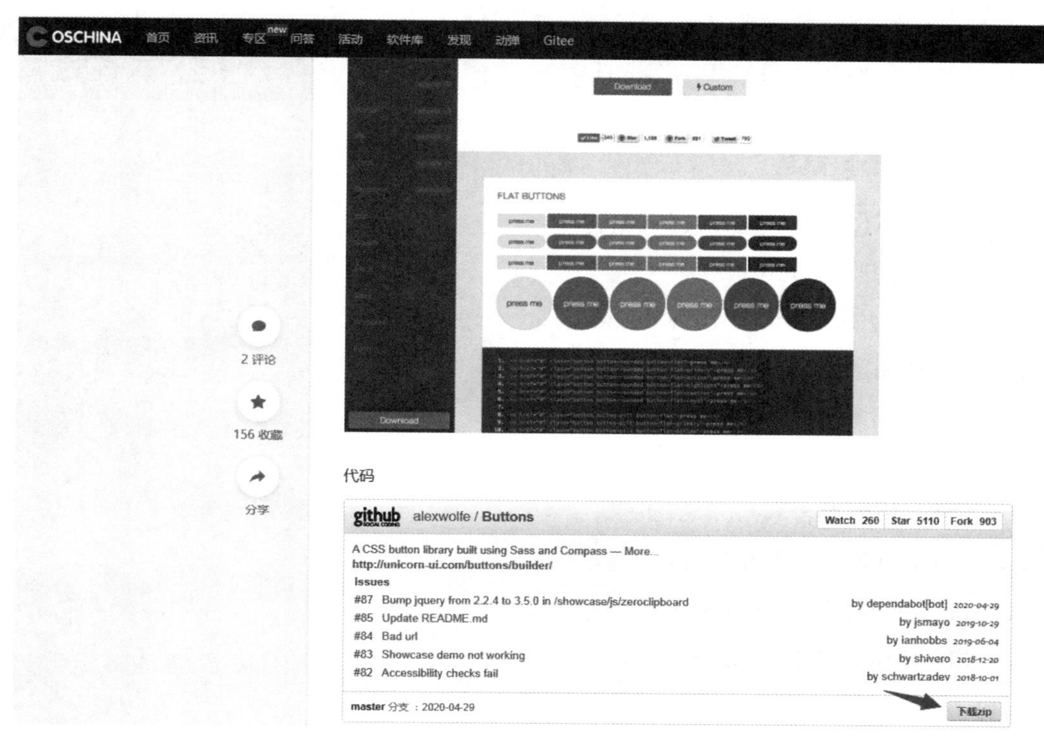

图　5.51

其目录结构如图 5.52 所示，在使用时只需要复制 css 和 js 两个文件夹到站点项目目录下，然后直接引入即可。

名称	修改日期	类型	大小
css	2021-1-20 9:48	文件夹	
js	2021-1-20 9:48	文件夹	
scss	2021-1-20 9:48	文件夹	
showcase	2021-1-20 9:48	文件夹	
tests	2021-1-20 9:48	文件夹	
.gitignore	2017-4-19 3:07	GITIGNORE 文件	1 KB
.travis.yml	2017-4-19 3:07	YML 文件	1 KB
bower.json	2017-4-19 3:07	JSON 文件	1 KB
config.rb	2017-4-19 3:07	RB 文件	1 KB
Gruntfile.js	2017-4-19 3:07	JScript Script 文件	6 KB
humans.txt	2017-4-19 3:07	文本文档	1 KB
LICENSE	2017-4-19 3:07	文件	1 KB
package.json	2017-4-19 3:07	JSON 文件	2 KB
README.md	2017-4-19 3:07	MD 文件	6 KB

图　5.52

引入格式如下所示：

```
<!-- Buttons 库的核心文件--->
< link rel = "stylesheet" href = "css/buttons.css">
<!-- 当需要使用带下拉菜单的按钮时才需要加载下面的 JavaScript 文件 --
< script src = "http:/ /cdn.bootcss.com/jquery/1.11.2/jquery.min.js"></script>< script type = "text/
javascript" src = "js/buttons.js"></script>
```

3. 按钮形状、尺寸、颜色

Buttons 中主要包括以下几种按钮形状。

默认按钮：使用类名 button。

Rounded 按钮：使用类名 button-rounded。

Box 按钮：使用类名“button-box。

Flat 按钮：使用类名 button-flat。

Pill"按钮：使用类名 button-pill。

Circle 按钮：使用类名 button-circle。

Buttons 中主要包括以下几种按钮大小。

巨大按钮：使用类名 button-giant。

超大按钮：使用类名 button-jumbo。

大按钮：使用类名 button-large。

正常按钮：使用类名 button-normal。

小按钮：使用类名 button-small。

微小按钮：使用类名 button-tiny。

Buttons 中主要包括以下几种按钮颜色。

button-primary：重点蓝。

button-action：活动绿。

button-highlight：加亮橙。

button-caution：警告红。

button-royal：高贵紫。

在使用时，只需要打开 Buttons 页面，网址为 https://www.bootcss.com/p/buttons/，如图 5.53 所示。页面中提供了很多样式按钮，如突起样式、长阴影、光晕效果等，然后在页面中右击，在弹出的快捷菜单中选择“查看源代码”命令，在打开的源代码中复制需要的按钮样式即可，如图 5.54 所示。当然也可以根据自己的需求进行调整。

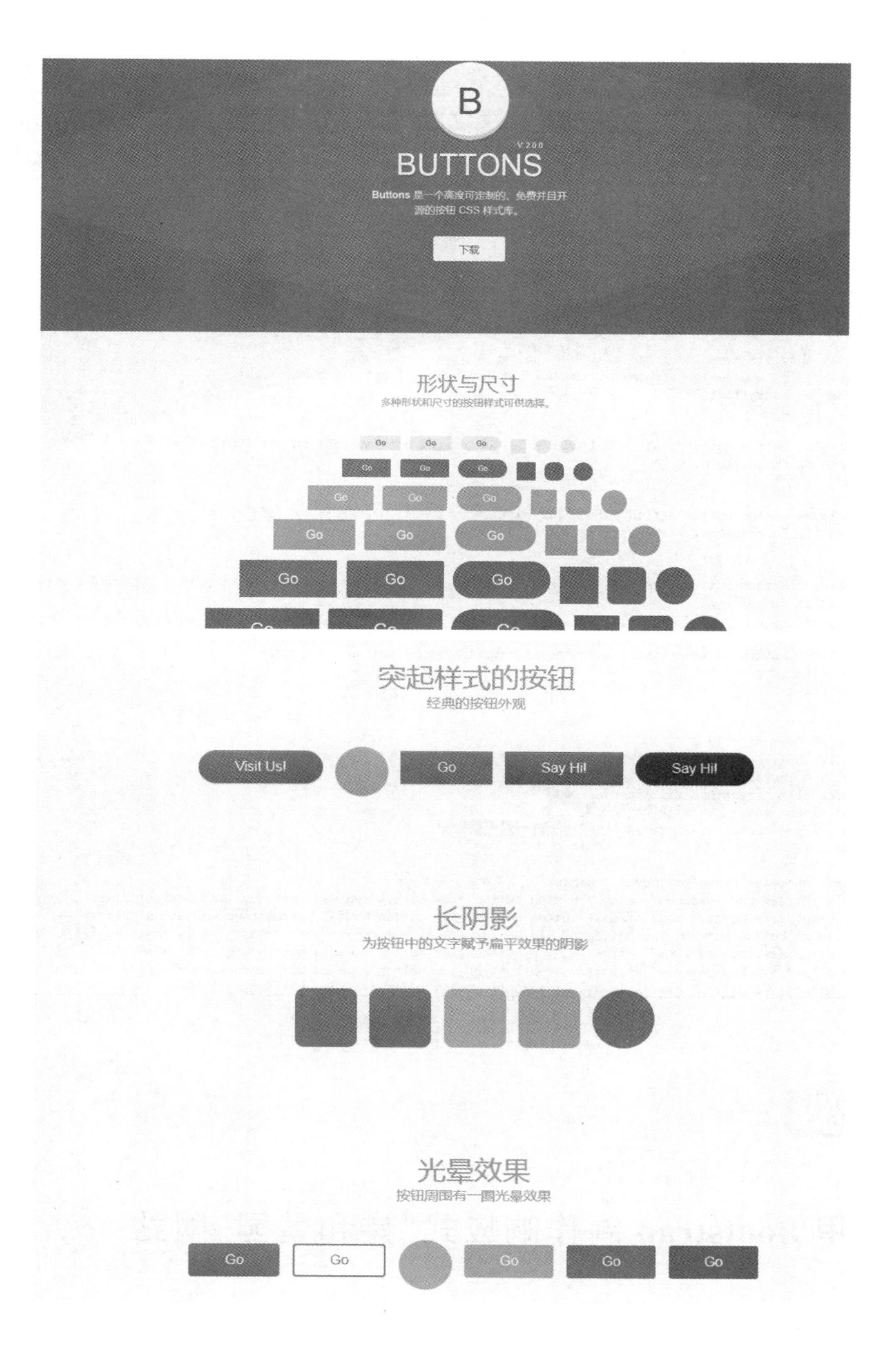
B
V.2.0.0
BUTTONS
Buttons 是一个高度可定制的、免费并且开源的按钮 CSS 样式库。
下载
形状与尺寸
多种形状和尺寸的按钮样式可供选择。
Go
突起样式的按钮
经典的按钮外观
Visit Us!
Go
Say Hi!
Say Hi!
长阴影
为按钮中的文字赋予扁平效果的阴影
光晕效果
按钮周围有一圈光晕效果
Go

图　5.53

```
<section id="buttons-raised" class="showcase showcase-content background-light">
    <header class="l-center">
      <h3 class="showcase-title">突起样式的按钮</h3>
      <h4 class="showcase-sub-title">经典的按钮外观</h4>
    </header>

<div class="showcase-examples l-center">
<a href="http://www.bootcss.com/" class="button button-raised button-primary button-pill">Visit Us!</a>
<button class="button button-raised button-action button-circle button-jumbo"><i class="fa fa-thumbs-up"></i></button>
<a href="http://www.bootcss.com/" class="button button-raised button-caution"><i class="fa fa-camera"></i> Go</a>
<a href="http://www.bootcss.com/" class="button button-raised button-royal">Say Hi!</a>
<a href="http://www.bootcss.com/" class="button button-raised button-pill button-inverse">Say Hi!</a>
</div>

  </div>
</section>
<!-- LONG SHADOW -->
<section id="buttons-longshadow" class="showcase showcase-content background-light">
  <h3 class="showcase-title l-center">长阴影</h3>
  <h4 class="showcase-sub-title l-center">为按钮中的文字赋予扁平效果的阴影</h4>

<div class="showcase-examples l-center l-longshadows">
<button class="button button-primary button-box button-giant button-longshadow-right">
  <i class="fa fa-twitter"></i>
</button>

<button class="button button-caution button-box button-raised button-giant button-longshadow">
  <i class="fa fa-google-plus"></i>
</button>

<button class="button button-action button-box button-giant button-longshadow-left">
  <i class="fa fa-share-alt"></i>
</button>

<button class="button button-highlight button-box button-giant button-longshadow-right button-longshadow-expand">
  <i class="fa fa-rss"></i>
</button>

<button class="button button-primary button-circle button-giant button-longshadow">
  <i class="fa fa-gear"></i>
</button></div>

</section>
<!-- GLOWING BUTTONS -->
<section id="buttons-glow" class="showcase">
  <div class="l-over showcase-content">
    <header class="text-nuetral l-center">
      <h3 class="showcase-title">光晕效果</h3>
      <h4 class="showcase-sub-title">按钮周围有一圈光晕效果</h4>
    </header>

<div class="showcase-examples l-over l-center">
<a href="http://www.bootcss.com/" class="button button-glow button-rounded button-raised button-primary">Go</a>
<a href="http://www.bootcss.com/" class="button button-glow button-border button-rounded button-primary">Go</a>
<button class="button button-glow button-circle button-action button-jumbo"><i class="fa fa-thumbs-up"></i></button>
<a href="http://www.bootcss.com/" class="button button-glow button-rounded button-highlight">Go</a>
<a href="http://www.bootcss.com/" class="button button-glow button-rounded button-caution">Go</a>
<a href="http://www.bootcss.com/" class="button button-glow button-rounded button-royal">Go</a>
```

图 5.54

项目实现

5.4 应用 Bootstrap 制作响应式“盛和景园”网站

在第 3 章中完成了“盛和景园”网站的制作，但是该网站并不具备响应式的特点，在接下来的内容中将利用 Bootstrap 制作响应式“盛和景园”网站。

1. 创建项目站点

启动 HBuilder X，选择“文件”→“项目”命令，在打开的“新建项目”窗口中使用默认的“普通项

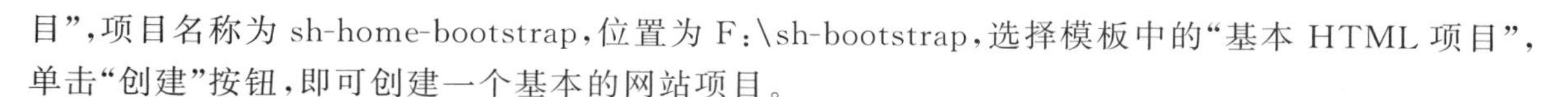

目”，项目名称为 sh-home-bootstrap，位置为 F:\sh-bootstrap，选择模板中的“基本 HTML 项目”，单击“创建”按钮，即可创建一个基本的网站项目。

2. 搭建项目开发环境

接下来，把 Bootstrap、Bootstrap 图标、Font Awesome 字体图标、Buttons 按钮和 jQuery 库五者的资源文件分别放到项目中，此时该项目目录结构如图 5.55 所示。

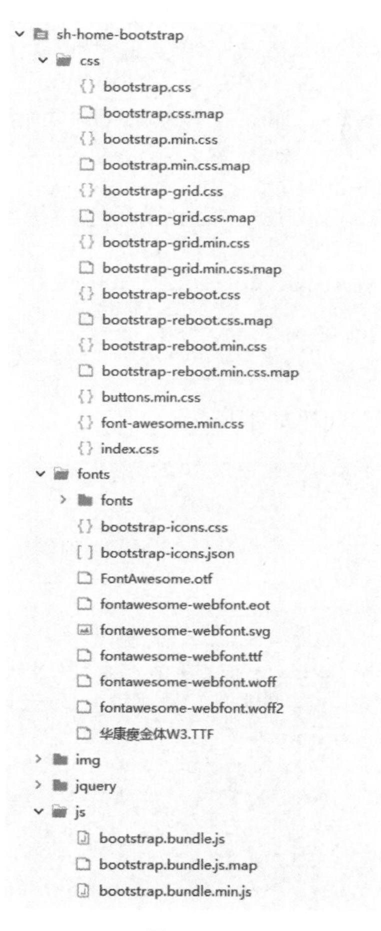

图　5.55

然后单击该项目首页文件 index.html，复制 Bootstrap 库所提供的基本的 HTML 模板代码中的< head >和< body >到首页文件中相应的内容部分，并在项目中分别引用 Bootstrap、Bootstrap 图标、Font Awesome 字体图标、Buttons 按钮和 jQuery 库。此时首页文件的结构和内容代码如下所示。

```
<!DOCTYPE html >
< html >
    < head >
        < meta charset = "utf - 8" />
        < meta name = "viewport" content = "width = device - width, initial - scale = 1, shrink - to - fit = no">
```

```
    <link rel="stylesheet" type="text/css" href="css/bootstrap.min.css" />
    <link rel="stylesheet" type="text/css" href="css/font-awesome.min.css" />
    <link rel="stylesheet" type="text/css" href="fonts/bootstrap-icons.css" />
    <link rel="stylesheet" type="text/css" href="css/buttons.min.css" />
        <title>盛和景园→家的港湾</title>
  </head>
  <body>
    <!-- jQuery (Bootstrap 的 JavaScript 插件需要引入 jQuery) -->
    <script src="jquery/jquery.min.js"></script>
    <!-- 引入 button 插件,当需要使用带下拉菜单的按钮时才加载 button.js -->
    <script src="js/buttons.js"></script>
    <!-- 包括所有已编译的插件 -->
    <!--popper.min.js 用于设置弹窗、提示、下拉菜单,是第三方插件,目前 bootstrap.bundle.min.js 已
经包含了 popper.min.js。-->
    <script src="js/bootstrap.bundle.min.js"></script>
  </body>
</html>
```

进一步完善首页中的头部信息,代码如下所示。

```
<head>
        <meta charset="utf-8">
       <!--此属性为文档兼容模式声明,表示使用 IE 浏览器的最新渲染模式-->
        <meta http-equiv="x-ua-compatible" content="IE=edge">
        <meta name="viewport"content="width=device-width, initial-scale=1, shrink-to-fit=no">
        <meta name="Keywords" content="盛和景园,房产" />
        <meta name="Description" content="盛和景园小区位于德州经济技术开发区,地处三总站核心
商圈内,开车只需 5 分钟便可到达汽车站、火车站。紧邻京沪高速、104 等国省主干道路,是理想的居住之
地。" />
        <link rel="stylesheet" type="text/css" href="css/bootstrap.min.css" />
        <link rel="stylesheet" type="text/css" href="css/font-awesome.min.css" />
        <link rel="stylesheet" type="text/css" href="fonts/bootstrap-icons.css" />
        <link rel="stylesheet" type="text/css" href="css/buttons.min.css" />
        <link rel="stylesheet" type="text/css" href="css/index.css" />
        <title>盛和景园→家的港湾</title>
  </head>
```

企业指导

首页的样式文件 index.css 必须在最后引入,只有这样在其中设置的样式才能覆盖 Bootstrap 和其他库中已经存在的样式。

3. 设置页面主体结构

依据第 4 章中对“盛和景园”网站首页的整体布局结构分析,对首页进行整体结构的划分,结构代码如下所示。

```
<div class = "header">
    <div class = "container">
            <div class = "row">

            </div>
    </div>
</div>
<nav>
    <div class = "container">
            <div class = "row">

            </div>
    </div>
</nav>
<div class = "banner">
    <div class = "container - fluid">
            <div class = "row">

            </div>
    </div>
</div>
<div class = "content">
    <div class = "container">
            <div class = "row">

            </div>
            <div class = "row">

            </div>
            <div class = "row">

            </div>
    </div>
</div>
<div class = "footer">
    <div class = "container">
            <div class = "row">

            </div>
    </div>
</div>
```

4. 制作首页头部部分

依据第3章中的分析可知，头部是由网站的logo、垂询电话、快捷导航构成，因此把头部分为3列，列宽分别为3、6、3，需要其在小屏幕平板下全屏显示，所以使用列类样式col-md-*，最终效果如图5.56所示。

图 5.56

1）logo

在 Bootstrap 4 中提供了响应式图像类(img-fluid)，所以在这里直接使用< img >插入 logo 图像即可。代码如下所示。

```
<div class = "col - md - 3">
    < img src = "img/logo.png" class = "img - fluid">
</div >
```

2）垂询电话

垂询电话由电话图像和电话文本内容构成，且图像和文本内容有一个间隔，所以在这里依然使用二级标题 h2 进行标记，并设置响应式图像类和右侧的内边距为 3。

结构和内容代码如下所示。

```
< h2 class = "font - weight - bolder">< img src = "img/tel2.png" class = "img - fluid pr - 3">垂询电话:
0534 - 1234567 </h2 >
```

因为该部分使用的字体为特殊的“华康瘦金体”，所以采用服务器字体的方式引用。

在 inde.css 样式文件中设置 CSS 样式代码如下所示。

```
@font - face {
  font - family: myFirstFont;
  src: url(../fonts/华康瘦金体 W3.TTF);
}
.header h2,.login p{
  font - family: myFirstFont;
}
```

3）快捷导航

快捷导航包含 3 个内容，且 3 个内容横向排列，这里使用 Bootstrap 4 提供的内联列表类(.list-inline)和(.list-inline-item)实现该效果。

代码如下所示。

```
<ul class = "list - inline mt - 1">
    <li class = "list - inline - item"><a href = "#">< img src = "img/home.gif" class = "img - fluid">
    <br>设为首页</a>
    </li>
    <li class = "list - inline - item"><a href = "#">< img src = "img/fri.gif" class = "img - fluid">
    <br>友情链接</a>
    </li>
    <li class = "list - inline - item"><a href = "#">< img src = "img/us.gif" class = "img - fluid">
    <br>联系我们</a>
    </li>
</ul>
```

4）头部整体

设置头部部分距离浏览器顶部距离为 3，且内容在小屏幕中全屏时居中显示。代码如下所示。

```
<div class = "header mt - 3 text - center">
```

5. 制作首页导航部分

导航部分在小屏幕下是折叠起来的，需要单击右上角的按钮才能显示全部的导航内容，实现响应式的效果，效果如图 5.57 所示。

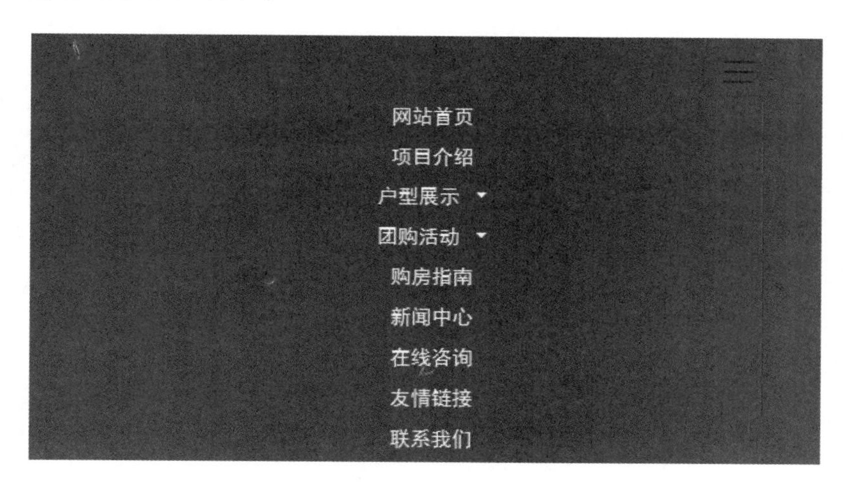

图 5.57

在 Bootstrap 4 中提供了导航条(Navbar)组件，完全可以通过它制作一个需要的导航。

在 Bootstrap 4 的“中文文档”页面中依次单击左侧目录中“组件”→“导航条(Navbar)”，如图 5.58 所示。

然后在右侧所给示例中选择需要的效果，如图 5.59 所示。单击 Copy 按钮，复制该效果的代码。

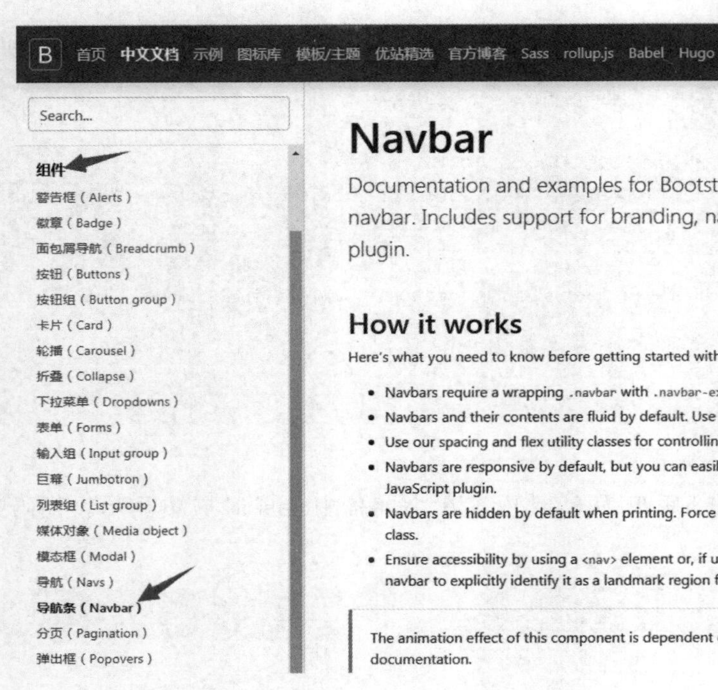

图　5.58

Navbar　Home　Features　Pricing　Dropdown link ▾ ❶

❷ Copy

```
<nav class="navbar navbar-expand-lg navbar-light bg-light">
  <a class="navbar-brand" href="#">Navbar</a>
  <button class="navbar-toggler" type="button" data-toggle="collapse" data-target="#navbarNavDropdown" aria-controls="navbarNavDropdown" aria-expanded
    <span class="navbar-toggler-icon"></span>
  </button>
  <div class="collapse navbar-collapse" id="navbarNavDropdown">
    <ul class="navbar-nav">
      <li class="nav-item active">
        <a class="nav-link" href="#">Home <span class="sr-only">(current)</span></a>
      </li>
      <li class="nav-item">
        <a class="nav-link" href="#">Features</a>
      </li>
      <li class="nav-item">
        <a class="nav-link" href="#">Pricing</a>
      </li>
      <li class="nav-item dropdown">
        <a class="nav-link dropdown-toggle" href="#" id="navbarDropdownMenuLink" role="button" data-toggle="dropdown" aria-haspopup="true" aria-expand
          Dropdown link
        </a>
        <div class="dropdown-menu" aria-labelledby="navbarDropdownMenuLink">
          <a class="dropdown-item" href="#">Action</a>
          <a class="dropdown-item" href="#">Another action</a>
          <a class="dropdown-item" href="#">Something else here</a>
        </div>
      </li>
    </ul>
  </div>
</nav>
```

图　5.59

接下来，依据第3章中对导航部分的分析，修改结构和内容代码，代码如下所示。

```
<nav class = "navbar navbar - expand - lg navbar - light shadow - sm">
    <div class = "container">
            <a class = "navbar - brand" href = "#"></a>
            <button class = "navbar - toggler"   type = "button" data - toggle = "collapse" data - target
= "#navbarNavDropdown"   aria - controls = "navbarNavDropdown" aria - expanded = "false" aria - label
= "Toggle navigation">
<span class = "navbar - toggler - icon"></span>
            </button>
    <div class = "collapse navbar - collapse" id = "navbarNavDropdown">
            <ul class = "navbar - nav ml - 4">
            <li class = "nav - item"><a class = "nav - link" href = "#">网站首页</span></a></li>
            <li class = "nav - item"><a class = "nav - link" href = "#">项目介绍</a></li>
            <li class = "nav - item dropdown">
             <a class = "nav - link dropdown - toggle" href = "#" id = "navbarDropdownMenuLink" role = "
button" data - toggle = "dropdown"   aria - haspopup = "true" aria - expanded = "false"> 户型展示</a>
             <div class = "dropdown - menu" aria - labelledby = "navbarDropdownMenuLink">
              <a class = "dropdown - item" href = "#">户型展示 1 </a>
              <a class = "dropdown - item" href = "#">户型展示 2 </a>
              <a class = "dropdown - item" href = "#">户型展示 3 </a>
            </div>
          </li>
          <li class = "nav - item dropdown">
            <a class = "nav - link dropdown - toggle" href = "#" id = "navbarDropdownMenuLink" role = "
button" data - toggle = "dropdown"   aria - haspopup = "true" aria - expanded = "false">团购活动</a>
            <div class = "dropdown - menu" aria - labelledby = "navbarDropdownMenuLink">
             <a class = "dropdown - item" href = "#">团购活动 1 </a>
             <a class = "dropdown - item" href = "#">团购活动 2 </a>
             <a class = "dropdown - item" href = "#">团购活动 3 </a>
            </div>
          </li>
          <li class = "nav - item"><a class = "nav - link" href = "#">购房指南</a></li>
          <li class = "nav - item"><a class = "nav - link" href = "#">新闻中心</a></li>
          <li class = "nav - item"><a class = "nav - link" href = "#">在线咨询</a></li>
          <li class = "nav - item"><a class = "nav - link" href = "#">友情链接</a></li>
          <li class = "nav - item"><a class = "nav - link" href = "#">联系我们</a></li>
    </ul>
      </div>
    </div>
</nav>
```

其中：

- .navbar-brand：用于设置 logo 或项目名称。
- .navbar-nav：提供轻便的导航，包括对下拉菜单的支持。
- .navbar-toggler：用于折叠组件和其他导航切换行为。
- .collapse.navbar-collapse：用于通过父断点进行分组和隐藏导航列内容。
- .dropdown-menu：用于下拉菜单内容。

在 index.css 样式文件中设置导航部分 CSS 代码如下所示。

```
<!-- 渐变色背景 -->
.navbar,.dropdown-menu{
    filter: progid:DXImageTransform.Microsoft.gradient(GradientType = 0, startColorstr = #b90409,
endColorstr = #f42a28);
    background: linear-gradient(#b90409, #f42a28);
}
.navbar .navbar-nav li {
    margin: 0px 8px;
    background: url(../img/split.png) right center no-repeat;
}
<!-- 有关链接导航的内容样式是在类.nav-link 中,所以要修改其样式效果需要在
该类中进行修改 -->
.navbar .navbar-nav li a.nav-link {
    margin-right: 14px;
    font-family: "黑体";
    font-size: 16px;
    text-align: center;
    color: #fff;
}
.navbar .navbar-nav li a.nav-link:hover {
    background: #fff;
    color: #b10808
}
.navbar .navbar-nav li.last {
    background: none;
}
.dropdown-menu a{
    color: #fff;
}
.dropdown-menu a:hover{
    color: #b10808;
}
```

6. 制作首页的宣传部分

首页的宣传部分是一个轮播图效果,效果如图 5.60 所示。图片大小会随着视口大小进行自动调整。在 Bootstrap 4 中提供了轮播(Carousel)组件,在 Bootstrap 4 的"中文文档"页面中依次单击左侧目录中的"组件"→"轮播(Carousel)",然后在右侧的示例中选择需要的 With caption 效果,如图 5.61 所示,单击右侧的 Copy 按钮,复制该效果代码。

图 5.60

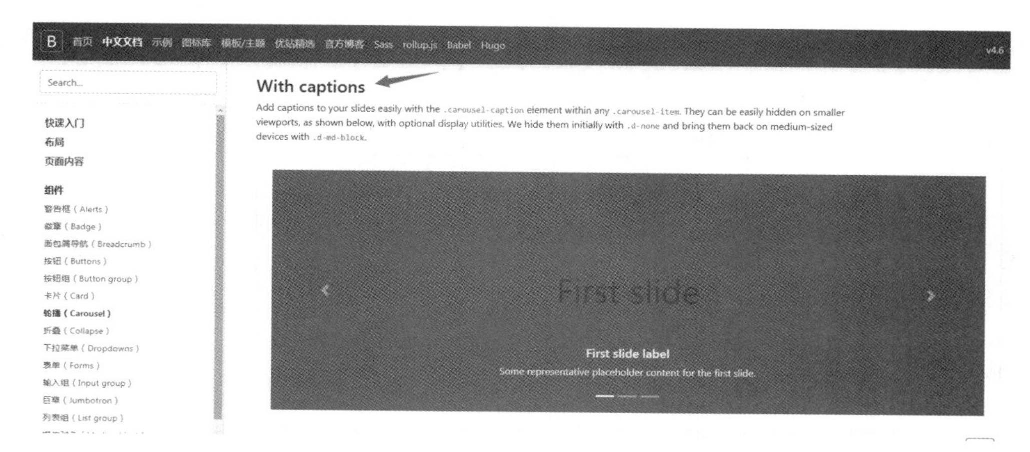

图　5.61

修改该部分的结构和内容代码，如下所示。

```
<div id="carouselExampleCaptions" class="carousel slide" data-ride="carousel">
  <ol class="carousel-indicators">
    <li data-target="#carouselExampleCaptions" data-slide-to="0" class="active"></li>
    <li data-target="#carouselExampleCaptions" data-slide-to="1"></li>
    <li data-target="#carouselExampleCaptions" data-slide-to="2"></li>
  </ol>
  <div class="carousel-inner">
    <div class="carousel-item active">
      <img src="img/banner1.jpg" class="d-block w-100" alt="第一张大图">
      <div class="carousel-caption d-none d-md-block">
        <h5 class="text-danger">第一张大图</h5>
        <p class="text-primary">总有一片净土是我们所需要的，在我们心里永远是一个我们可以依赖的家园。</p>
      </div>
    </div>
    <div class="carousel-item">
      <img src="img/banner1.jpg" class="d-block w-100" alt="第二张大图">
      <div class="carousel-caption d-none d-md-block">
        <h5 class="text-danger">第二张大图</h5>
        <p class="text-primary">总有一片净土是我们所需要的，在我们心里永远是一个我们可以依赖的家园。</p>
      </div>
    </div>
    <div class="carousel-item">
      <img src="img/banner1.jpg" class="d-block w-100" alt="第三张大图">  <div class="carousel-caption d-none d-md-block">
        <h5 class="text-danger">第三张大图</h5>
        <p class="text-primary">总有一片净土是我们所需要的，在我们心里永远是一个我们可以依赖的家园。</p>
       </div>
    </div>
  </div>
  <a class="carousel-control-prev" href="#carouselExampleCaptions" role="button" data-slide="prev">
```

```
        <span class = "carousel - control - prev - icon" aria - hidden = "true"></span>
        <span class = "sr - only"> Previous </span>
    </a>
    <a class = "carousel - control - next" href = " # carouselExampleCaptions" role = " button" data -
slide = "next">
        <span class = "carousel - control - next - icon" aria - hidden = "true"></span>
        <span class = "sr - only"> Next </span>
    </a>
</div>
```

7. 制作首页的主体内容部分

根据第3章中主体内容部分布局的分析和Bootstrap 4中网格布局的思想,把该部分在结构上划分为3行内容。其中,前两行内容在中型屏幕及其以上屏幕上时每一行包括列;在中型屏幕以下,每一列占一行即全屏显示。此部分的整体结构代码如下所示。

```
<div class = "content mt - 2  text - center">
    <div class = "container">
     <div class = "row">
          <div class = "col - md - 3">

          </div>
          <div class = "col - md - 6">

          </div>
          <div class = "col - md - 3">

          </div>
    </div>
    <div class = "row">
          <div class = "col - md - 3">

          </div>
          <div class = "col - md - 6">

          </div>
          <div class = "col - md - 3">

          </div>
    </div>
    <div class = "row">

    </div>
  </div>
</div>
```

其中,类.text-cente保证内容居中。

1) 第一行

(1) 第一列——盛和景园展示。

此部分内容包括一个标题和一个列表,标题使用< h2 >标记,列表使用Bootstrap 4中提供的

“列表组”组件。

在 Bootstrap 4 的“中文文档”页面中依次单击左侧目录中的“组件”→“列表组(List group)”,然后在右侧的示例中选择需要的 Basic example 效果,如图 5.62 所示。单击右侧的 Copy 按钮,复制该效果代码。

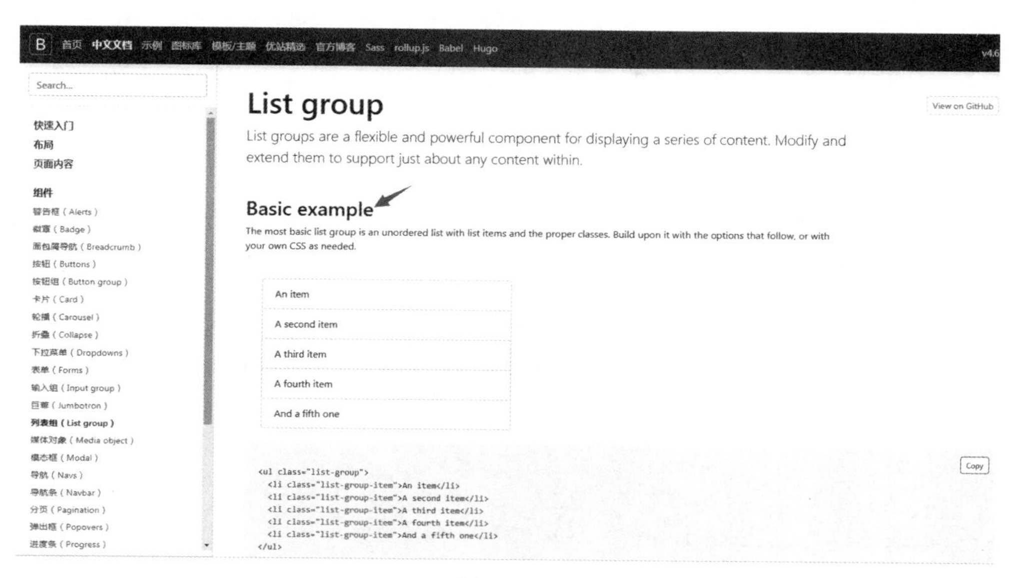

图　5.62

修改该部分的结构和内容代码,如下所示。

```
<div class = "show">
    <h2 class = "content - h2 mb - 0">盛和景园展示</h2>
    <ul class = "list - group">
        <li class = "list - group - item text - center border - top - 0 py - 2"><i class = "fa fa - book text - danger mr - 4" aria - hidden = "true"></i><a  href = "#" class = "text - dark">盛和景园户型图</a></li>
        <li class = "list - group - item text - center py - 2"><i class = "fa fa - address - card text - danger mr - 4" aria - hidden = "true"></i><a  href = "#" class = "text - dark">盛和景园效果图</a></li>
        <li class = "list - group - item text - center py - 2"><i class = "fa fa - pencil text - danger mr - 4" aria - hidden = "true"></i><a  href = "#" class = "text - dark">盛和景园配套设施</a></li>
        <li class = "list - group - item text - center py - 2"><i class = "fa fa - bandcamp text - danger mr - 4" aria - hidden = "true"></i><a  href = "#" class = "text - dark">盛和景园交通图</a></li>
        <li class = "list - group - item text - center py - 2"><i class = "fa fa - calculator text - danger mr - 4" aria - hidden = "true"></i><a  href = "#" class = "text - dark">盛和景园实景图</a></li>
    </ul>
</div>
```

其中,类.border-top-0 表示无上边框;<i class="fa fa-book text-danger mr-4" aria-hidden="true"></i>用于添加字体图标。

在 index.css 样式文件中设置该部分 CSS 样式的代码如下所示。

```
.content - h2 {
   line - height: 35px;
   text - align: center;
   font: "黑体";
   font - size: 15px;
   color: #fff;
   background: #b10808;
   border - radius: 5px 5px 0 0;
}
```

(2) 第二列——项目介绍。

此部分内容包括标题、图像和段落文字,图像和文字占用相同的列宽,为 6。该部分的结构和内容代码如下所示。

```
<div class = "controduce">
   <h3 class = "content - h3 text - left"><span class = "float - right"><a href = "#" class = "font - weight - lighter"> More + </a></span><b class = "text - danger" style = "font - size: 1.5rem;"><i class = "fa fa - paper - plane mr - 2"></i>项目</b>介绍
   </h3>
   <div class = "row mt - 3">
       <div class = "col - md - 6">
         <img src = "img/house_1.jpg" class = "img - thumbnail">
       </div>
       <div class = " col - md - 6">
         <p class = "text - left">盛和景园小区位于德州经济技术开发区,地处三总站核心商圈内,开车只需 5 分钟便可到达汽车站、火车站。紧邻 102、104 等国省主干道路,是理想的居住之地……</p>
       </div>
   </div>
</div>
```

在 index.css 样式文件中设置该部分 CSS 样式的代码如下所示。

```
.content - h3{
         padding: 0 10px 0 20px;
         line - height: 28px;
         font - family: "黑体";
         font - size: 16px;
         letter - spacing: 3px;
         border - bottom: 2px solid #b10808;
         }
.controduce p{
              text - indent: 2rem;
              line - height: 34px;
         }
```

视频讲解

(3) 第三列——公告。

此部分内容包括标题和公告内容,因标题样式和 show 部分标题样式一样,所以用< h2 >进行标记;两条公告内容的样式完全一样,在 Bootstrap 4 中提供了媒体对象(Media object)组件用于制作高度重复的内容。

在 Bootstrap 4 的“中文文档”页面中依次单击左侧目录中的“组件”→“媒体对象(Media object)”,然后在右侧的示例中选择需要的 Media list 效果,如图 5.63 所示。单击右侧的 Copy 按钮,复制该效果代码。

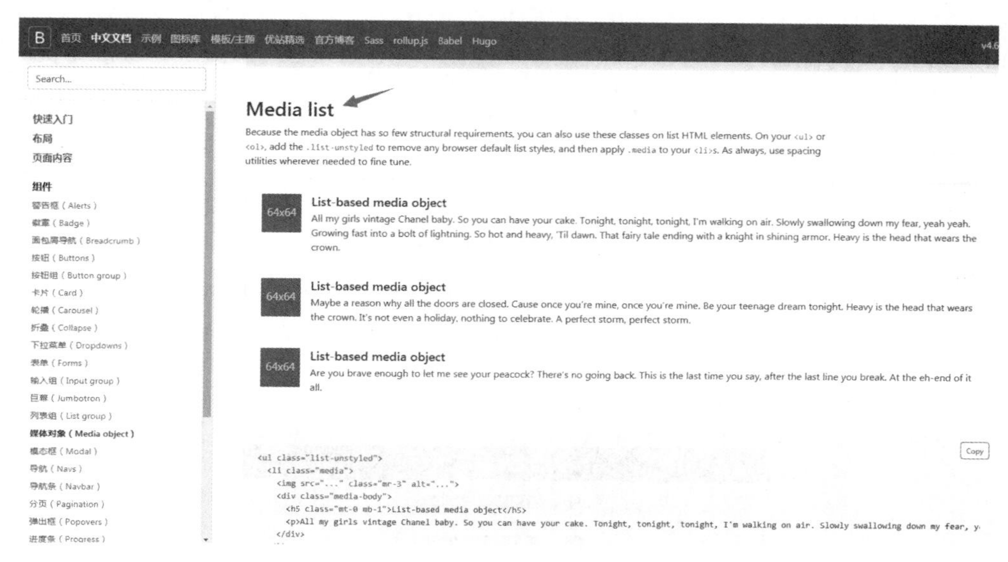

图　5.63

修改该部分的结构和内容代码,如下所示。

```
<h2 class = "content - h2 mb - 0">公告</h2>
<div class = "notice border border - top - 0 py - 2">
   <ul class = "list - unstyled mx - 2">
      <li class = "media">
         <div class = "notice - time rounded">
            <span class = "day"> 20 </span><br>
            <span class = "month"> 6 月</span>
         </div>
         <div class = "media - body">
         <p class = "text - left mb - 0"><a href = "#" class = "text - dark">盛和景园将举行迎端午盛
大优惠活动……<span class = "text - danger">【详细】</span></a></p>
         </div>
      </li>
    <li class = "media">
         <div class = "notice - time rounded">
            <span class = "day"> 20 </span><br>
            <span class = "month"> 6 月</span>
         </div>
         <div class = "media - body">
         <p class = "text - left mb - 0"><a href = "#" class = "text - dark">盛和景园将举行迎端午盛
大优惠活动……<span class = "text - danger">【详细】</span></a></p>
         </div>
      </li>
   </ul>
</div>
```

在 index.css 样式文件中设置该部分 CSS 样式的代码如下所示。

```
.notice-time {
    width: 60px;
    height: 60px;
    background: #b10808;
    font-size: 16px;
    text-align: center;
    line-height: 30px;
    margin-right: 10px;
    color: #fff;
}
.notice-time .day {
    font-size: 24px;
}
```

在小于中型屏幕中,主体内容部分的第一行效果如图 5.64 所示。

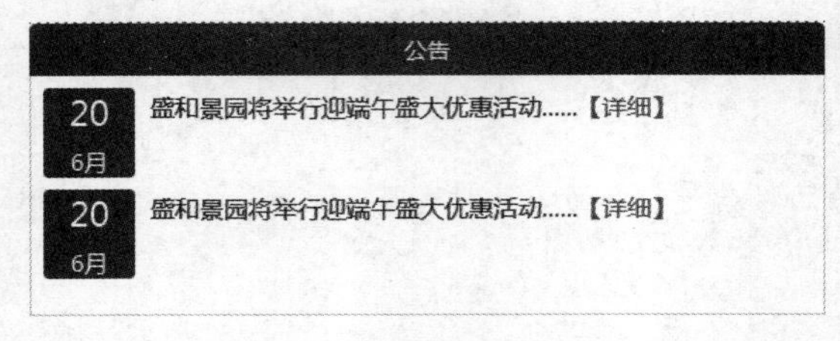

图 5.64

2）第二行

（1）第一列——联系我们。

此部分包括标题、图像、文字列表和两个链接按钮,图像和文字列表在中型及以上屏幕中各占一列,按钮单独占一行。该部分的结构和内容代码如下所示。

```
<h2 class="content-h2 mb-0">联系我们</h2>
    <div class="contact-us border border-top-0  pt-4">
        <div class="row">
            <div class="col-md-6">
                <img src="img/service-tel.png" width="130" height="100" class="img-fluid pl-1">
            </div>
            <div class="col-md-6">
                <ul class="list-group ">
                    <li class="list-group-item border-0 py-1 px-0">售楼处电话</li>
                    <li class="list-group-item border-0 py-1 px-0 text-danger"> 0534-1234567
</li>
                    <li class="list-group-item border-0 py-1 px-0">免费看房专线</li>
                    <li class="list-group-item border-0 py-1 px-0 text-danger"> 0534-2345678
</li>
                </ul>
            </div>
        </div>
        <div class="row">
            <div class="col">
                <div class="us-button my-2">
                    <a href="#" class="button button-pill button-primary-flat button-small mr-
3 shadow-sm">电子地图</a>
                    <a href="#" class="button  button-royal-flat  button-pill button-small">
联系方式</a>
                </div>
            </div>
        </div>
</div>
```

（2）第二列——新闻部分。

此部分整体是一个选项卡效果，而 Bootstrap 4 中提供了选项卡组件，在 Bootstrap 4 的“中文文档”页面中依次单击左侧目录中的“组件”→“导航(Navs)”，而其又需要 JavaScript 支持，所以需要在右侧的示例中选择 JavaScript behavior 中提供的组件效果，如图 5.65 所示。单击右侧的 Copy 按钮，复制该效果代码。

图　5.65

该部分的结构和内容代码如下所示。

```
<div class="news">
    <nav class="nav nav-tabs">
        <a href="#news" class="nav-link active ml-2" data-toggle="tab">动态新闻</a>
        <a href="#favourable" class="nav-link" data-toggle="tab">优惠活动</a>
    </nav>
    <div class="tab-content px-2">
        <div class="tab-pane active" id="news">
            <ul class="list-unstyled mt-3 pb-1">
                <li class="py-1 text-left"><i class="fa fa-refresh fa-pulse text-danger mr
-3" aria-hidden="true"></i><a href="#" class="text-dark">盛和景园年底交房,120-220 现房
发售</a><span class="float-right">[2014-12-25]</span></li>
                <li class="py-1 text-left"><i class="fa fa-refresh fa-pulse text-danger mr
-3" aria-hidden="true"></i><a href="#" class="text-dark">盛和景园年底交房,120-220 现房
发售</a><span class="float-right">[2014-12-25]</span></li>
<li class="py-1 text-left"><i class="fa fa-refresh fa-pulse text-danger mr-3" aria-
hidden="true"></i><a href="#" class="text-dark">盛和景园年底交房,120-220 现房发售</a><
span class="float-right">[2014-12-25]</span></li>
                <li class="py-1 text-left"><i class="fa fa-refresh fa-pulse text-danger mr
-3" aria-hidden="true"></i><a href="#" class="text-dark">盛和景园年底交房,120-220 现房
发售</a><span class="float-right">[2014-12-25]</span></li>
<li class="py-1 text-left"><i class="fa fa-refresh fa-pulse text-danger mr-3" aria-hidden
="true"></i><a href="#" class="text-dark">盛和景园年底交房,120-220 现房发售</a><span
class="float-right">[2014-12-25]</span></li>
            </ul>
        </div>
        <div class="tab-pane" id="favourable">
            <ul class="list-unstyled mt-3 pb-1">
                <li class="py-1 text-left"><i class="fa fa-refresh fa-pulse text-danger mr
-3" aria-hidden="true"></i><a href="#" class="text-dark">盛和景园年底交房,交 5 万抵 10 万
</a><span class="float-right">[2014-12-30]</span></li>
                <li class="py-1 text-left"><i class="fa fa-refresh fa-pulse text-danger mr
-3" aria-hidden="true"></i><a href="#" class="text-dark">盛和景园年底交房,交 5 万抵 10 万
</a><span class="float-right">[2014-12-30]</span></li>
                <li class="py-1 text-left"><i class="fa fa-refresh fa-pulse text-danger mr
-3" aria-hidden="true"></i><a href="#" class="text-dark">盛和景园年底交房,交 5 万抵 10 万
</a><span class="float-right">[2014-12-30]</span></li>
                <li class="py-1 text-left"><i class="fa fa-refresh fa-pulse text-danger mr
-3" aria-hidden="true"></i><a href="#" class="text-dark">盛和景园年底交房,交 5 万抵 10 万
</a><span class="float-right">[2014-12-30]</span></li>
                <li class="py-1 text-left"><i class="fa fa-refresh fa-pulse text-danger mr
-3" aria-hidden="true"></i><a href="#" class="text-dark">盛和景园年底交房,交 5 万抵 10 万
</a><span class="float-right">[2014-12-30]</span></li>
            </ul>
        </div>
    </div>
</div>
```

在 index.css 样式文件中设置该部分 CSS 样式的代码如下所示。

```
.news .nav{
    border-bottom: 2px solid #b10808;
}
a.nav-link{
    height: 32px;
    color: #000000;font-family: "黑体";
}
.news .nav a.active{
    background: #b10808;
    padding: 0 15px;
    height: 32px;
    line-height: 32px;
    font-family: "黑体";
    font-size: 16px;
    color: #fff;
    cursor: pointer;
    border: 0;}
.news ul li{
    border-bottom: 1px dashed  #ccc;
}
.news,.controduce,.content-bottom{
    border-bottom: 1px dashed #f00;
}
```

(3) 第三列——注册/登录。

此部分主要是表单内容，在 Bootstrap 4 的“中文文档”页面中依次单击左侧目录中的“组件”→“表单(Forms)”，然后在右侧的示例中选择需要的 Horizontal form 效果，如图 5.66 所示。单击右侧的 Copy 按钮，复制该效果代码。

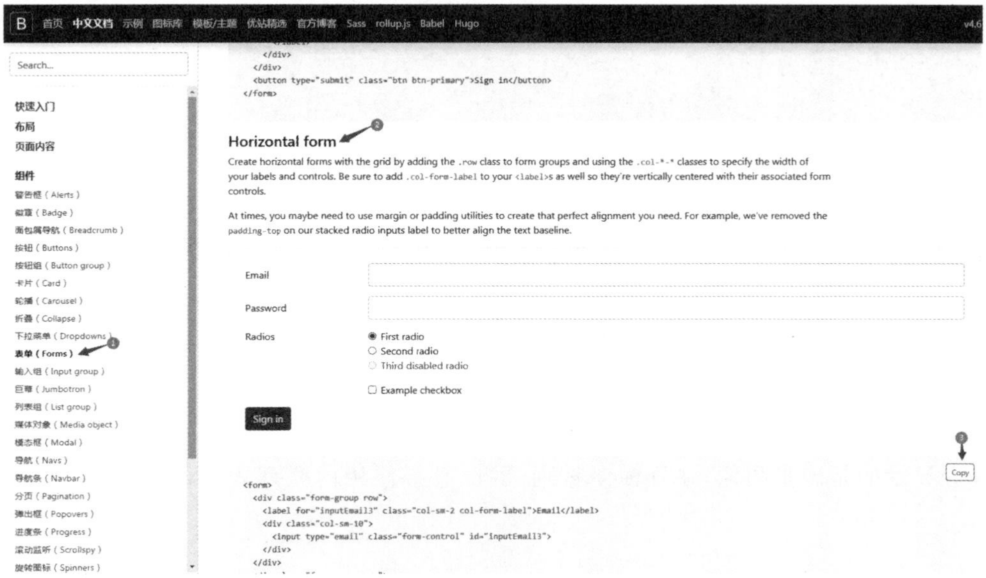

图　5.66

修改该部分的结构和内容代码如下所示。

```
<h2 class="content-h2 mb-0">注册/登录</h2>
<div class="login pt-3 border border-top-0">
  <form action="" method="" class="px-2">
        <div class="form-group row">
            <label for="username" class="col-sm-4 col-form-label">用户名</label>
            <div class="col-sm-8 ">
              <input type="text" id="username" class="form-control form-control-sm border
border-danger rounded-0" placeholder="用户名" />
            </div>
        </div>
        <div class="form-group row">
            <label for="password" class="col-sm-4 col-form-label ">密    码
</label>
            <div class="col-sm-8">
              <input type="text" id="password" class="form-control form-control-sm border
border-danger rounded-0" placeholder="密码" />
            </div>
        </div>
        <div class="form-group row mb-0">
             <div class="col-sm-8 offset-2">
              <input type="image" src="img/submit.png" alt="提交" class="mr-2" />
              <input type="image" src="img/cancle.png" alt="取消">
             </div>
        </div>
        <p class="font-weight-light"><img src="img/login-icon.png" class="mr-2"><a href=
"#" class="text-danger text-decoration-none"><u>立即注册</u></a></p4>
  </form>
</div>
```

在 index.css 样式文件中设置该部分 CSS 样式的代码如下所示。

```
.login p{
  font-size: 18px;
}
```

在小于中型屏幕中,主体内容部分的第二行效果如图 5.67 所示。

3）第三行

此部分显示的是多张图像,并且横向排列,因此直接使用内联列表即可。结构和内容代码如下所示。

图 5.67

```
<h3 class = "content - h3 text - left"><span class = "float - right"><a href = "#" class = "font -
weight - lighter"> More + </a></span>
<b class = "text - danger" style = "font - size: 1.5rem;"><i class = "bi - alarm mr - 2" style = "font -
size: 1.8rem; color: cornflowerblue;"></i>实景</b>展示</h3>
<div class = "content - bottom">
    <ul class = "list - unstyled list - inline">
            <li class = "list - inline - item"><a href = ""><img src = "img/house.jpg" class = "img -
fluid rounded - lg">
            <p>给你一个大自然的家,一个属于你自己真正的家,在自己的家里尽情徜徉吧,让自己的身心得
到最大的满足。</p></a>
            </li>
            <li class = "list - inline - item"><a href = ""><img src = "img/house.jpg" class = "img -
fluid rounded - lg">
            <p>给你一个大自然的家,一个属于你自己真正的家,在自己的家里尽情徜徉吧,让自己的身心得
到最大的满足。</p></a>
            </li>
          <li class = "list - inline - item"><a href = ""><img src = "img/house.jpg" class = "img - fluid
rounded - lg">
```

```
            <p>给你一个大自然的家,一个属于你自己真正的家,在自己的家里尽情徜徉吧,让自己的身心得
到最大的满足。</p></a>
            </li>
        <li class = "list - inline - item"><a href = ""><img src = "img/house.jpg" class = "img - fluid
rounded - lg">
            <p>给你一个大自然的家,一个属于你自己真正的家,在自己的家里尽情徜徉吧,让自己的身心得
到最大的满足。</p></a>
            </li>
        <li class = "list - inline - item"><a href = ""><img src = "img/house.jpg" class = "img - fluid
rounded - lg">
            <p>给你一个大自然的家,一个属于你自己真正的家,在自己的家里尽情徜徉吧,让自己的身心得
到最大的满足。</p></a>
            </li>
    </ul>
</div>
```

其中,<i class="bi-alarm mr-2" style="font-size: 1.8rem; color: cornflowerblue;">是添加 Bootstrap 字体图标。

在 index.css 样式文件中设置该部分 CSS 样式的代码如下所示。

```
.content - bottom ul li {
    width: 210px;
    position: relative;
}
.content - bottom ul li p {
    display: none;
}
.content - bottom ul li a:hover p {
    display: block;
    width: 210px;
    height: 40px;
    position: absolute;
    top: 110px;
    left: 0;
    bottom: 0;
    padding: 0 6px;
    overflow: hidden;
    white - space: nowrap;
    text - overflow: ellipsis;
    line - height: 40px;
    color: #F42A28;
    background: #fff;
    opacity: .6;
    font - size: 12px;
}
```

在小于中型屏幕中,主体内容部分的第三行效果如图 5.68 所示。

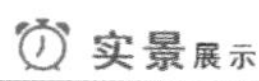

图　5.68

8. 制作首页页脚部分

页脚部分主要是文字内容，因此只需要用段落表现该部分内容即可。结构和内容代码如下所示。

```
<div class = "footer mt - 2 pt - 3">
    <div class = "container">
        <div class = "row">
            <div class = "col">
                <p class = "text - center text - white">盛和景园 版权所有 鲁 ICP 备 1111111 售楼处电话：0534 - 1234567  24 小时垂询电话：182000000000 </p>
                <p class = "text - center text - white">开发商：德州天元房地产开发有限公司 项目地址：德州经济技术开发区</p>
            </div>
        </div>
    </div>
</div>
```

CSS 代码如下所示。

```
.footer{
    font - size: 14px;
    filter: progid:DXImageTransform.Microsoft.gradient(GradientType = 0, startColorstr = #f42a28, endColorstr = #b90409);
    background: linear - gradient(#f42a28, #b90409);
}
```

在小于中型屏幕中,主体内容部分的页脚效果如图 5.69 所示。

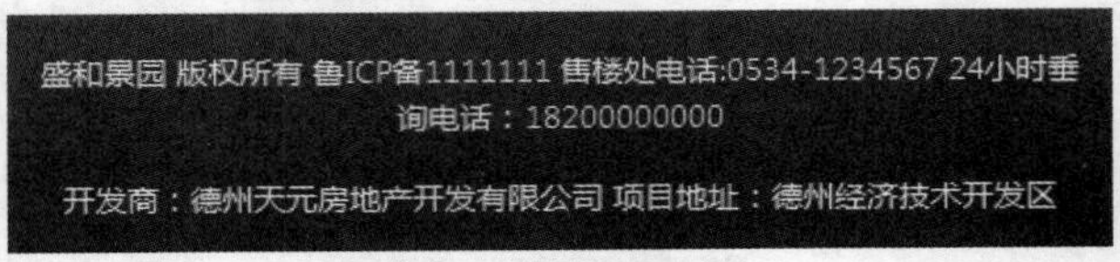

盛和景园 版权所有 鲁ICP备1111111 售楼处电话:0534-1234567 24小时垂询电话：18200000000

开发商：德州天元房地产开发有限公司 项目地址：德州经济技术开发区

图 5.69

Bootstrap 中还提供了很多其他非常有用的组件,读者完全可以根据自己的需求进行查阅后再灵活应用。

5.5 课后实践

1. “万豪装饰有限公司”网站首页响应式设计

1) 实践任务

完成“万豪装饰有限公司”网站响应式设计效果。

2) 实践目的

通过实训使学生更加熟练应用 Bootstrap 4 进行响应式网站的设计。

3) 实践要求

(1) 使用 HBuilder X 软件快速实现“万豪装饰有限公司”网站前端页面。

(2) 分别在 PC 端、平板电脑端、手机端等进行测试,保证在各个平台的浏览效果。

2. “山东华宇工学院”网站首页制作

1) 实践任务

完成“山东华宇工学院”网站首页响应式设计效果。

2) 实践目的

通过实训使学生更加熟练应用 Bootstrap 4 进行响应式网站的设计。

3) 实践要求

(1) 使用 HBuilder X 软件快速实现“山东华宇工学院”网站前端页面。

(2) 分别在 PC 端、平板电脑端、手机端等进行测试,保证在各个平台的浏览效果。

3. “汇烁有限公司”网站首页制作

1) 实践任务

完成“汇烁有限公司”网站首页响应式设计效果。

2) 实践目的

通过实训使学生更加熟练应用 Bootstrap 4 进行响应式网站的设计。

3) 实践要求

(1) 使用 HBuilder X 软件快速实现“汇烁有限公司”网站前端页面。

(2) 分别在 PC 端、平板电脑端、手机端等进行测试,保证在各个平台的浏览效果。

图书资源支持

感谢您一直以来对清华版图书的支持和爱护。为了配合本书的使用，本书提供配套的资源，有需求的读者请扫描下方的“书圈”微信公众号二维码，在图书专区下载，也可以拨打电话或发送电子邮件咨询。

如果您在使用本书的过程中遇到了什么问题，或者有相关图书出版计划，也请您发邮件告诉我们，以便我们更好地为您服务。

我们的联系方式：

地　　址：北京市海淀区双清路学研大厦 A 座 714

邮　　编：100084

电　　话：010-83470236　010-83470237

客服邮箱：2301891038@qq.com

QQ：2301891038（请写明您的单位和姓名）

资源下载：关注公众号“书圈”下载配套资源。

资源下载、样书申请

书圈

图书案例

清华计算机学堂

观看课程直播